普通高等职业教育计算机系列教材

U0121833

Java Web 应用开发基础

牛德雄　刘晓林　主　编

熊君丽　龙巧玲　彭靖翔　副主编

电子工业出版社

Publishing House of Electronics Industry

北京 · BEIJING

内 容 简 介

本书以"项目导向"的方式首先介绍了 JSP、JavaBean、Java Servlet、MySQL 等数据库的开发；然后，介绍了模块级 MVC 程序的实现及集成各个模块为一个完整软件；最后，以一个完整的软件案例介绍复杂结构软件的实现及开发文档的编写。

全书分为 3 部分：第 1 部分（第 1 章）介绍 Eclipse 开发环境的配置与操作；第 2 部分（第 2～6 章）是 MVC 设计模式的基本技术，分别介绍 M、V、C 各层的 JSP 技术、JavaBean 技术、MySQL 数据库开发、Java Servlet 技术与应用等；第 3 部分（第 7 章和第 8 章）为综合应用软件的实现，着重介绍一个软件模块的 MVC 设计模式的实现及其集成，以及综合应用软件案例的实现与开发文档的编写。本书提供了大量的案例与实现源程序，并在附录中介绍了 Java Web 应用软件开发环境的安装、配置与使用，同时介绍了 Java Web 开发需要进一步学习的高级开发技术。

本书既可以为高等院校计算机、软件工程专业，高职高专软件技术专业、网络技术专业 Java Web 或 JSP 课程、Java EE 基础学习的教材，也可以用于 Java Web 软件开发、Java Web 软件开发的培训教材。

图书在版编目（CIP）数据

Java Web 应用开发基础 / 牛德雄，刘晓林主编. —北京：电子工业出版社，2021.5

ISBN 978-7-121-41237-0

Ⅰ. ①J… Ⅱ. ①牛… ②刘… Ⅲ. ①JAVA 语言－程序设计 Ⅳ. ①TP312.8

中国版本图书馆 CIP 数据核字（2021）第 097839 号

责任编辑：徐建军 文字编辑：王 炜

印 刷：三河市君旺印务有限公司
装 订：三河市君旺印务有限公司
出版发行：电子工业出版社
      北京市海淀区万寿路 173 信箱 邮编 100036
开 本：787×1 092 1/16 印张：17 字数：435.2 千字
版 次：2021 年 5 月第 1 版
印 次：2021 年 5 月第 1 次印刷
印 数：1 200 册 定价：52.00 元

前 言
Preface

Java Web 技术是基于 Java 开发 Web 应用程序的技术，包括 JSP、JavaBean、Java Servlet 及 Java EE 等框架技术。本书介绍 Java Web 应用开发(后台)基础部分，即如何根据 JSP、JavaBean、Java Servlet、JDBC 等技术开发基于 MVC 设计模式的应用程序，它们是学习高级 Java EE 开发的基础。

软件教学传统上侧重程序设计、细节编程技术及理论教学，在这样的教学中，很难培养学生基于软件开发的思维能力与软件动手开发能力。本书力争做到以项目为导向，通过软件开发过程中典型工作任务的实现，引导学生一步一步掌握软件整体开发应具备的知识、技术、方法及动手能力。通过本书教学内容的学习，使学生利用常用的 JSP、JavaBean、Java Servlet 技术，以 MVC 设计模式开发 Java Web 应用软件。相对于 HTML+JavaScript 的应用软件前端开发技术，本书内容更适合 Web 应用软件的后端开发。

本书需要学生具有 Java 程序设计基础、数据库开发基础、网页设计基础，在此基础上学习利用 JSP 等技术进行 Web 应用软件开发。本书以演示软件的实现为导向的方式，讲解如何用 JSP 开发 MVC 设计模式的数据库应用程序。本书在整体内容组织上，根据案例实现需要的编程技术从浅到深逐步展开。首先介绍 Eclipse 进行 Java Web 开发的环境配置，以及基本的 JSP 开发 MVC 设计模式的技术；然后用其开发一个软件模块，讲授如何集成及软件架构的相关内容，通过优化功能模块以完善模块使其更具实用性；最后介绍"真正"软件的开发及开发文档的编写。

本书各单元内容的组织以任务实现的案例为引导，首先介绍案例要完成的任务及实现，然后围绕任务实现的技术与知识进行教学，并通过总结完整地介绍知识与技术。本书各个任务均代表一个完整项目的某个方面，即它们是软件开发的"典型工作任务"，而这些典型工作任务之间的关系又具有衔接关系。这样就实现了通过项目导向、任务驱动的教学，从而实现对学生进行软件开发知识与开发能力的培养。学生不但能从案例中学习程序编码技能，还能学习软件项目的开发方法。

本书前 6 章是基本技术，建议以教师讲授为主兼顾学生的动手操作；第 7 章搭建了一个软件的基本架构，是前面技术的综合应用，建议以学生动手为主、教师讲解为辅；第 8 章是一个综合案例的实现过程文档，介绍了软件开发的复杂性及如何进行综合软件开发，并通过高校学生管理系统的开发文档，介绍软件开发文档的编写方法，该部分可作为一个完整软件项目开发报告的范文。

本课程建议安排 72 学时，其中课堂讲授与实践训练各 36 学时。建议学时分配如下表所示。

学时分配表

类 型	授 课 内 容	学 时 分 配	
		讲课	实践
环境准备	第 1 章 Java Web 开发与环境准备	4	4
基础技术	第 2 章 JSP 动态网页编程基础	6	6
	第 3 章 JSP 内置对象与交互页面的实现	4	4
	第 4 章 JSP 中数据库操作及数据处理层的实现	6	6
	第 5 章 JSP 程序的编码	6	6
	第 6 章 Java Servlet 技术与 MVC 控制器的实现	6	6
综合软件实现	第 7 章 MVC 设计模式的应用程序实现	4	4
	第 8 章 综合应用项目开发与文档编写	简介	自学
合 计		36	36

在教学过程中，除了教师教学与演示，还要强调学生的动手实践，包括模仿与通过综合前面的技术完成一个较复杂的程序。本书前 6 章是基本技术，第 7 章和第 8 章是综合技术与综合应用，建议以学生自主学习与实训为主。学生需要具备 Java 面向对象的基本知识、HTML、JavaScript 网页开发基本知识及数据库操作语言 SQL 基本知识。书中所附的案例编者均调试运行成功，希望学生能通过案例的剖析逐步掌握所介绍的方法与技术。

本书由广东科学技术职业学院的牛德雄和刘晓林担任主编，由熊君丽、龙巧玲、彭靖翔担任副主编。第 1 章由龙巧玲和牛德雄编写；第 2 章、第 3 章、第 5 章、第 6 章、第 7 章由牛德雄编写；第 4 章由刘晓林编写；第 8 章由熊君丽编写。另外，曾文英参与了部分内容的编写，珠海迈峰网络科技有限公司的彭靖翔参与了本书教学内容的设计，魏云柯设计了本书的部分图形，在此一并表示感谢。

为了方便教师教学，本书配有电子教学课件及相关资源，可登录在线课程网站（http://www.xueyinonline.com/detail/200706188），获取案例源程序代码或教学资源，也可登录华信教育资源网（www.hxedu.com.cn）注册后进行免费下载。如果对书中内容有疑问可在网站留言板留言或与电子工业出版社联系（E-mail:hxedu@phei.com.cn），或者联系编者（178074603@qq.com），进入 QQ 交流群（375571590）可获取更多的学习资源。

由于时间仓促，书中难免存在疏漏和不足之处，恳请广大专家和读者给予批评和指正。

编 者

目 录
Contents

第1章

Java Web 开发与环境准备

本章介绍 Java Web 软件开发概念与原理、Eclipse 开发环境及在其中进行 JRE 与 Tomcat 服务器的搭建过程。通过一个 Java Web 工程案例的创建与运行，介绍如何在 Eclipse 中进行 Java Web 的项目开发。

1.1 Java Web 开发概述

Java Web 开发是指用 Java 编程语言开发的 Web 程序。Web 程序就是网页，如 HTML、ASP、JSP 等。部署了 Web 应用的计算机又称 Web 网站或 Web 服务器（这里指硬件）。但是，在 Web 服务器上一般还要安装一个服务器软件（又称 WWW 服务器）。本书选用 Tomcat 作为 Web 服务器（这里指软件）。

Java Web 开发的 Web 程序，结合了 Java 技术进行网页开发，开发出的网页是动态网页，即用户可以与服务器进行交互操作的网页。例如，大家常用的百度搜索引擎，用户只要输入一个信息就能搜索出相应的结果，并且不同的输入信息其结果均不相同。

Java Web 就是指动态网页的开发技术。

但是，为了进行 Java Web 程序开发，还需要有 JDK 与 Web 服务器（如 Tomcat）的支持。本书使用 JDK 1.8 与 Tomcat 9.0 作为 Java Web 开发与运行环境。另外，采用 Eclipse 作为其集成开发环境（IDE）。

本章首先介绍在 Eclipse 中如何集成 JDK、Tomcat，以及如何创建 Java Web 工程并进行 Java Web 编程与运行；其次，介绍 Tomcat 服务器各部分的组成，以及如何在 Tomcat 上进行 Web 程序的手工部署；最后，以案例的形式介绍 MVC 设计模式的程序开发概念。

1.2　开发环境准备

Java Web 开发环境包括 JDK、Tomcat 与 Eclipse 等。本书使用 JDK 1.8 与 Tomcat 9.0 作为 Java Web 开发与运行环境，它们的安装方法详见附录 A。下面介绍 Eclipse 开发环境，以及在 Eclipse 中如何配置 JDK 与 Tomcat 服务器。

1.2.1　Eclipse 开发环境简介

Eclipse 是免费软件，用户可以在其官方网站下载，网址为 http://www.eclipse.org/downloads，选择需要的 Eclipse 版本软件下载安装即可。本书使用的是 eclipse-jee-oxygen-3a-win32-x86_64.zip（若是 32 位系统，可选择 eclipse-jee-oxygen-3a-win32.zip）。

Eclipse 是绿色软件，将 Eclipse 安装文件解压后就可以运行了。运行后的 Eclipse 主界面如图 1-1 所示。

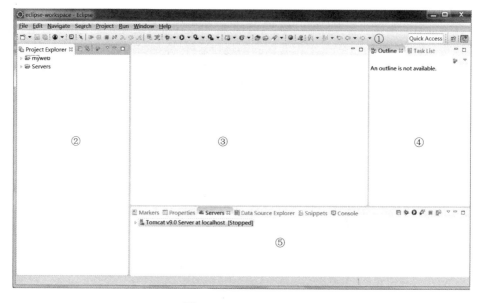

图 1-1　Eclipse 主界面

Eclipse 主界面包括菜单栏、工具栏、编辑窗口、状态栏等。

主界面中最上面与最下面的两栏分别是菜单栏和状态栏。用户可以通过菜单栏中的菜单操作相应的命令。菜单栏包括文件、编辑、源代码、搜索、运行与窗口等菜单，大部分的向导和各种配置对话框都可以从菜单栏中打开。状态栏包括鼠标所单击位置的一些信息，如鼠标单击编辑器时，状态栏会显示编辑器中的文件是否可编辑，以及鼠标指针所处位置在编辑器中的行列号。

下面对 Eclipse 主界面其他部分进行简要说明。

主界面中①是工具栏，工具栏包括与整个项目相关的大部分命令，如文件工具栏、调试、运行、搜索、浏览工具栏等。工具栏中的按钮都是相应菜单的快捷方式。

主界面中②是项目资源管理器（Project Explorer）视图，它用于显示 Java 与 Java Web 项目中的源文件、引用的库等。在项目文件比较多的情况下，为了方便查看整体和及时定位到项目文件，通常会同时使用项目资源管理器视图与包资源管理器（Package Explorer）视图。

主界面中③是编辑器，在这里可以创建和修改代码。

主界面中④是大纲视图，用于显示代码的纲要结构，单击结构树的各节点可以在编辑器中快速定位代码。

主界面中⑤是视图（View）窗口。它包括各种视图，如控制台视图用于显示代码或项目配置的错误，双击错误项可以快速定位代码。服务器视图显示 Eclipse 中配置的服务器，用户可以部署与删除自己的项目，也可以启动与停止该服务。视图窗口中可以添加与删除视图。

Eclipse 安装后并不能直接编写 Java Web 程序，还需要在 Eclipse 中配置 JDK 与 Tomcat 服务器。JDK 与 Tomcat 软件需要在安装 Eclipse 之前安装好，然后在 Eclipse 中进行相应的配置。本书所示案例安装的 JDK 与 Tomcat 服务器版本分别是 JDK 1.8 与 Tomcat 9.0，具体的安装过程见附录 A。

1.2.2　配置 JRE

开发 Java 程序离不开 JDK（Java 开发工具箱）与 JRE（Java 运行时环境）。由于在安装 JDK 时已安装了 JRE，所以在安装 Eclipse 过程中会自动配置好 JRE。用户还可以修改 Eclipse 中的 JRE 配置（如果安装了多个版本的 JRE，则在必要时进行修改）。

用户查看与修改 JRE 的配置，可进行如下操作。

选择菜单 Windows→Preferences，在出现的对话框中选择 Java→Installed JREs，出现配置 JRE 的操作界面，如图 1-2 所示。

图 1-2　配置 JRE 的操作界面

可以看出，JRE（该 JRE 是之前已经安装好的）已自动配置完成了。这是 Eclipse 在安装时自动进行的配置。单击"Add"或"Edit"按钮，可以添加或修改另外安装的 JRE（注意，要在安装好的 JRE 前勾选使其生效）。

1.2.3　配置 Tomcat 服务器

Java Web 开发离不开 WWW 服务器，这里选择 Tomcat 9.0 作为案例的 Web 服务器。下面介绍在 Eclipse 中配置 Tomcat 服务器的方法。

Tomcat 9.0 的安装见附录 A。Eclipse 安装后，还需要进行手工配置 Tomcat。

在 Eclipse 主界面中选择菜单 Windows→Preferences，在出现的界面中选择 Server→Runtime Environments，出现配置 Servers 操作界面，如图 1-3 所示。

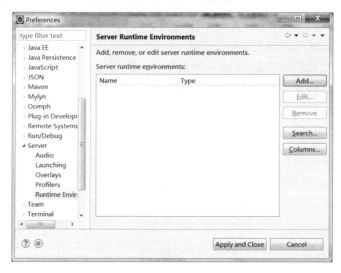

图 1-3　配置 Servers 操作界面

单击"Add"按钮，在出现的操作界面中选择所安装的 Tomcat 版本，如图 1-4 所示。

图 1-4　选择 Tomcat 版本

选择"Apache Tomcat v9.0"选项并单击"Finish"按钮，出现的界面如图 1-5 所示。

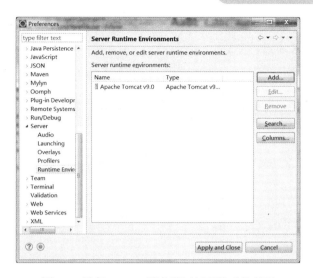

图1-5　选择Tomcat服务器运行环境后的界面

单击"Apply and Close"按钮，完成Tomcat版本的选择。

在Servers视图中显示了一行英文，它表明目前Eclipse中没有可用的服务，用户可以单击该行英文以添加新的服务，如图1-6所示。

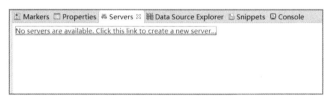

图1-6　配置好后并没有具体的服务器

这里需要说明的是，前面的操作只是给Eclipse平台配置了一个Tomcat 9.0的空服务器容器，并没有与具体安装的Tomcat连接。为了配置具体的Tomcat，可单击图中的那行英文，出现的界面如图1-7所示。

图1-7　选择服务器类型并创建服务器

该界面中列出了Tomcat服务器类型,选择已安装的"Tomcat v9.0 Server"选项,单击"Finish"按钮完成操作,如图1-8所示。

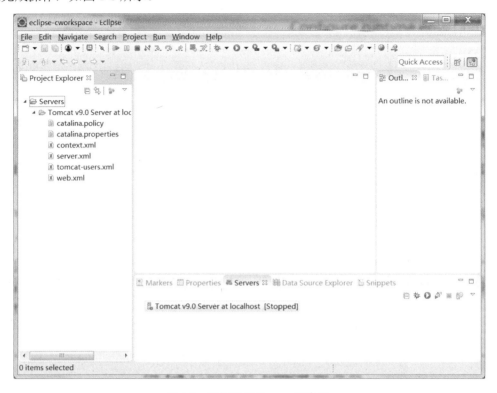

图1-8　已创建好Tomcat服务器

界面中显示Tomcat 9.0已配置成功,其中左侧的Project Explorer视图中显示已配置好的Tomcat 9.0信息;Servers视图中显示了本地Tomcat v9.0服务器的运行状态。用户可以启动与停止该服务(具体操作可单击Servers视图中的三角形启动按钮或方形停止按钮),也可以部署与删除Web项目。

1.3　创建一个Java Web工程项目并运行

下面通过一个案例展示在配置好的Eclipse环境中,创建与运行一个Java与Java Web工程项目的过程。

1.3.1　创建Java Web工程项目

创建Java Web工程项目,先要在Eclipse中选择菜单File→New→Dynamic Web Project,出现如图1-9所示的界面。

新建一个New Dynamic Web Project(动态Web项目)界面,即"Java Web工程项目"。在该界面中输入项目名称"myweb",其他选项用默认值。单击"Next"按钮,出现如图1-10所示的界面。

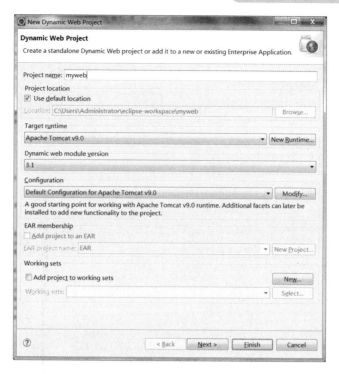

图 1-9　创建一个 Java Web 工程项目

图 1-10　Java Web 工程项目 Java 类存放位置配置界面

　　该界面是项目 Java 类的源程序存放的文件夹（根包）及其编译后对应 class 文件存放的文件夹。这里使用默认值，单击"Next"按钮，进入如图 1-11 所示的界面。

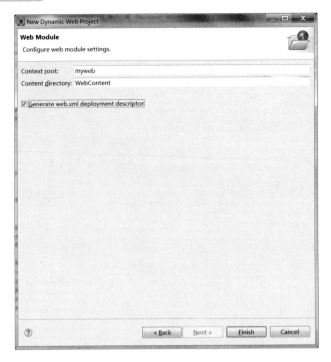

图 1-11　项目 Web Module 配置界面

出现项目 Web Module 配置界面，它是 Web 网站中页面文件的存储位置，即将 web.xml 文件创建的选项进行配置。这里勾选"Generate web.xml deployment descriptor"复选框，可同时创建 web.xml 配置文件。

其他选项使用默认值，单击"Finish"按钮完成操作。通过上述操作，可完成 Java Web 工程项目的创建，如图 1-12 所示。

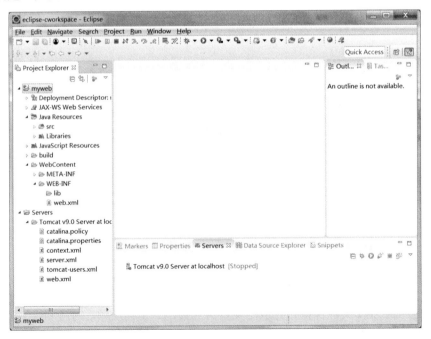

图 1-12　项目创建成功后的界面

界面中的内容是创建好的 Java Web 工程项目，该工程项目名为 "myweb"。在界面左侧的项目管理器展开后可见项目中各部分的内容，包括 Java 类存放的目录、Web 网页文件存放的目录及 web.xml 配置文件存放的位置。

另外，Web 项目中 WEB-INF 与 lib 等文件夹都很重要，它们的作用后面会做专门介绍。

Java Web 项目创建好后，就可以在其中进行 Java 程序的编写与 Web 网页的编写及部署运行了。下面分别介绍在 myweb 项目中进行 Java 程序、JSP 网页程序的创建与运行过程。

1.3.2　创建并运行 Java 程序 Helloworld

创建 Java 类的过程：鼠标右击项目名称 "myweb"，在出现的菜单中选择 New→Class，则出现创建 Java 类的界面，如图 1-13 所示。

图 1-13　创建 Java 类

在该界面中，定义 Java 类所处的包（Package）为 "myclasses"，类名（Name）为 "Helloworld"。勾选 "public static void main(String[]args)" 复选框建立一个可直接运行的 Java 类。其他内容取默认值，单击 "Finish" 按钮后完成类的创建，如图 1-14 所示。

在创建的 Helloworld 类的界面中可以编写与运行该类。

用鼠标双击 Helloworld 类名，就会在编辑区中显示该类的内容，输入

```
System.out.print("Hello World!");
```

该行的含义是在控制台中显示一行：Hello World！

下面开始运行该 Java 程序。单击工具栏中的 " " 按钮，也可以通过选择菜单运行。选择菜单运行的步骤：在编辑器中用鼠标右击 Java 程序代码，在出现的菜单中选择 Run As→Java Application，运行 Helloworld 类的程序，即可在控制台中显示一行 "Hello World!"。

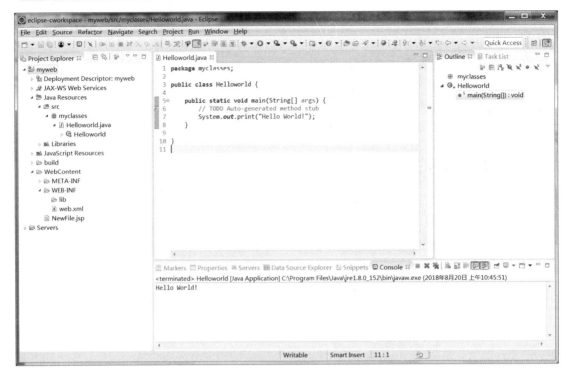

图 1-14　编写与运行 Java 类程序

1.3.3　Java Web 网页程序（JSP）的创建与运行

本书以 JSP 作为 Java Web 开发技术。JSP（Java Server Pages，Java 服务器页面）是由 Sun Microsystems（以下简称 Sun）公司于 1999 年 6 月推出的，基于 Java Servlet 及整个 Java 体系的 Web 开发技术。

图 1-15　创建 JSP 文件的界面

JSP 开发出的网页是动态网页，它由 HTML 代码和嵌入其中的 Java 代码组成。JSP 具备了 Java 技术的简单易用、完全的面向对象、平台无关性且安全可靠等特点。

下面介绍如何创建一个 JSP 网页并运行。本章后面还将介绍 JSP 网页如何与 Java 代码结合进行编程。

创建 JSP 网页的过程：鼠标右击项目名称 "myweb"，在出现的菜单中选择 New→JSP File，出现界面如图 1-15 所示。

在创建 JSP 文件的界面中，需要给 JSP 文件命名并确定该文件的存放位置。取默认值，即文件名（File name）为 "NewFile.jsp"，存放文件夹为 "myweb/WebContent"。

单击 "Finish" 按钮即可完成创建，如图 1-16 所示。

图 1-16　创建成功的 JSP 文件内容

该界面中显示了新建的 NewFile.jsp 文件及其内容。下面要对其内容进行编辑并运行（运行效果见图 1-20）。

首先要对该代码进行修改，包括以下两个方面。

（1）将文件中所有的编码格式 pageEncoding 与 charset 的默认值由"ISO-8859-1"设置为与汉字兼容的格式"UTF-8"。

（2）在标题<title>与内容<body>中分别输入中文，如"欢迎进入 JSP 世界"和"你好，这是我的第一个 JSP 网页！"。

然后保存，修改后的 JSP 文件代码如下：

```
<%@ page language="java" contentType="text/html; charset=UTF-8"
    pageEncoding="UTF-8"%>
<!DOCTYPE html PUBLIC "-//W3C//DTD HTML 4.01 Transitional//EN" "http://www.w3.org/TR/
html4/loose.dtd">
<html>
<head>
<meta http-equiv="Content-Type" content="text/html; charset=UTF-8">
<title>欢迎进入 JSP 世界</title>
</head>
<body>
你好，这是我的第一个 JSP 网页！
</body>
</html>
```

为了运行 JSP 网页，需要先将 myweb 项目部署到 Tomcat 9.0 服务器中。用鼠标右击图 1-16

中 Servers 视图中的那行英文，在出现的菜单中选择"Add and Remove"选项，出现的界面如图 1-17 所示。

图 1-17　部署项目界面

该界面中会出现需要部署的项目（左框中），以及已经选择部署的项目（右框中），选中左框中需要部署的项目（如 myweb）单击"Add"按钮，该项目就会出现在右框。单击"Finish"按钮即可完成部署，如图 1-18 所示。

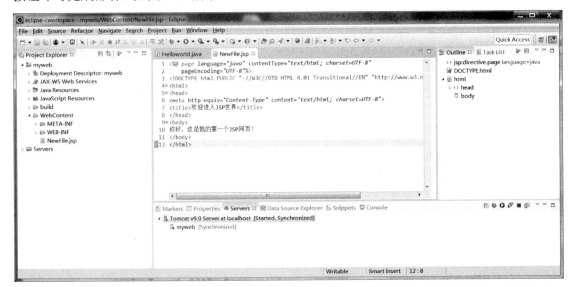

图 1-18　myweb 项目部署成功

该界面中显示 myweb 项目在 Tomcat 9.0 服务器中部署成功。下面就可以运行 JSP 网页文件 NewFile.jsp 了。

运行 JSP 文件，要先启动 Tomcat 服务器。在 Servers 视图中，单击工具栏的运行工具" ● "按钮运行 Tomcat 服务器，Tomcat 的运行效果如图 1-19 所示。

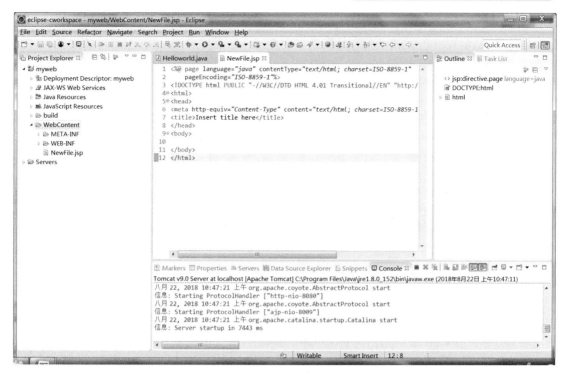

图 1-19 Tomcat 的运行效果

该界面中显示 Tomcat 服务器已经在运行,这时就可以在浏览器中运行 JSP 文件了。打开任何一个浏览器,在地址栏中输入以下地址:

http://localhost:8080/myweb/NewFile.jsp

这样即可在浏览器中运行网页 NewFile.jsp,其运行效果如图 1-20 所示。

图 1-20 NewFile.jsp 网页的运行效果

该界面中显示了 JSP 网页 NewFile.jsp 的运行效果。在上述网页地址中,localhost 表示本地服务器,8080 是 Tomcat 配置时的端口(默认值)。该网页的运行成功,表明 Eclipse 的开发环境已经配置成功，可以在上面开发与运行 Java Web 程序了。

具体的 Java Web 开发技术将在后续章节中介绍。下面将对 Tomcat 服务器的原理、MVC 开发模式等基本概念进行讲解。

1.4　Java Web 开发原理及基本操作

本节将介绍 Java Web 开发的基本概念，包括 Web 程序运行原理、JSP 动态网页及相关技术、Tomcat 作为 Web 服务器进行项目部署，以及 Eclipse 环境中 Java Web 项目结构及两种项目部署的操作过程等。

另外，本节还将介绍程序设计的一个重要概念——MVC 设计模式，以及用 Java Web 实现 MVC 设计模式的相关技术。掌握这些概念将为后续学习打好基础。

1.4.1　Web 程序运行原理

Web 程序开发又称 B/S（Browse/Server，浏览器/服务器）程序开发，即在浏览器中运行的 Web 网页开发。与之相对应的是 C/S（Client/Server，客户机/服务器）程序开发。采用 Java 语言开发的程序可以进行 C/S 与 B/S 开发。下面先了解一下这两种基于网络的程序开发与运行方式，如图 1-21 所示。

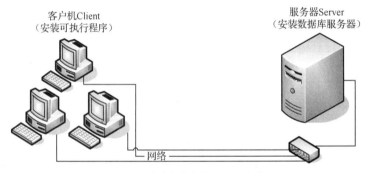

（a）客户机/服务器（C/S）方式

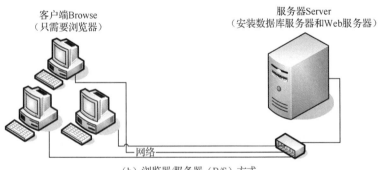

（b）浏览器/服务器（B/S）方式

图 1-21　比较两种基于网络的程序开发与运行方式

C/S 结构软件系统（C/S 方式）的客户机和服务器经常处在相距很远的两台计算机上，客户机程序的任务是将用户的要求提交给服务器程序，再将服务器程序返回的结果以特定的形式显示给用户；服务器程序的任务是接收客户机程序提出的服务请求，并进行相应的处理，再将结果返回给客户机程序。

在 C/S 方式中，将 Java 编写的程序安装在客户机上并运行，可通过网络访问服务器上的数据库并获得返回的执行结果。

在 B/S 方式中，将程序安装在服务器上（又称 Web 网站），用户通过操作客户机上的浏览器与服务器的 Web 程序进行交互。这时，在服务器上除数据库系统外，还要安装一个"Web 服务器"软件，它负责 Java 程序从客户端到服务器端的交互处理（Web 服务）。

使用 Java 进行 Web 开发，通常选择 Tomcat 作为 Web 服务器。Tomcat（Jakarta Tomcat）是 Apache 软件基金会（Apache Software Foundation）的 Jakarta 项目中的一个核心项目，由 Apache 软件基金会、Sun 公司和其他一些公司及个人共同开发而成。Tomcat 技术先进、性能稳定，而且免费，因而深受 Java 爱好者的喜爱，并得到了部分软件开发商的认可，成为目前比较流行的 Web 应用服务器。常见的 Web 服务器有 MS IIS、IBM WebSphere、BEA WebLogic、Apache 和 Tomcat。

本书后面的案例均采用 Tomcat 9.0 作为 Web 服务器，附录 A 中介绍了其安装方法，Tomcat 安装程序从 http://tomcat.apache.org 中可以免费下载获取。

至此已经介绍了在 Eclipse 中集成 Tomcat 9.0 服务器的方法，以及创建一个 JSP 网页与运行的过程，还将在后续内容中介绍手工部署与运行 JSP 网页的方法。

1.4.2 JSP 动态网页技术

JSP（Java Server Pages，Java 服务器页面）就是一个简化的 Servlet（基于 Java 的服务器小程序）设计，它是由 Sun 公司于 1999 年 6 月倡导并推出，并由许多公司参与建立的一种动态网页技术标准。JSP 技术有点类似于 ASP 技术，它是在传统的网页 HTML（标准通用置标语言的子集）文件（*.htm,*.html）中插入 Java 程序段（Scriptlet）和 JSP 标记（tag），从而形成动态网页的 JSP 文件，后缀名为（*.jsp）。用 JSP 开发的 Web 应用是跨平台的，既能在 Linux 下运行，也能在其他操作系统上运行。

动态网页是与静态网页相对应的概念。纯粹以 HTML 格式设计的网页通常称为"静态网页"。静态网页的内容主要是以 HTML 格式描述的文字与图片，其中的动画、字幕滚动等也是静态网页的内容。

动态网页以静态网页为基础，除具有静态网页的内容与功能外，还具有"动态"的内容，即提供用户与网页的交互操作，如用户在"百度"上输入一个关键词进行搜索时，它将返回一个结果，这种提供"交互"的网页就是动态网页。

动态网页的代码，除了 HTML 格式的静态内容，还有其他语言（如 Java、VB、VC）编写的动态内容。在编码过程中，动态网页可以将基本的 HTML 语法规范与 Java、VB、VC 等高级程序设计语言、数据库编程等多种技术融合，以期实现对网站内容和风格的高效、动态和交互式的管理。因此，从这个意义上来讲，凡是结合了 HTML 以外的高级程序设计语言和数据库技术进行的网页编程技术生成的网页都是动态网页。实际上，动态网页本身其实并不是一个独立存在于服务器上的网页文件，只有当用户请求时服务器才会返回一个完整的网页。

除早期的 CGI 外，目前主流的动态网页技术有 JSP、ASP、PHP 等。下面重点介绍 JSP 动态网页技术。

JSP 页面由 HTML 代码和嵌入其中的 Java 代码组成。服务器在页面被客户端请求后便对这些 Java 代码进行处理,然后将生成的 HTML 页面返回给客户端的浏览器。Java Servlet 是 JSP 的技术基础,而且大型的 Web 应用程序的开发需要 Java Servlet 和 JSP 配合才能完成。JSP 具备了 Java 技术的简单易用、完全的面向对象,以及平台无关性且安全可靠、主要面向 Internet 的所有特点。

JSP 动态网页技术集成了 Java 语言的主要优点如下。

（1）一次编写可到处运行。在这一点上,Java 比其他开发技术更出色,除系统外,代码可不用做任何更改。

（2）系统的多平台支持。JSP 可以在平台上的任意环境中进行开发、系统部署和扩展。

（3）强大的可伸缩性。它既可以从一个 jar 文件运行 Servlet/JSP,也可以由多台服务器进行集群和负载均衡、事务处理、消息处理等,Java 显示了巨大的生命力。

（4）多样化和功能强大的开发工具支持。Java 拥有许多非常优秀的开发工具,且大多可以免费得到。

Java Servlet 是 JSP 的技术基础,开发大型 Web 应用程序需要 Java Servlet 和 JSP 配合才能完成。JSP 已有多个版本,在 JDK 与 Java Web 服务器支持下都可以运行。下面介绍将 Tomcat v9.0 作为 Web 服务器时,JSP 是如何部署与工作的。Tomcat v9.0 是个比较新的 Tomcat 服务器,它增加了许多功能以支持 JSP 的新特征。

1.4.3　在 Tomcat 服务器中部署 Web 程序

Tomcat 下载安装成功后,在其安装目录下,webapps 文件夹是用来部署 Web 应用项目的,如图 1-22 所示。Tomcat 服务器的目录结构说明如表 1-1 所示。

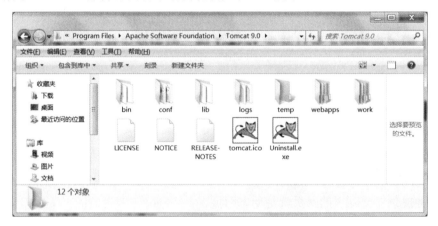

图 1-22　Tomcat 安装目录的内容

表 1-1　Tomcat 服务器的目录结构说明

目　　录	说　　明
/bin	存放 Windows 或 Linux 平台上用于启动和停止 Tomcat 等工具程序
/conf	存放 Tomcat 服务器的各种配置文件,包括最重要的 server.xml 文件
/lib	存放 Tomcat 服务器及所有 Web 应用都可以访问的 jar 文件

续表

目 录	说 明
/logs	存放 Tomcat 服务器运行日志文件
/temp	存放 Tomcat 服务器运行时的临时文件
/webapps	当在 Tomcat 服务器上发布 Web 应用程序时，默认情况下将该 Web 应用的文件存放于此目录中
/work	Tomcat 把由 JSP 生成的 Servlet 类文件存放于此目录中

前面已介绍了在 Eclipse 下配置 Tomcat 9.0，并创建 JSP 文件进行部署与运行的过程。虽然在 Eclipse 的 IDE 中进行开发能大大提高程序员的开发效率，但要完全理解 JSP 的开发与运行原理，还需要通过手工进行部署与运行，这样才能更深入理解 JSP 技术。

下面介绍在 Tomcat 9.0 服务器中，手工部署与运行 Web 程序的方法。

1. Tomcat 提供 Web 服务

在 Tomcat 安装目录下有一个 bin 文件夹，用于存放 Tomcat 的工具程序，包括提供启动、停止服务的监控器程序（如 tomcat9w.exe）。执行该监控程序，出现如图 1-23 所示的界面，通过"Start"和"Stop"这两个按钮可以启动和停止 Tomcat 的服务。

图 1-23　Tomcat 服务器

Tomcat 服务器需要配置其对应的 Java 运行环境 JRE。在安装时它会自动配置好，但其配置也是可以修改的。

案例分享

【例 1-1】　创建第一个 Web 网页并部署运行。

下面通过一个 HTML 网页，说明 Tomcat 已经可以提供 Web 服务了。用记事本编写一个 HTML 文件 myfirsthtml.html，代码如下：

```
<html>
    <head>
        <title>我的第一个 HTML 网页</title>
    </head>
    <body>
        欢迎进入我的空间！<br>
    </body>
</html>
```

在 Tomcat 的 webapps 下创建一个子文件夹 myhtmlweb，将 myfirsthtml.html 复制到该文件夹中，这样就可部署好一个简单的 Web 网站。

在 Tomcat 服务器中单击"Start"按钮，启动 Web 服务。在浏览器中输入如下 URL 地址 http://localhost:8080/myhtmlweb/myfirsthtml.html，则出现如图 1-24 所示的运行结果。

图 1-24　myfirsthtml.html 在浏览器中的运行结果

在 http://localhost:8080/myweb/myfirsthtml.html 中，localhost:8080 表示服务器地址与端口，localhost 表示本机。myhtmlweb 表示项目文件夹，myfirsthtml.html 表示网页文件，它们共同组成在服务器上访问该文件的 URL 地址。

上述案例说明，只要将创建的 Web 应用程序复制到 Tomcat 安装目录下的 webapps 文件夹中，就可以获取 Web 服务，即通过网络访问该网页。

2. 手工部署 myweb 项目

在 1.3 节中，介绍了在 Eclipse 开发环境中创建 Java Web 项目并编写 JSP 文件，以及在 Eclipse 环境中配置 Tomcat 9.0 运行的过程。下面将该项目导出，并手工部署到 Tomcat 9.0 中运行。

案例分享

【例 1-2】　在 Eclipse 开发环境中部署与运行 JSP 网页程序。

在 Eclipse 中，用鼠标右击项目名"myweb"，在出现的菜单中选择 Export→WAR file，并在出现的对话框中选择输出地址，单击"Finish"按钮，则在该地址中生成一个输出文件 myweb.war。

在 Tomcat 服务器中部署与运行该项目，其操作步骤：将上面导出的 myweb.war 文件复制到 Tomcat 9.0 的安装目录 webapps 中（如笔者的计算机是 C:\Program Files\Apache Software Foundation\Tomcat 9.0\webapps），就完成了部署。

重新启动 Tomcat 服务器（见图 1-23），并在浏览器地址栏中输入以下地址：

http://localhost:8080/myweb/NewFile.jsp

则出现与图 1-20 所示相同的运行结果，如图 1-25 所示。

图 1-25　myweb 项目在 Tomcat 中手工部署后运行的结果

myweb.war 是项目 myweb 的部署文件，说明 myweb 项目在 Tomcat 中手工部署已成功，并能正常运行。

WAR 是 Sun 公司提出的一种 Web 应用程序格式，也是许多文件的一个压缩包（类似 zip 格式压缩文件，并可以通过 zip 压缩工具解压）。这个包中的文件按一定目录结构来组织，如 classes 目录下包含编译好的 Java 类；打包成 jar 的文件会放到 WEB-INF 下的 lib 目录中。

重新启动 Tomcat 服务器后，系统会将 myweb.war 文件解压，即在 webapps 文件夹下生成了一个 myweb 文件夹，其结构如图 1-26 所示。

解压后的 myweb 项目结构，说明 myweb 项目通过手工部署已在 Tomcat 服务器中，从而可以运行其中的 Web 程序了（如 HTML、JSP 等程序）。

图 1-26　部署后的 myweb 项目结构

Java Web 工程项目包括一个项目文件夹，它包含一个 WEB-INF 子文件夹，且其下有两个子文件夹：classes 和 lib。其中 WEB-INF 对于 JSP 来说是必不可少的，其下的 classes 用于存放编译后的 class 文件，而 lib 用于存放该项目涉及的各种 jar 工具包（如数据库驱动包、Struts 框架等）。

将 Web 应用部署到 Tomcat 的/webapps 中，其目录结构说明如表 1-2 所示。

表 1-2　Web 应用的目录结构说明

目　　录	说　　明
根目录 /	Web 应用的根目录。该目录下所有文件在客户端都可以访问，包括 JSP、HTML，JPG 等访问资源。根目录一般是某个项目名
根目录下的子目录 /WEB-INF	存放应用时使用的各种资源。该目录及其子目录对客户端都是不可以访问的，其中包括 web.xml（部署表述符）
/WEB-INF/classes	存放 Web 项目的所有 class 文件，即 Java 类文件编译后的 class 文件
/WEB -INF/lib	存放 Web 应用要使用的 jar 文件

其实，可以手工在 Tomcat 的 webapps 文件夹下创建文件夹与子文件夹（见图 1-26），以及相应的文件，也能创建与运行一个 Java Web 工程项目，具体操作读者可以自行实验，以便加

深印象与了解。

前面章节已经介绍了用 Eclipse 作为 JSP Web 项目的开发平台，在配置好 Tomcat 后，可以自动部署到 Tomcat 服务器中，并且修改程序后，可同步更新已部署的程序。这样，程序员就不需要频繁地将修改的程序手工进行部署、测试运行了，从而大大提高了程序的开发效率。通过手工部署的学习，读者可以了解 Java Web 程序的运行原理，更利于其今后的程序开发工作。

1.4.4　项目的结构与部署操作

在 Eclipse 开发环境中，一个 Java Web 工程项目有源程序结构与部署项目结构。从 Eclipse 的项目管理器视图中可以看到项目源程序结构，也可以在 Eclipse 的工作空间中看到这些源程序的存储目录与文件，如图 1-27 所示。

项目的部署结构（见图 1-26）。随着项目的源程序结构存储的位置不同，其部署项目结构也不完全相同。

下面介绍项目 myweb（包括源程序与部署项目）中各主要组成部分的含义。在项目的源程序中，project 是工程构建配置文件，classpath 保存的是项目所用的外部引用包的路径，settings 是记录项目配置变化的记录文件夹。

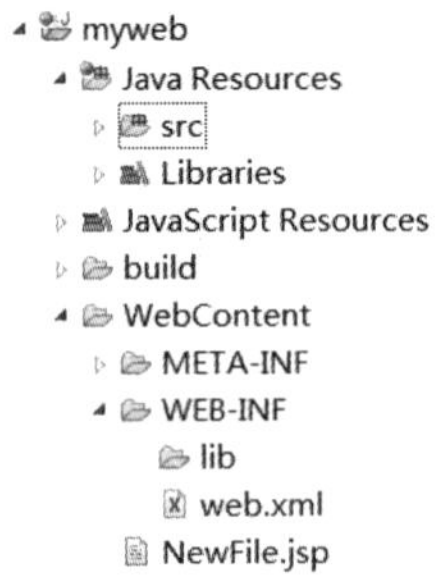

图 1-27　项目 myweb 的源程序结构

> Java Resources 是项目源代码，即 Java 类文件的存放位置。其子文件夹 src 是所有 Java 类文件的根包。
> build 是项目开发时 class 文件的存放目录，即项目编译后 class 文件的存放位置，这些 i.class 文件与 src 中的 Java 源程序一一对应。
> WebContent 存放该 Web 项目所有资源的文件夹，如 JSP 文件的存放等。
> META-INF 是 Java Web 应用的安全目录，客户端无法访问，只能通过服务器端访问，从而实现了代码的安全。在 WEB-INF 中主要是系统运行的配置信息和环境，包括 classes、config、lib 文件夹和 web.xml 等。
> WEB-INF 是项目发布到 Tomcat 时，class 文件的存放目录。与 build/classes 不同，它是项目开发时 class 文件的存放目录。
> lib 存放 Web 应用需要的各种 jar 文件，仅放置在这个应用中要求使用的 jar 文件。
> web.xml 文件是 Web 应用程序的配置文件，如描述 Servlet 和其他的应用组件配置及命名规则等信息。

myweb 项目有不同的存储形式，如在 Eclipse 中的结构，在工作区中的存储结构，以及部署后的项目结构。

关于 myweb 项目的创建与运行，以及在 Eclipse 中手工部署操作的方法，这里就不再赘述了。

1.4.5　分层结构的程序设计与 MVC 设计模式简述

为什么要进行分层结构（或称多层结构）的程序设计呢？最初学习程序设计时，往往是设计成一个程序文件，后来结构写复杂了，可能需要设计成几个程序文件。但它们往往是一个层面的，即所有的处理代码（包括输入/输出、逻辑处理等）都混在一起。

随着编程技术的发展，分工也越来越细，多层结构的程序设计越来越受到欢迎。所谓多层结构的程序设计，就是将程序分为相对独立的技术层次，每个层次承担一个特殊功能，而又可将这些技术层次的程序组成原来程序的所有功能。

例如，可以将输入/输出界面分出来单独成立一个模块，这样可由界面工程师（UI 设计工程师）与美工来完成这些方面的工作，可给程序员减少工作量。另外，也可以将专门处理某种业务的代码独立出来，需要的时候可以调用，这样也可提高代码的复用程度。这种开发就是多层结构的程序开发。目前市场上也为不同层次的程序开发提供了许多技术工具，大大提高了多层程序开发的效率与程序的稳定性。MVC 设计模式的程序开发就是一个非常流行的多层结构的程序设计与开发。

设计模式是对一套被反复使用、设计成功模式的总结与提炼。而 MVC 设计模式是将软件的代码分为 M、V、C 三层来实现的一种多层结构的设计方案。

MVC（Model-View-Controller）是 M 模型（Model）、V 视图（View）、C 控制器（Controller）的缩写，是一种软件设计的典范。它采用业务逻辑和数据显示代码分离的方法，并将业务逻辑处理放到一个部件里面，而将界面及用户围绕数据展开的操作单独分离出来。MVC 类似于将传统软件开发中模块的输入、处理和输出功能，集成在一个图形化用户界面的结构中。

MVC 是一种常用的设计模式，它能强制性地使模块中的输入、处理和输出分开，各自处理自己的任务。MVC 设计模式减弱了业务逻辑接口和数据接口之间的耦合，并让视图层更富于变化。

典型的 MVC 设计模式就是本书介绍的基于 JSP（View）+ JavaBean（Model）+Servlet（Controller）技术实现的模式（这些技术将在书中陆续介绍）。

MVC 设计模式的优点表现在其耦合性低、重用性高、可维护性高、有利于软件工程化管理等方面。它既能为某类问题提供解决方案，同时又能优化代码，从而使代码更容易被人理解，提高代码的复用性，并保证了代码的可靠性。

下面通过案例介绍一个学生信息显示程序的分层实现。

1.5　多层结构的 Java Web 程序开发案例

┛案例分享┗

【例 1-3】用多层结构程序实现在 JSP 网页中显示对象的数据。

JavaBean 数据类封装了"张国强"这个学生的个人信息，要求用 JSP 访问该数据类，并在 JSP 上显示该学生的个人信息。

1.5.1　案例实现思路

如果用纯 Java 程序实现该案例，需要用两个类：封装数据的 JavaBean 和主类。实例化这个数据类，并访问、显示其中的数据。

这里假设读者已经知道了上述开发技术。

如果用 Java Web 开发技术实现则至少需要两层，也可以有三层，即编写封装数据的 JavaBean 为第一层，显示数据的 JSP 页面为第二层。如果将访问数据类并获取需要显示的数据的处理也封装在一个类中，则为第三层。

为了简便说明问题，这里使用二层结构实现，即只有封装数据的 JavaBean 与显示数据的 JSP 页面这两层。将处理访问数据类并获取需要显示的 Java 代码直接放在 JSP 文件中。

1.5.2　案例实现过程

案例实现过程包括两部分：编写 JavaBean 封装数据；在 JSP 中编写 Java 代码访问对象的数据。

1. 编写 JavaBean 封装数据

创建一个 JavaBean 封装这个学生信息的数据类 entitypackage.Student，这些信息如下：

学号：6
姓名：张国强
性别：男
班级：17 软件 3 班
年龄：20

将这个类文件存放在 entitypackage 包中，类文件名为 Student.java，其代码如下：

```java
package entity;
public class Student {
    private int id=6;
    private String name="张国强";
    private String sex="男";
    private String classes="17 软件 3 班";
    private int age=20;
    public int getId() {
        return id;
    }
    public void setId(int id) {
        this.id = id;
    }
    public String getName() {
        return name;
    }
    public void setName(String name) {
        this.name = name;
    }
    public String getSex() {
        return sex;
    }
    public void setSex(String sex) {
        this.sex = sex;
    }
    public String getClasses() {
        return classes;
    }
    public void setClasses(String classes) {
        this.classes = classes;
```

```
    }
    public int getAge() {
        return age;
    }
    public void setAge(int age) {
        this.age = age;
    }
}
```

直接将数据存放到类的属性中，当该类被实例化一个对象时，则该对象的属性被初始化，就可以访问了。

访问时，只需要调用对象中的 getter 方法，如 getName()方法，将返回对象中的 Name 属性值，即"张国强"。

2. 在 JSP 中编写 Java 代码访问对象中的数据

会 Java 编程的读者均能在另一个类中编写 Java 代码，访问 Student 中的数据并显示出来。但是，如果在 JSP 中编写 Java 代码访问这些数据，则只需将这些处理的 Java 代码放到 JSP 文件中就可以实现了。换句话说，即在 JSP 文件中可以编写 Java 代码访问 Student 类中封装的数据并显示出来。

实现步骤如下。

（1）创建一个 JSP 文件 showStudent.jsp。

（2）在 showStudent.jsp 中设置汉字显示，即设置 pageEncoding="gbk"。

（3）在<body></body>中编写<% %>代码段，实现 Student 对象：<%Student student=new Student(); %>，并在 import="java.util.*,entitypackage.Student"中引入数据类 entitypackage.Student。

（4）编写显示数据对象的数据表达式，如显示姓名：<%=student.getName() %>，其中 student 为第（3）步实例化的对象，name 是该对象的属性。

显示 Student 类中学生数据的 JSP 文件（showStudent.jsp）代码如下：

```
<%@ page language="java" import="java.util.*,entitypackage.Student" pageEncoding="gbk"%>
<!DOCTYPE HTML PUBLIC "-//W3C//DTD HTML 4.01 Transitional//EN">
<html>
  <head>
    <title>显示学生信息</title>
  </head>
<body>
  <%Student student=new Student(); %>
    学号：<%=student.getId() %><br>
    姓名：<%=student.getName() %><br>
    性别：<%=student.getSex() %><br>
    班级：<%=student.getClasses() %><br>
    年龄：<%=student.getAge() %><br>
</body>
</html>
```

为了简洁起见，上述 JSP 程序 showStudent.jsp 中删除了一些代码，以突出编写的内容。

3. 项目的运行

启动服务器，在浏览器中输入 http://localhost:8080/showStudent/showStudent.jsp，显示结果如图 1-28 所示。

图 1-28　执行后在 JSP 中显示的学生数据

该案例显示了多个层次的不同程序共同完成了一个完整的"一个学生信息显示"的功能。

在 JSP 中可以编写 Java 代码实现 Java 语言的各种功能，这就是 JSP 动态网页的特点。JSP 不但有 HTML 元素编写网页的静态部分，而且还可以在<% %>中编写的 Java 代码，用以实现网页的动态部分。

从上述角度来看，JSP 具有和 Java 程序相同的功能，只是运行的平台不同。JSP 是基于 Java 实现网络环境的 Web 编程，该 Web 具有 Java 程序所具有的各种优点与特征，如跨平台、健壮性等。

1.5.3　多层结构的程序开发

从例 1-3 的实现可知，该程序包括 Java 类 Student.java 和 JSP 文件 showStudent.jsp 两部分。其实，采用这种方式实现的完全是一种策略，从后面的例子可以得知，这个例子是完全可以用一个 JSP 文件实现的。上述用两个或两个以上类型的程序实现的程序叫作多层结构的程序。

采用多层结构的程序有许多优势，如利于分工、维护，效率高、安全性高等特点。后面章节将陆续介绍视图层、模型层、控制层等实现技术及 MVC 设计模式的概念。

小　结

介绍了 Java Web 软件开发的相关概念，用 Eclipse 作为 Java Web 集成开发环境（IDE），它的 JDK、Tomcat 的配置步骤，以及其开发和运行 Java Web 的过程。另外，还介绍了 Web 开发技术相关概念与原理、C/S 与 B/S 开发技术及其区别、动态交互网页、JSP 动态网页及 Tomcat 服务器等，以及 Java Web 项目的组成且在服务器中手工部署与运行的方法。Tomcat 是一种免费开源代码的 Servlet 容器，其安装与使用均很简单，在本书附录 A 中介绍了其安装与使用，相关案例均使用 Tomcat 作为 Web 服务器。

如果在 JSP 中有汉字信息，则需要将 JSP 中 page 命令的 pageEncoding 的"ISO-8859-1"修改为"gbk"或"UTF-8"或"gb2312"，以免出现汉字乱码问题。

本章还通过案例的形式介绍了用 Java 语言编写的代码在 JSP 中的运行，以及 Java Web 分层结构程序的组成与运行，通过项目案例，可理解 JSP 程序的组成，以及如何与 Java 编程结合，有利于读者掌握所需要的知识与技术，为后续章节的学习打好基础。

习 题

一、选择题

1. 用 Eclipse 开发 Java Web 程序，需要配置（　　）。

（A）JDK　　　　　　（B）JRE　　　　　（C）Tomcat　　　　（D）JRE 和 Tomcat

2. 在 JSP 网页中，为了使网页中的汉字能正常显示，下列说法错误的是（　　）。

（A）将 charset 等的字符编码方式改为 GBK

（B）将 charset 等的字符编码方式改为 UTF-8

（C）将 charset 等的字符编码方式改为 GB2312

（D）以上说法都是错误的

3. JSP 网页是由（　　）语言与嵌入其中的 Java 代码段组成的。

（A）ASP　　　　　　（B）PHP　　　　　（C）HTML　　　　（D）JavaScript

4. 在 Tomcat 服务器中手工部署 Web 项目，只需要将项目的文件夹连同其中的程序复制到 Tomcat 根文件夹的（　　）子文件夹中。

（A）conf　　　　　　（B）lib　　　　　　（C）webapps　　　　（D）bin

5. 在 Eclipse 中开发 Java Web 程序，首先要创建与部署（　　）。

（A）JSP 程序　　　　（B）Java 程序　　　（C）Web 项目　　　（D）XML 程序

6. 在 Eclipse 中开发 Java Web 程序，将 Java 程序存放在（　　）中。

（A）lib　　　　　　　（B）src　　　　　　（C）classes　　　　（D）WebContent

7. 软件开发过程中采用分层结构可以使程序具有许多优点，下列说法错误的是（　　）。

（A）利于分工　　　　　　　　　　　（B）利于维护

（C）效率高与安全性高　　　　　　　（D）以上说法都不对

二、判断题

1. Web 程序开发需要一个 WWW 服务器，如 Tomcat 软件。（　　）

2. 在 Eclipse 环境下开发 Java Web 程序，仅需要配置 JRE 就可以了。（　　）

3. Eclipse 是免费软件，所以它的功能小，不适合大型开发。（　　）

4. JSP 程序开发是一种静态网页开发技术。（　　）

5. Eclipse 可以开发动态网页，但不能开发纯 Java 程序。（　　）

6. 软件采用分层结构设计有利于分工开发。（　　）

三、简答题

1. 什么是 Web 应用程序？它与传统的应用程序相比有什么特征？

2. 简述 Java Web 程序的开发与运行环境。

3. 简述 C/S 方式与 B/S 方式的程序区别，以及动态网页与静态网页的区别。

4. 如何解决 JSP 页面上的汉字乱码问题？

综合实训

实训 1 在安装好 JDK、Tomcat 的环境下手工创建 Web 网站。操作时，在 Tomcat 安装目录的 webapps 子文件夹下创建一个文件夹，并在其中再创建一个 HTML 文件。然后启动 Tomcat 服务器，在浏览器/服务器地址栏中输入 http://localhost:8080/文件夹名/HTML 文件名，然后观察运行结果。

实训 2 在 Eclipse 环境下配置好 JRE、Tomcat 并创建 Web 工程项目，然后实现下述程序并部署运行。该程序的功能：仓库中有一批货物，该货物登记表的项目有编号、货物名称、产地、规格、单位、数量、价格。编写 Java 程序和 JSP 程序，并在 Java 类中记录这批货物数据，然后在 JSP 网页中显示出来。

第2章

JSP 动态网页编程基础

JSP（Java Server Pages，Java 服务器页面）是 Sun 公司发布基于 Java 的 Web 应用开发技术。它的诞生为创建高度动态的 Web 应用提供了一个独特的开发环境，具有跨平台、通用性好、安全可靠等特点。

JSP 作为 Java 语言进行动态 Web 开发工具适合于用户界面层的程序开发。本章将以动态网页的形式全面介绍 JSP 网页的组成、运行原理、JSP 页面元素、JSP 程序开发及应用等。

在 Java Web 应用开发中，页面（动态）之间的交互、数据的传递等代码的编写是很常见的，它们的实现及用到的 JSP 内置对象是本章的重点与难点。

2.1 JSP 运行原理及应用

传统的 Java 开发是指客户机/服务器（Client/Server，C/S）开发，它不需要 Web 服务器与浏览器进行运行。而 Web 程序开发又称浏览器/服务器（Browse/Server，B/S）开发，需要在 Web 服务器与浏览器环境下运行。JSP 作为 Java 进行 Web 开发的工具，运行于 Internet 环境中，其运行环境会涉及 Web 服务器、网络设备与客户端浏览器等。

JSP 是以 Java 的 Servlet（服务器小程序）为基础实现的 Web 动态页面开发技术，它适合 Web 页面的开发，并且与 Java 技术无缝衔接。这样，在 Java Web 应用开发中，JSP 不但具有 Java 语言的各种优点，而且适合 Java Web 应用的表示层用户页面开发；它还可以把比较复杂的逻辑开发与网络传输等交给 JavaBean 与 Servlet 去完成，这些构成了基于 Web 的 MVC 设计模式完美的程序开发技术。

当然，我们也可以把所有的代码编写都放在 JSP 中进行，但这样做就会使 JSP 代码变得庞大臃肿，不利于合作开发与代码维护。使用 MVC 设计模式就可以解决上述问题。本章介绍 JSP 的基本技术，第 5 章将介绍以 JSP 作为页面开发的高级技术。

2.1.1　动态网页与 JSP 的运行原理

静态页面的显示内容是保持不变的，既不能实现与用户的实时交互，也不利于系统的扩展。这也是基于 B/S 技术的动态网页出现的主要原因。

动态网页不仅可以动态地输出网页内容、同用户进行交互，而且可以对网页内容进行在线实时更新。例如，百度搜索网页就会根据用户输入关键词的不同而得到不同内容的页面。

那么，使用什么样的技术可以实现动态网页呢？下面通过动态 B/S 技术的工作过程原理来了解动态页面的运行机制，如图 2-1 所示。

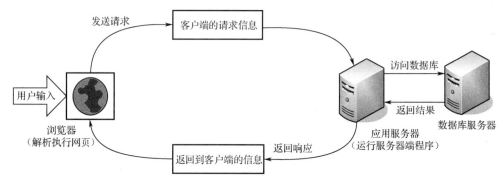

图 2-1　动态 B/S 技术的工作过程

B/S 方式把传统 C/S 方式中的服务器分解为一个数据库服务器和一个或多个应用服务器（Web 服务器），从而构成一个多层结构的客户服务器体系，即表示层、功能层和资料层等被分成多个相对独立的单元。表示层包含显示逻辑，位于客户端，其任务是向 Web 服务器提出服务请示，并接收 Web 服务器的主页信息进行显示；功能层包含事务处理逻辑，位于 Web 服务器端，其任务是接收客户端的请示并与数据库进行连接，向数据库服务器提出数据处理请求，并将结果传送到客户端；资料层包含系统的数据处理逻辑，位于数据库服务器上，其任务是接收 Web 服务器对数据进行操作的请求，对数据库进行查询、修改及更新等操作，并将结果提交给 Web 服务器。

动态 B/S 方式是采用"请求/响应"模式进行交互的，这个过程可分为以下 4 步。

（1）客户端接收用户的输入，如输入一个地址，或者在 IE 中输入用户名、密码，发送对系统的访问请求。

（2）客户端向 Web 服务器端发送请求，并将程序控制权交给服务器端处理程序（如 Java 程序）。

（3）数据处理。Web 服务器端通常会使用服务器端处理语言进行复杂的业务处理，如访问数据库等，并取得处理结果。

（4）发送响应。Web 服务器端向客户端发送响应消息，并将处理结果通过浏览器呈现在客户端。

JSP 作为一种动态网页技术，可运行在 Web 服务器端，且编写简单，非常适合构造基于 B/S 结构的动态网页。

JSP 通过在传统的 HTML 中嵌入 Java 脚本语言，当用户通过浏览器请求访问 Web 应用时，Web 服务器会使用 JSP 引擎对请求的 JSP 进行编译和执行，然后将生成的页面返回给客户端浏览器进行显示。JSP 工作原理如图 2-2 所示。

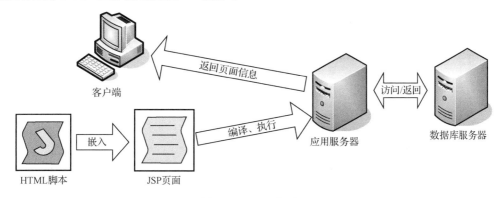

图 2-2　JSP 工作原理

从图中可以清晰地看出动态网页的 JSP 技术的工作与运行过程。JSP 程序中有两种代码，一种是 HTML 脚本，另一种是嵌入的 Java 语言。这两部分互相合作既能完成静态网页的功能，也可实现动态交互的功能。

2.1.2　JSP 的执行机制

通过对 JSP 工作原理图的分析，我们可以清楚地看到 JSP 的工作流程，那么当 JSP 提交到服务器时，Web 服务器又是如何进行处理的呢？当 JSP 请求提交到服务器时，Web 服务器会通过 3 个阶段实现处理，分别是翻译阶段、编译阶段和执行阶段。

（1）翻译阶段：当 Web 服务器接收到 JSP 请求时，会先对 JSP 进行翻译，即将写好的 JSP 文件通过 JSP 引擎转换成 Java 源代码。

（2）编译阶段：将翻译后的 Java 源文件编译成可执行的字节码文件，也就是把后缀为.java 的文件转换为后缀为.class 的文件。

（3）执行阶段：Web 服务器接收客户端的请求，经过翻译和编译后生成的 Java 可被执行的二进制字节码文件，而所谓的执行就是执行编译后的字节码文件。执行结束会得到处理请求的结果，Web 服务器会把生成的结果页面再返回到客户端进行显示。

Web 服务器处理 JSP 文件请求的 3 个阶段如图 2-3 所示。

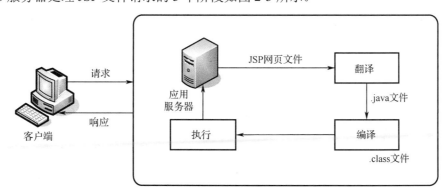

图 2-3　Web 服务器处理 JSP 文件请求的 3 个阶段

当 Web 服务器把 JSP 文件翻译和编译好后，Web 服务器就会将编译好的字节码文件保存在内存中，当客户端再一次发生请求 JSP 页面时，就可以直接使用编译好的字节码文件了，这样可省略翻译和编译这两个阶段，可以大大地提高 Web 应用系统的性能。这也是为什么第一次请求一个 JSP 页面时耗时长，而再次请求时的访问速度很快的原因。但是如果对 JSP 页面进行修改，Web 服务器就会及时发现 JSP 页面的改变，此时，请求 JSP 页面时就不会重用之前编译好的字节码文件了，Web 服务器就会对 JSP 页面进行重新翻译和编译。

2.1.3　JSP 技术的应用

任何一个应用程序都有用户交互界面与功能处理等部分，Java Web 应用程序也一样。但是在进行开发时，用 Java 程序编写界面展示部分是非常困难的。而 JSP 就是为了用来承担 Java Web 用户交互界面开发的。

JSP 基于 Java 与 Servlet 技术进行 Web 动态页面的开发，其中 Java 语言承担动态部分的实现，Servlet 承担与服务器交互的支撑，而 HTML 则承担信息的展示。

在 Java Web 应用开发中，为了优化程序设计及利于分工协作，人们采用了多层结构的程序开发。在此结构的程序开发中，JSP 只需承担界面显示及与交互功能的接口对接，而将功能的实现交给 JavaBean 来完成，JSP 与 JavaBean 之间的网络交互则交给 Servlet 来实现。

所以，在 Java Web 应用开发中，JSP 可专注于应用程序表示部分的开发，而将程序功能的其他部分交给别的层来实现。当然，JSP 程序本身可以实现程序的各个部分，但这样的 JSP 将会变得非常庞大与复杂，不利于维护与人员分工。

本章介绍的是 JSP 动态网页实现的基本知识，其他部分将在后续的章节中介绍。

为了适应在 MVC 设计模式下的程序开发，JSP 还实现了一些快捷方法，这些方法既有 HTML 的语法特征又有 Java 功能的特点，这些简洁方法的实现技术将在第 5 章进行介绍。通过 JSP 的简洁开发技术，更加显示了 JSP 在 Java Web 应用程序表示层中开发的优势作用。

2.2　JSP 动态网页基础

2.2.1　JSP 代码的组成

在介绍 JSP 网页基础知识之前，先通过一个 JSP 程序了解其代码的组成。

┘案例分享┕

【例 2-1】　编写 JSP 程序显示系统日期。

实现一个显示日期的 JSP 文件 showDate.jsp，其代码如下：

```
<%@ page language="java" import="java.util.*,java.text.*" pageEncoding="UTF-8"%>
<!DOCTYPE HTML PUBLIC "-//W3C//DTD HTML 4.01 Transitional//EN">
<html>
  <head>
    <title>显示当前日期</title>
  </head>
  <body>
```

```
<%
    SimpleDateFormat formater = new SimpleDateFormat("yyyy 年 MM 月 dd 日");
    String strCurrentDate = formater.format(new Date());
%>
今天是<%=strCurrentDate %>
</body>
</html>
```

运行该 JSP 文件（其运行方法见第 1 章）。先在 Tomcat 部署好的项目中（如 myweb）创建一个 JSP 文件，然后启动 Tomcat 服务器，并打开浏览器，在地址栏中输入以下地址：

http://localhost:8080/myweb/showDate.jsp

JSP 文件运行的效果如图 2-4 所示。

图 2-4　JSP 文件运行的效果

可以看出，showDate.jsp 程序文件的运行是一个 Web 网页，并在其中显示了当前系统的日期信息。

2.2.2　JSP 程序的构成

通过该程序文件的内容可了解一个 JSP 代码的构成。从程序文件中可以看到，该程序包括 4 个方面的内容。

（1）静态 HTML 代码。

程序中静态 HTML 代码如下：

```
<html>
    <head>
        <title>显示当前日期</title>
    </head>
    <body>
        ...
    </body>
</html>
```

（2）Java 代码。

程序中 Java 代码如下，这些 Java 代码是用<%%>括起来的，用于实现日期信息的动态获取。

```
<%
    SimpleDateFormat formater = new SimpleDateFormat("yyyy 年 MM 月 dd 日");
```

```
String strCurrentDate = formater.format(new Date());
%>
```

（3）表达式。

程序中<%=strCurrentDate %>是表达式，用于获取 Java 代码创建的变量 strCurrentDate 的数值，并进行显示。

（4）JSP 页面命令。

程序中 JSP 页面命令代码如下：

```
<%@ page language="java" import="java.util.*,java.text.SimpleDateFormat" pageEncoding="UTF-8"%>
```

上述命令代码对 JSP 页面的属性进行定义，如 language 定义了脚本语言为"Java"语言；代码中引入（import）的 Java 的包与类有"java.util.*""java.text.SimpleDateFormat"；页面中代码的编码 pageEncoding 为"UTF-8"格式。UTF-8 格式是可以显示包括汉字等多种国家文字的"统一编码方式"，通常用该方式进行汉字的处理与显示。

虽然 JSP 程序看起来复杂，但其实它只是在 HTML 中嵌入了 Java 程序，只要掌握了这两种语言，编写起来就会很容易。另外，HTML、Java 语言都有开发 IDE（集成开发环境）工具，所以掌握某种 JSP 开发工具（如 Eclipse）是非常重要的。

2.2.3　JSP 页面的组成元素

前面介绍了一个简单的 JSP 文件，以及该文件中代码的组成。其实，JSP 作为动态网页开发技术，有一套自己的元素，它除了 HTML 静态内容，还包括指令、表达式、JSP 小脚本（Java 代码段）、声明、标准动作、注释等元素。在深入了解 JSP 的元素组成与应用前，需要先了解其运行原理与机制，这样有利于加深对 JSP 的理解。

HTML 文件与 JSP 程序分别指静态网页和动态网页。通过例 2-1 可以看出 JSP 网页是通过在 HTML 中嵌入 Java 脚本语言来响应网页动态请求的，即其 JSP 代码中包含 HTML 标签和 Java 代码脚本（又称 JSP 小脚本、Java 代码段）。

到目前为止，我们已经了解了 JSP 的工作原理及执行过程。这些都是学习 JSP 的基础，但是要使用 JSP 实现动态网页开发，还要熟悉 JSP 页面都包含什么元素，以及各自具有什么功能。

JSP 是通过在 HTML 中嵌入 Java 脚本语言来响应页面动态请求的，在 JSP 网页程序中包含了 HTML 标签和 Java 脚本。如果把这些元素细分，则 JSP 页面由静态内容、指令、JSP 表达式、JSP 小脚本、JSP 声明、标准动作、注释等元素构成，其元素如表 2-1 所示。

表 2-1　JSP 页面的元素

JSP 页面的元素	示　例　说　明
静态内容	HTML 静态文本
注释	<!-- 这是注释，但客户端可以查看到 --> <%-- 这也是注释，但客户端不能查看到 --%>
指令	以"<%@　"开始，以"%>　"结束 如<%@ include file = " Filename" %>
JSP 小脚本	<% Java 代码段 %>
JSP 表达式	<%=JSP 表达式 %>
JSP 声明	<%!函数或方法 %>

下面通过案例介绍一些比较常用的 JSP 页面的元素及其应用。

1．JSP 中的静态内容编码

在 JSP 中静态内容编码主要是由 HTML 标签组成的，用户一般通过 HTML 标签创建用户界面，实现输入数据和展示数据。HTML 程序文件由 html、head、body 三大基本元素组成，它们分别构筑 HTML 的文档、头部、身体。

html 元素是文档类型的声明，告诉浏览器该文档是 html 类型的文本文件，浏览器就会按照 html 的规则去解析该文件，另外，在 HTML 网页开发的过程中，html 元素还会声明代码使用的 html 标准，称为文档类型声明。

head 元素是包含该文件的一些头信息，包括文档的标题、在 Web 中的位置，以及和其他文档的关系等。绝大多数文档头部包含的数据不会真正作为内容显示出来。

body 元素用于定义文档的主体，包含文档的所有内容（如文本、超链接、图像、表格和列表等）。

一个标准的 HTML 结构代码如下：

```
<!DOCTYPE html>
<html>
    <head>
        <meta charset="UTF-8">
        <title></title>
    </head>
    <body>
    </body>
</html>
```

另外，HTML 标记还包括表单和组件等元素，用于网页的交互实现。按照组件的不同作用分为 3 种类型：①提交或重置表单数据的控件；②数据输入组件；③格式化组件。控件包括提交表单数据的控件和重置表单数据的控件。数据输入组件包括文本框、密码框、复选框、单选框、列表框、文本区。格式化组件包括 LABEL 组件和表格，其中 LABEL 组件主要起说明作用，表格主要用于数据展示格式化。这些都是 JSP 的静态内容，静态内容与 Java 和 JSP 语法无关。

2．JSP 中的动态内容编码

JSP 中的动态内容是在 HTML 标记中嵌入了如 Java 代码段等实现动态交互的元素（见表 2.1），包括注释、指令、JSP 小脚本（Java 代码段）、JSP 表达式、JSP 声明等基本元素。

下面将介绍这些基本动态元素及其应用。

2.3　JSP 页面动态元素编程

2.3.1　JSP 指令元素

JSP 指令元素的作用是通过设置指令中的属性，在 JSP 运行时，控制 JSP 页面的某些特性。不能错误地理解为 JSP 指令元素是用来进行逻辑处理或产生输出代码的命令。

JSP 指令一般以"<%@"开始，以"%>"结束。例如，在 JSP 实例中属于 JSP 指令的代码如下：

```
<%@ page language="java" import="java.util.*,java.text.*" pageEncoding="UTF-8 "%>
```

上述代码其实就是 page 指令。page 指令是页面指令，用来定义 JSP 页面的全局属性，该配置会作用于整个页面，如定义页面中需要导入的包、错误页的指定等。JSP 指令的语法格式如下：

```
<%@<指令名> 属性 1="属性值 1" 属性 2="属性值 2"…%>
```

JSP 指令有很多，下面介绍一些常用的指令。

1. page 指令

page 指令用来定义整个 JSP 页面的各种属性，如表 2-2 所示。一个 JSP 页面可以包含多个 page 指令，在指令中，除 import 属性外，每个属性只能定义一次，否则 JSP 页面编译就会出现错误。page 指令格式如下：

```
<%@ page 属性 1="属性值" 属性 2="属性值 1,属性值 2",…, 属性 n="属性值 n"%>
```

表 2-2　page 指令的常用属性

属　　性	描　　述	取值范围与默认值
language	指定 JSP 页面使用的脚本语言	默认值是 java
import	通过该属性引用脚本语言中使用的类文件	无
contentType	用来指定 JSP 页面有效的文档类型，如 HTML 格式为 text/html、纯文本格式为 text/plain，该属性常同 charset 设置编码一起	text/html
pageEncoding	指定一张代码表对该 JSP 页面进行编码	UTF-8、ISO-8859-1 等
info	指定 JSP 的信息，该信息可以通过 Servlet.getServletInfo()方法获取	任意字符串
extends	指定编译该 JSP 文件时应继承哪个类。JSP 为 Servlet，因此当指明继承普通类时需要实现 Servlet 的 init、destroy 等方法	任何类的全名
buffer	指定缓存大小。当 autoFlush 设为 true 时有效，如<%@ page buffer=20kb%>	none 或数字 KB
isErrorPage	指定该页面是否为错误显示页面，如果为 true，则该 JSP 内置有一个 exception 对象可直接使用，否则没有	true false、默认为 false

下面介绍 page 指令中的一些常用属性。

（1）language 属性。

language 属性定义了 JSP 页面中所使用的脚本语言。目前 JSP 必须使用 Java 语言，因此该属性的默认值为 "java"，同时也要求 JSP 页面的编程语言必须符合 Java 语言规则。language 属性设置如下：

```
language="java"
```

使用该属性需要注意的是，在第一次出现脚本元素之前，必须设置该属性的参数值，否则将会导致严重错误。

（2）import 属性。

import 属性和 Java 语言中的 import 关键字的意义一样，都描述了脚本环境中要使用的类。如果 import 属性引入多个类文件，则需要在多个类文件之间用逗号隔开。import 属性的具体设计格式如下：

```
<%@ page import="java.uti.*,java.text.*"%>
```

上述代码也可以分割为如下代码段：

```
<%@ page import="java.util.*"%>
<%@ page import="java.text.*"%>
```

（3）contentType 属性。

contentType 属性的设置在开发过程中是非常重要的，而且经常会被用到。中文乱码一直是困扰开发者的一个问题，而该属性就是用来对编码格式进行设置的。这个设置可告诉 Web 服务器在客户端浏览器上以何种格式显示 JSP 文件，以及使用何种编码方式。contentType 属性设置的格式如下：

```
<%@ page contentType="TYPE；  charset=CHARSET"%>
```

需要注意的是，分号后面有一个空格。TYPE 的默认值为 text/html，字符编码的默认值为 ISO-8859-1。

代码说明：text/html 和 charset=UTF-8 的设置之间应使用分号隔开，它们同属于 contentType 属性值。当设置为 text/html 时，表示以 HTML 页面格式进行显示。这里设置的编码格式为 UTF-8（或 GBK 等），这样 JSP 页面中的汉字就可以正常显示了。

2. include 指令标签

include 指令标签的作用是在该标签的位置处静态插入一个文件。静态插入指用被插入的文件内容代替该指令标签与当前 JSP 文件合并成新的 JSP 页面后，再由 JSP 引擎转译为 Java 文件。该指令标签的语法格式如下：

```
<%@   include file="文件名字"  %>
```

被插入的文件要求满足以下条件。

① 必须与当前 JSP 页面在同一个 Web 服务目录下。

② 与当前 JSP 页面合并后的 JSP 页面必须符合 JSP 语法规则。

下面通过一个例子演示用 include 指令将另一个 JSP 页面引入到该页面中。

案例分享

【例 2-2】编写一个简单的 JSP 页面，并通过 include 指令把获取系统当前时间的页面引入到该 JSP 页面中。

创建一个新的 JSP 页面，页面命名为 includedemo.jsp，页面代码如下：

```
<%@ page language="java" import="java.util.*" pageEncoding="UTF-8"%>
<html>
  <head>
        <title>include 指令演示</title>
  </head>
  <body>
  1. 页面前半部分<br>
  2. 引入显示时间，页面显示的时间：  <%@ include file="showDate.jsp"%>
<br>
  3. 页面后半部分
  </body>
</html>
```

该代码运行结果如图 2-5 所示。

图 2-5　代码运行结果

从运行的结果可以看出，该页面已通过 include 指令将 showDate.jsp 页面的内容融合在一起，组成了一个完整的页面。

2.3.2　JSP 注释

JSP 注释本身并不产生语句功能，只用来增强 JSP 文件的可读性，便于用户维护 JSP 文件。JSP 注释包括 HTML 注释、JSP 注释和 JSP 脚本的注释。

（1）HTML 注释：客户端通过浏览器查看 JSP 源文件时，能够看到 HTML 注释文字，其语法格式如下：

```
<!-- 要注释的内容、文字、说明写在这里 -->
```

（2）JSP 注释：　JSP 引擎编译该页面时会忽略 JSP 注释，其语法格式如下：

```
<%-- 要注释的内容、文字、说明写在这里 --%>
```

被注释的 JSP 文件中的代码将不会被执行。JSP 的这两种注释，即<!--被注释文本 -->和<%--被注释文本--%>，它们又分别被称为静态注释和动态注释。

<!-- -->这是对 HTML 脚本的静态注释，客户端可以查看被注释的内容；<%-- --%>是对 JSP 小脚本进行的注释，该注释的内容在客户端中不能被查看。

案例分享

【例 2-3】　编写 JSP 程序演示注释语句的应用。

编写包含两种注释的 JSP 程序 comment.jsp，其代码如下：

```
<%@ page language="java" contentType="text/html; charset=GBK"%>
<html>
    <head>
        <title>两种注释的演示</title>
    </head>
    <!-- 这是 HTML 注释(客户端可以看到源代码) -->
    <%-- 这是 JSP 注释(客户端不能看到源代码) --%>
    <body>
        <%
        String var = "This is declartion";
        out.println(var);
```

```
        %>
        </body>
</html>
```

运行上面 comment.jsp 的程序代码，会出现显示一行"This is declartion"字符串，如图 2-6 所示。

在该网页运行的浏览器中，鼠标单击右键，选择"查看源代码"选项，则会显示该网页运行结果的源代码，如图 2-7 所示。

图 2-6　网页 comment.jsp 运行效果

图 2-7　查看网页的源代码

图 2-7 是该 JSP 程序运行后返回到客户端的代码，从中可以看到静态注释的内容，而动态注释的内容是不可见的。

（3）JSP 脚本的注释：指嵌入<%和%>标记之间的程序代码，使用的是 Java 语言，因此，在脚本中进行注释和在 Java 类中进行注释的方法相同，其格式如下：

<%//当行注释%>, <%/* 多行注释*/%>

该注释为 Java 语言的注释在 JSP 程序中的体现，即<%Java 代码段%>小脚本对 Java 语言的两种注释形式在 JSP 代码中的体现。

2.3.3　JSP 小脚本

在前面显示日期的 JSP 案例中已经出现了 JSP 小脚本元素，包括<% %>中的 Java 段与表达式。这些就是 JSP 小脚本元素，用以实现 JSP 网页中的动态处理部分。

小脚本即那些包含在<% %>中的 Java 段，小脚本中可以包含任意的 Java 片段，其形式比较灵活。通过在 JSP 页面中编写小脚本可以执行复杂的操作和业务处理，其编写方法就是将 Java 程序片段插入<% %>标记中。

下面通过综合应用 JSP 小脚本以实现业务处理的程序。

案例分享

【例 2-4】　在 JSP 网页中编写 JSP 小脚本程序。

定义并显示一个数组中的各元素，用 Java 循环语句实现输出并显示该数组中各元素的数值。

该程序中循环与显示语句均是 Java 代码，需要使用 JSP 小脚本来实现。实现的程序为 JspCode.jsp，其 JSP 代码如下：

```
<%@ page language="java" contentType="text/html; charset=GBK" %>
<html>
    <head>
        <title>循环输出数组中的数值</title>
    </head>
    <body>
<%
int[] value = { 60, 75, 80 };
for (int i = 0; i < value.length; i++) {
        out.println(value[i]);}
%>
    </body>
</html>
```

代码中<% Java 代码%>就是 JSP 小脚本，运用 Java 代码实现数组的定义，以及数组元素的循环显示，显示的结果如图 2-8（a）所示。JSP 小脚本中 out.println()就是用来在页面中输出数据的，其中 out 是 JSP 的内置对象。

从图 2-8（a）中看到，println()方法并没有让输出换行显示。这是由于 out 将数据返回到浏览器时是一个静态 HTML 页面，而 HTML 程序换行显示需要使用"
"标记。如果将上述程序代码进行如下修改，则可以实现换行显示。

```
<body>
 <%
    int[] value={60,75,80};
    for(int i=0;i<value.length;i++){
       out.println(value[i]);
 %>
   <br>
   <%}%>
</body>
```

在图 2-8（b）中显示的 3 个数字已经换行了。

（a）修改前不换行显示

（b）修改后已换行显示

图 2-8　运行结果

由于
是 HTML 静态页面的换行标记，所以通过 out 显示的内容，只要带
生成的静态页面，在浏览器上显示时就能换行。

在 JSP 页面进行小脚本代码编写时，有一个很容易犯的错误，就是 for 循环缺少一个}符号，所以正确的代码应该在小脚本后面再补上"<% } %>"，以完善 for 循环语句。

另外，由于静态 HTML 文件换行符为"
"，因此，也可以通过修改语句以实现该程序的换行显示，具体修改如下：

将 out.println(value[i])改为 out.println(value[i]+"
")即可实现，其运行结果见图 2-8（b）。

2.3.4　JSP 表达式

表达式（Expression）包括数字、算符、数字分组符号（括号）、自由变量和约束变量等，以能求得数值的有意义排列方法所得的组合。所以，在程序中表达式显示的是静态数据，是被操作的对象，如给某个变量赋值、显示表达式值的操作等。

JSP 由 HTML 静态部分与 Java 动态部分组成，在 JSP 页面中显示 Java 程序的表达式可由 "JSP 表达式"实现，即当需要在页面中获取一个 Java 表达式的值时，使用"JSP 表达式"非常方便。

JSP 表达式用于在页面中输出信息，其使用格式如下：

```
<%= Java 表达式%>
```

特别要注意，"<%"与"="之间不要有空格。

当 Web 服务器遇到表达式时，会先计算嵌入的表达式值（或变量值），然后将计算结果以字符串形式返回并插入相应的页面中，其使用格式如下：

```
<% String name = "TOM"; %>
用户名：<%=name%>
```

上述代码的运行结果为用户名：TOM。

与 out.print()相比，JSP 表达式更便于 JSP 页面显示格式的设计。

在实际编程中，小脚本和表达式经常要结合运用。下面介绍一个 JSP 表达式与 JSP 小脚本联合应用的例子。

案例分享

【例 2-5】　通过 JSP 表达式实现数组元素的换行显示。

将例 2-4 中的代码修改为采用表达式显示的方式，其代码如下：

```
<%@ page language="java" import="java.util.*" pageEncoding="gbk"%>
<html>
  <head>
    <title>循环输出数组中的数值</title>
  </head>
    <body>
  <%
    int[] value={60,75,80};
    for(int i=0;i<value.length;i++){
  %>
      <%=value[i]%>
    <br>
  <%}%>
</body>
```

上述代码采用表达式方式显示数据，其运行结果与图 2-8（a）相同。

注意：在 Java 语法规定中，每条语句末尾必须使用分号代表结束。而在 JSP 中，使用表达式输出显示数据时，则不能在表达式结尾处添加分号。

另外，显示数组元素的 JSP 表达式是在 Java for 循环语句的循环体中，在 JSP 表达式语句前，JSP 小脚本已经结束。这样 for 循环语句语法并不完整，所以，在 JSP 表达式语句后面一定要加 "<%}%>"，用以完善 Java for 循环语句。

JSP 表达式在页面被转换为 Servlet 后，就变成了 outprint()方法。所以，JSP 表达式与 JSP 页面中嵌入小脚本程序中的 out.print()方法实现的功能相同。如果通过 JSP 表达式输出一个对象，则该对象的 toString()方法会被自动调用，表达式将输出 toString()方法返回的内容。

2.3.5 JSP 声明

在编写 JSP 页面程序时，有时需要为 Java 脚本定义变量和方法，这时就需要对所使用的变量或方法进行声明。

声明的语法如下：

```
<%！声明部分%>
```

注意：声明、小脚本和表达式除语法格式不同外，声明一般不会有输出，通常与表达式、小脚本一起综合运用。声明可以是声明变量、方法或类。

1. 声明变量的定义

在<%!和%>标记符之间定义的变量，通过 JSP 引擎转译为 Java 文件时，可以成为某个类的成员变量，即全局变量。变量的类型可以是 Java 语言允许的任何数据类型。这些变量在所定义的 JSP 页面内有效，即在 JSP 页面中，任何 Java 程序都可以使用这些变量。

例如：

```
<%!
    int x, y=120,z;
    String str="我是中国人";
    Date date;
%>
```

在<%!和%>标记符之间定义了 5 个变量，这 5 个变量都是全局变量。

2. 方法的定义

在<%!和%>标记符之间定义的方法，只在所定义的 JSP 页面内有效，即在本 JSP 页面内，任何 Java 程序都可以调用这些方法。

例如，定义一个方法，求整数 n 的阶乘。

```
<%!
    long jiecheng(int n)
    {
        long   zhi=1;
        for (int i=1;i<=n;i++)    zhi=zhi*i;
        return zhi ;
    }
%>
```

3. 类的定义

在<%!和%>标记符之间定义的类，在所定义的 JSP 页面内有效，即在本 JSP 页面内，任何 Java 程序都可以使用这些类创建对象。

例如，定义一个类，求圆的面积和周长。

```
<%!
    public class Circle
    {
     double r;
     Circle(double r)
      {
        this.r=r;
      }
     double area()
      {
        return Math.PI*r*r;
      }
     double zhou()
      {
        return Math.PI*2*r;
      }
    }
%>
```

下面用一个例子介绍 JSP 的声明变量、方法、类，以及调用过程。

案例分享

【例 2-6】　使用 JSP 的声明定义阶乘方法和一个圆的类进行阶乘值，以及圆的面积与周长的计算。

该例子采用变量、方法的声明及其应用，将它们放在一个声明区中。该例子的程序为 declare.jsp，其代码如下：

```
<%@ page language="java" contentType="text/html; charset=gbk"
    pageEncoding="gbk"%>
<!DOCTYPE html PUBLIC "-//W3C//DTD HTML 4.01 Transitional//EN" "http://www.w3.org/TR/html4/
loose.dtd">
<html>
<head>
<title>方法与类的声明</title>
<%!
int r1=3,r2=4;
long jiecheng(int n) {
        long zhi = 1;
        for (int i = 1; i <= n; i++)
            zhi = zhi * i;
        return zhi;
    }
```

```
public class Circle {
        double r;
        Circle(double r) {
            this.r = r;
        }
        double area() {
            return Math.PI * r * r;
        }
        double zhou() {
            return Math.PI * 2 * r;
        }
    }%>
</head>
<body>
    <%=r1 %>的阶乘为:<%=jiecheng(r1)%><br>
    <%=r2 %>的阶乘为:<%=jiecheng(r2)%><br>
    <%
        Circle c1 = new Circle(r1);
        Circle c2 = new Circle(r2);
    %>
    <br>
    半径为<%=r1 %>的圆面积为:<%=c1.area()%>, 周长为:<%=c1.zhou()%><br>
    半径为<%=r2 %>的圆面积为:<%=c2.area()%>, 周长为:<%=c2.zhou()%>
</body>
</html>
```

该程序的运行结果如图 2-9 所示。

图 2-9　例 2-6 的运行结果

在程序 declare.jsp 运行时，需要将声明的元素放到程序头部的声明区中，有利于对其进行维护和管理。值得注意的是，JSP 声明中的元素将对整个 JSP 程序可见，即经过 JSP 声明的元素，在 JSP 程序中的任何地方都可以调用。

2.3.6　JSP 动态元素的综合应用

JSP 的基本元素包括 HTML 标记与 JSP 脚本元素，它们分别实现网页的静态内容与动态内容。JSP 脚本元素包括 JSP 注释、JSP 指令元素、小脚本、表达式、声明等。

下面我们修改前面显示计算机当前日期的代码，在保持其功能不变的情况下，将 JSP 的声明、小脚本、表达式综合在一起完成相同的功能，其代码如下：

```
<%@ page language="java" import="java.util.*,java.text.*"            pageEncoding="UTF-8"%>
<%@page import="java.text.SimpleDateFormat"%>
<html>
  <head>
        <title>获取当前日期</title>
  </head>
  <!-- 这是 HTML 注释(客户端可以看到源代码) -->
  <%--这是 JSP 注释(客户端不能看到源代码) --%>
  <body>
      <%!   String name="同学们";%>
         你好，<%=name %>,今天是
      <%  ! class SimTime{String formatDate（Date d）{
           SimpleDateFormat formate=new SimpleDateFormat("yyyy 年 MM 月 dd 日");
           Return formate.format(d);
      }} %>
         <%=new SimTime().formatDate(new Date()) %>
  </body>
</html>
```

综合前面内容可归纳出 JSP 页面有 3 类：Java 程序片段、JSP 标签和 HTML 标记。其中，Java 程序片段中包含小脚本、表达式、声明及注释等基本元素；JSP 标签包含指令标签和动作标签；而 HTML 标记就是页面的静态内容。HTML 标记可创建用户界面；Java 程序片段可实现逻辑计算和逻辑处理。

JSP 标签属于 JSP 高级动态元素，它类似于 HTML 标签形式，能提供由 Java 代码实现的动态内容。

2.4   JSP 页面基本元素的综合应用案例

通过综合 JSP 页面基本元素（包括 HTML 标记、注释、Java 小脚本、表达式、声明等）编写能够显示一个对象集合中所有商品数据的程序。

案例分享

【例 2-7】 综合应用 JSP 元素编写显示某个产品列表的程序。

2.4.1   实现思路

在系统中有一个存放一组商品信息的集合，商品信息包括商品名称、商品产地、商品单价等，在 JSP 中通过迭代标签列表显示这些数据。

案例实现思路：该商品信息由一个数据存取对象（DAO）（该数据存取对象取名为ProductDao）产生，而数据对象设计为一个实体类（取名为 Product），用于存放商品的格式信息。先在 JSP 中通过 Java 代码获取这组商品信息，存放到 List 类型的集合中，并取名为 products。然后通过循环语句"for"在表格中显示所有数据。

2.4.2　实现与运行效果

结合 HTML 标记、注释、Java 小脚本、表达式、声明等 JSP 元素进行实现。下面是实现列表显示商品信息的 JSP 程序 listProducts.jsp，其代码如下：

```
<%@ page language="java" import="java.util.*" pageEncoding="UTF-8"%>
<!-- 列表显示所有商品 -->
<%--首先声明实体类 Product 与数据处理类 ProductDao --%>
<%!public class Product {
        private String name;
        private String area;
        private int price;
        public String getName() {
            return name;
        }
        public void setName(String name) {
            this.name = name;
        }
        public String getArea() {
            return area;
        }
        public void setArea(String area) {
            this.area = area;
        }
        public int getPrice() {
            return price;
        }
        public void setPrice(int price) {
            this.price = price;
        }
        public Product(String name, String area, int price) {
            super();
            this.name = name;
            this.area = area;
            this.price = price;
        }
    }
    public class ProductDao {
        /**
         * 设置所有商品信息
         */
        public List<Product> getProducts() {
            List<Product> products = new ArrayList<Product>();
            products.add(new Product("IBM 笔记本电脑", "北京", 3498));
            products.add(new Product("小米手机", "北京", 5398));
            products.add(new Product("HP 打印机", "杭州", 1298));
            products.add(new Product("华为手机", "上海", 5698));
```

```
                return products;
            }
    }%>
<%
    ProductDao dao = new ProductDao();
    List<Product> products = dao.getProducts();
%>
<!DOCTYPE HTML PUBLIC "-//W3C//DTD HTML 4.01 Transitional//EN">
<html>
<head>
<title>所有商品显示列表</title>
</head>
<body>
    <div style="width: 600px;">
        <table border="1" width="80%">
            <!-- 显示表头 -->
            <tr>
                <th>商品名称</th>
                <th>商品产地</th>
                <th>商品价格</th>
            </tr>
            <!-- 循环显示 -->
            <%
                for (int i = 0; i < products.size(); i++) {
            %>
            <tr>
                <td><%=products.get(i).getName()%></td>
                <td><%=products.get(i).getArea()%></td>
                <td><%=products.get(i).getPrice()%></td>
            </tr>
            <%
                }
            %>
        </table>
    </div>
</body>
</html>
```

运行上述程序代码，在浏览器中将列表显示 ProductDao 类所产生的商品信息，其运行结果如图 2-10 所示。

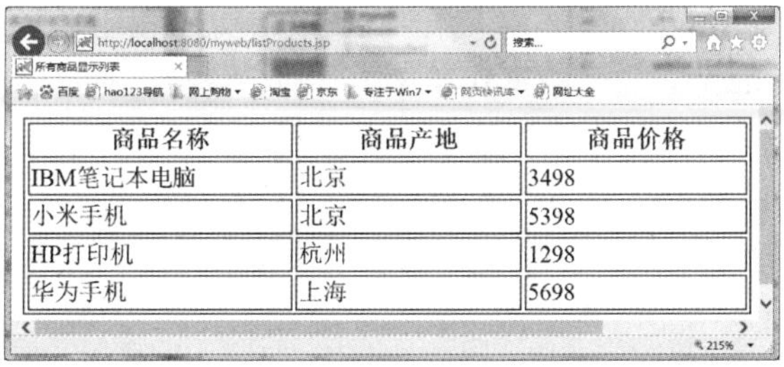

商品名称	商品产地	商品价格
IBM笔记本电脑	北京	3498
小米手机	北京	5398
HP打印机	杭州	1298
华为手机	上海	5698

图 2-10　例 2-7 的运行结果

2.4.3 实现过程及代码解释

实现过程包括创建 JSP 文件、修改@page 指令的属性、声明实体类与 DAO 类、编写 Java 小脚本程序获取数据集合、编写 HTML 的 Table 标记、编写 for 循环语句在列表显示 List 中的数据等。

1. 创建 JSP 文件

创建一个 JSP 文件，并命名为 listProduct.jsp。

2. 修改 page 指令，定义 JSP 文件的相关属性

JSP 文件会自动创建@page 指令语句，可根据需要在 page 指令语句中定义相关的属性值。因本案例需要在页面中显示汉字，应将 pageEncoding 的值设为 "UTF-8"。另外，由于需要使用 List 类型的集合数据类型，所以应在 import 属性中定义 "java.tuil" 包，定义好的 page 命令语句如下：

```
<%@ page language="java" import="java.util.*" pageEncoding="UTF-8"%>
```

3. 声明实体类与 DAO 类

通过声明语句<%! %>定义实体类 Product 与数据存取的 DAO 类 ProductDao。

实体类 Product 定义了商品的结构，由商品名称、商品产地、商品价格这 3 个属性组成，以及这 3 个属性的 setter/getter 存取方法。通过 Product 类可以定义一个商品的数据对象。

存放一组商品数据对象需要用到 List 集合类型，该类型中将存放由多个商品数据对象组成的集合。为了产生这个集合，定义了 DAO 类 ProductDao。它产生了 4 个具体的商品对象，并将其存放在 List 集合中。该数据的 DAO 类通过 List<Product> getProducts()方法可生成<Product>范型的 List 数据对象集。

4. 创建数据对象

在 JSP 中通过<% %>小脚本代码实例化 DAO 类并创建数据对象，这些代码均使用 Java 代码编写，其代码如下：

```
<%
    ProductDao dao = new ProductDao();
    List<Product> products = dao.getProducts();
%>
```

上述代码通过实例化 ProductDao 的模型类，并调用其中的 getProducts()方法创建了产品集合 products 用于在页面中显示。

5. 通过循环列表显示数据对象中的数据

在<%%>代码中，通过 for 循环迭代出 products 集合中的数据对象，并通过表达式<%=products.get(i).getName()%>显示数据对象中的属性。

在上述表达式中，方法 get(i)的 "i" 是集合中元素的下标，即获取第 i 号元素（数据对象）后，再通过 getName()方法获取该对象的 name 属性（商品名称）。

在列表显示商品信息时，用到了 HTML 的表格标记<table>，其格式如下：

```
<table border="1" width="80%">
            <!-- 显示表头 -->
            <tr>
```

```
                    <th>商品名称</th>
                    <th>商品产地</th>
                    <th>商品价格</th>
                </tr>
                <!-- 循环显示 -->
                <%
                    for (int i = 0; i < products.size(); i++) {
                %>
                <tr>
                    <td><%=products.get(i).getName()%></td>
                    <td><%=products.get(i).getArea()%></td>
                    <td><%=products.get(i).getPrice()%></td>
                </tr>
                <%
                    }
                %>
            </table>
```

在<table>中，<tr></tr>表示定义了表格的某行，在某行中<td></td>表示定义了该行中的一列。通过<table></table>\<tr></tr>和<td></td>表示定义了页面中的一个完整表格。

该表格的创建用到了 Java 的 for 循环语句嵌套编程。for 循环是个复杂的语句，它不但要在每次循环中通过<tr></tr>画 1 行表格，并在该行中通过<td></td>画 3 列，还要将每列通过表达式显示一个商品属性。当该表格行完成后，for 循环语句才结束，这就要编写一个<%}%>代码来完成 for 语句。

通过循环列表显示集合中的数据对象的数据是个复杂的代码编写，不但要用到 Java 编程，还要用到 HTML 的表格标记<table>的编写，而且它们之间是嵌套关系。读者可以通过训练掌握这个程序的编写技术。

6．程序中的注释

本程序用到了 JSP 的 3 种注释，分别是静态注释<!-- -->、动态注释<%-- --%>和多行注释/* */。

例如：

```
<!-- 列表显示所有商品 -->
  <%--声明实体类 Product 与数据处理类 ProductDao --%>
      /**
       * 设置所有商品信息
       */
```

其中，多行注释"/* */"要应用在小脚本<%%>中，是 Java 语言的一种注释形式（多行注释）。另外，Java 语言还有一种单行注释"//"也可以在小脚本中进行应用。

2.5 JSP 高级动态元素

如果用 Java 脚本元素处理 JSP 网页的动态内容，则 JSP 网页的代码会显得臃肿、庞大，不利于修改与维护，也不利于分工开发。JSP 提供了 JSP 动作、标签等高级技术代替 Java 脚本的功能，而这些 JSP 动作或 JSP 标签的代码格式类似于 HTML 标签，从而有利于 JSP 动态网页的开发。

下面简单介绍 JSP 动作标签、JSP 标签的基本概念，其详细介绍与应用见第 5 章。

2.5.1　JSP 动作标签

JSP 提供动作标签来执行某些具体功能，如 include 动作标签、forward 动作标签等。它们执行的是某种动作，即某种动态行为。JSP 中的动作标签还有很多，在 JSP 网页开发中常用的 6 个 JSP 动作（行为）如下。

➢ <jsp:include >：动态包含，即网页融合；
➢ <jsp:forward>：请求网页转发；
➢ <jsp:param>：设置请求参数；
➢ <jsp:useBean>：创建一个对象；
➢ <jsp:setProperty>：给指定的对象属性赋值；
➢ <jsp:getProperty>：取出指定对象的属性值。

例如，前面演示的使用 include 指令<@include>完成网页的融合，JSP 提供了 include 动态标签<jsp:include>来完成同样的功能。同 include 指令一样，<jsp:include>动作标签的作用是当前 JSP 页面动态包含一个文件，即将当前 JSP 页面、被包含的文件各自独立转译和编译为字节码文件。当前 JSP 页面执行到该标签处时，才会加载执行被包含文件的字节码，从而实现网页的融合。

include 动作标签的语法格式如下：

```
<jsp:include    page="文件的名字" />
或者
<jsp:include    page="文件的名字">
</jsp:include>
```

将上述 includedemo.jsp 中的 include 指令改为 include 动作指令之后效果见图 2-6。

关于 forward 动作标签，其作用是当前页面执行到该指令后转向其他 JSP 页面执行。

forward 动作标签的语法格式：

```
<jsp:forward    page="要转向的页面">
</jsp:forward>
```

或者

```
<jsp:forward    page="要转向的页面" />
```

JSP 动作标签是 JSP 动态网页中很有特色的开发技术。

2.5.2　taglib 指令定义 JSP 标签

JSP 支持标签技术，即将 JSP 页面中要实现的动态内容以 JSP 标签的形式提供给网页使用。JSP 动作标签是 JSP 技术固有的标签，而 JSP 标签则属于自定义标签。

JSP 标签需要通过 taglib 指令定义后才可以使用。

JSP 标签库是已经开发与定义好的功能代码，taglib 指令的作用是指明 JSP 页面要使用的

JSP 标签库。JSP 标签有许多，它们存放在 JSP 标签库中，通过标签的调用可以将它们提供给 JSP 网页使用以实现某种动态的功能。

taglib 指令有两个属性：uri 和 prefix。uri 为类库的地址，prefix 为标签的前缀，其格式如下：

```
<%@ taglib uri="http://java.sun.com/jsp/jstl/core" prefix="c"%>
```

有了上述 taglib 指令的定义，就可以在 JSP 网页中使用任何 JSP 标签了。JSP 标签可大大简化 JSP 页面的开发量。关于具体的 JSP 标签的用法、JSTL 标签库的使用等内容将在第 5 章中介绍。

由于 JSP 元素包括指令、基本的脚本元素、高级标签（行为）元素等，脚本元素会慢慢被标签全部代替，也就是说，在 JSP 中将不会嵌入 Java 代码。

2.5.3　JSP 内置对象

在 JSP 网页中的数据是如何显示的呢？如在前面显示某数组值的例子中，其语句如下：

```
out.println(value[i]);
```

该语句用于在网页中显示数组元素"value[i]"的值，其中 out 是一个对象，代表网页显示内容的控制台，但 out 对象并没有被定义就直接使用了。这种现象在 JSP 开发中还有许多，这些不需要定义就可以直接使用的对象，叫 JSP 内置对象（或称隐藏对象），JSP 中内置了 9 个隐藏对象。

运行时 JSP 会转换为 Servlet，在 Servlet 中都要通过 response.getWrite() 进行数据输出。但是在 JSP 中，可以直接使用 out 对象进行输出，这就使 JSP 比 Servlet 的操作更简单。

JSP 的 9 个内置对象包括 request、response、out、session、application、config、pagecontext、page、exception。

这些 JSP 内置对象有以下特点：

（1）由 JSP 规范提供，不用编写者实例化；

（2）通过 Web 容器实现和管理；

（3）所有 JSP 页面均可使用；

（4）只有在脚本元素的表达式或代码段中才可使用（<%=使用内置对象%>或<%使用内置对象%>）。

上述 9 种内置对象可以分为以下 4 种类型：

（1）输出/输入对象：request、response、out。

（2）通信控制对象：pagecontext、session、application。

（3）Servlet 对象：page、config。

（4）错误处理对象：exception。

关于上述内置对象的使用，将在后续章节中陆续介绍，具体内容可参考相应的文献。

小　结

JSP 是基于 Java 与 Servlet 的动态网页开发技术，它具有 Java 语言的所有优点。

介绍了 JSP 动态网页的运行原理与基本技术，包括 JSP 运行、执行的机制及其应用特点等。

JSP 作为基于 Java 的动态 Web 开发技术有一套自己的编码组成元素。这些元素可以分为基本元素与高级元素。本章介绍了构成 JSP 程序的一些基本元素，高级元素将在第 5 章中进行介绍。

重点介绍了 JSP 网页的基本元素，包括 HTML 静态标记、JSP 指令、小脚本、表达式、声明、注释等。分别介绍了这些元素的含义与应用特点，并通过案例介绍了它们的应用。关于 JSP 的高级元素，如 JSP 动作、JSP 标签，以及内置对象是 JSP 技术的重要特征与优势，这里只介绍了基本概念，它们的应用将在后续章节中介绍。

通过一个综合案例（商品信息显示）介绍了使用基本元素进行 JSP 综合应用开发的方法。通过该案例既能了解 JSP 页面基本元素的作用，也能掌握相关的综合编程技术。

本章是 JSP 开发的基础，后续章节将逐步介绍 JSP 开发的其他内容，这些内容均是 Java EE 学习的基础。

习　题

一、选择题

1．JSP 是 Java 嵌入（　　）而实现动态功能的。

（A）JavaSript　　　　（B）HTML　　　　（C）PHP　　　　（D）ASP

2．JSP 网页中的静态部分与动态部分是由（　　）组成的。

（A）PHP 与 HTML　　　　　　　　（B）Java 与 XML

（C）HTML 与 Java　　　　　　　　（D）HTML 与 JavaScript

3．JSP 小脚本是在<% %>标记中嵌入（　　）语言。

（A）JavaSript　　　　（B）HTML　　　　（C）Java　　　　（D）PHP

4．JSP 表达式使用的是（　　）标记。

（A）< !　　>　　　　　　　　　　（B）<%!　%>

（C）<%！＝　%>　　　　　　　　（D）<%=　%>

5．（　　）不是 JSP 内置对象。

（A）request　　　　（B）out　　　　（C）Servlet　　　（D）response

6．用 JSP 进行动态网页开发，（　　）不是动态元素。

（A）<%! %>声明　　　　　　　　（B）<!-- -->注释

（C）<%=表达式%>　　　　　　　（D）JSP 小脚本<% %>

7．（　　）是 JSP 基本元素。

（A）request　　　　（B）Servlet　　　（C）JSP 小脚本　　（D）</table>

二、判断题

1．Servlet 是 JSP 运行的基础，而且 JSP 能如 HTML 一样运行。（　　）

2．JSP 注释包括静态注释与动态注释两种。（　　）

3．JSP 基本动态元素与 Java 语句具有相同的功能。（　　）

4．JSP 要转换为 Servlet 才能进行运行。（　　）

5．JSP 动态网页不但具有普通网页的特性，还具有实现如数据库应用程序的功能。（　　）

6. 内置对象是 JSP 特有的元素，它使用时需要同普通变量一样进行定义。(　　)

三、简答题

1. JSP 页面元素有哪些？分别有什么作用？

2. 简述 B/S 的"请求/响应"运行模式及 JSP 运行机制。

3. 简述用 JSP 实现动态网页编程的方法。

4. 简述 JSP 内置对象的特点及类型。

综合实训

实训 1　在 JSP 页面中编写一个 1+2+…+n(n<100)的 Java 程序段，并用<%=表达式%>的形式显示各求和结果。

实训 2　编写 JSP 程序，在页面中显示 1！+2！+3！+…+10！的和。

实训 3　编写 JSP 程序，使用冒泡排序将一个数组的内容进行排序，并显示出来。

实训 4　在 Eclipse 环境下配置好 JRE、Tomcat 并创建 Web 工程项目，然后实现下述程序并部署运行。该程序的功能：有一个仓库储存了一批货物，该货物登记表的项目有编号、货物名称、产地、规格、单位、数量、价格。利用 JSP 基本元素与 HTML 语言混合编程，编写一个 JSP 程序，以表格的形式在 JSP 网页中显示这批货物的清单内容。

第3章

JSP 内置对象与交互页面的实现

应用程序开发时需要提供系统与用户进行交互的界面。在进行交互时用户要输入一些信息或触发某个功能提交给系统进行处理，系统则将处理的结果以某种形式反馈给用户。

JSP 开发技术可以实现上述具有交互功能的页面。实现上述交互功能的过程是，首先需要一个信息输入界面；然后将控制权提交给处理程序，处理程序获取输入数据；最后由系统处理完成后将结果反馈给用户。

本章将介绍动态交互过程的实现技术。

3.1 JSP 交互界面的实现技术

一般的 JSP 页面构成是由 HTML 标记实现的，而交互界面则是由 HTML 的 form 表单实现的。

先用 form 表单创建 HTML 表单，再通过表单中包含的 input 元素，如文本字段、复选框、单选框、提交按钮等实现交互功能。

╛案例分享╘

【例 3-1】　编写显示用户登录界面的 HTML 程序。

为了实现用户登录的 HTML 界面，创建一个 HTML 程序文件 login.htm，其代码如下：

```
<html>
  <head>
    <title>login.htm</title>
  </head>
  <body>
<p align="center"><font size="5"><strong>你好，欢迎光临</strong></font></p>
<form name="form1" method="post" action="result_login.jsp">
  <p align="center">请输入你的姓名：
```

```
        <input name="user" type="text" id="user"    size="20">
    </p>
    <p align="center">请输入你的密码:
        <input name="pwd" type="password" id="pwd" size="20">
    </p>
    <p align="center">
        <input type="submit" name="Submit" value="确定">     
        <input type="reset" name="Submit2" value="清空">
    </p>
</form>
</body>
</html>
```

上述代码是普通的 HTML 程序,在<body>标记中只有一个<form>表单代码,该<form>表单的运行效果,如图 3-1 所示。

图 3-1　登录界面的运行效果

form 表单中包括两个输入框(input)和两个按钮,它们均称为 form 表单元素,供用户进行交互操作使用。

form 表单还有一些属性,定义了表单的某些特性。

➢ name:给该表单取一个名字,当页面中有多个 form 表单时,可以通过该名字进行识别。

➢ action:指定 form 表单向何处发送数据。

➢ enctype:规定在发送表单数据之前,如何对表单数据进行编码。指定的值包括以下内容。

　　• application/x-www-form-urlencoded:在发送前编码所有字符(默认为此方式);

　　• multipart/form-data:不对字符编码。使用包含文件上传控件的表单时,必须使用该值。

➢ method:指定表单以何种方式发送到指定的页面。指定的值包括以下内容。

　　• get:form 表单里所填的值,附加在 action 指定的 URL 后面,作为 URL 链接进行传递。

　　• post:form 表单里所填的值,附加在 HTML Headers 上,并不会显示在浏览器的 URL 地址中。

用户在图 3-1 中输入用户名与密码后,单击"确定"按钮,则系统会跳转到另一个 JSP 程序 result_login.jsp 进行执行，从而实现交互功能。

在进行交互时，往往需要将程序控制权跳转到 URL 指定的另一个程序，再将数据传递到这个程序，最后还要将处理的结果返回到浏览器展示给用户。

下面介绍交互技术的实现过程。

3.2　JSP 交互界面的实现与 request 对象的介绍

上面介绍的 login.htm 文件只是界面而已，若要使其具有交互功能，还需要增加相应的代码，即创建 action 所指定的 result_login.jsp 文件，然后编写该 JSP 的程序代码，以实现交互功能。

3.2.1　交互功能的实现与效果

案例分享

【例 3-2】 实现 login.htm 的交互功能。用户先输入用户名与密码后，再单击"确定"按钮，系统将显示用户输入的用户名与密码。

在上面的登录界面 login.htm 中，如果没有创建 result_login.jsp 文件，系统就会有找不到文件的错误提示。下面就创建该文件，并进行相应的编码实现登录功能。

result_login.jsp 的代码编写如下：

```
<%@ page language="java" import="java.util.*" pageEncoding="gbk"%>
<!DOCTYPE HTML PUBLIC "-//W3C//DTD HTML 4.01 Transitional//EN">
<html>
  <head>
    <title>我的 JSP 程序</title>
  </head>
  <body>
    <%
    //获取 login.htm 界面提交的用户名 user 中的内容到 username 中
        String username=request.getParameter("user");
        //获取 login.htm 界面提交的密码 pwd 中的内容到 password 中
        String password=request.getParameter("pwd");
    %>
    你好，<%=username%> ，欢迎光临我的网站。
    你刚才输入的密码是<%=password%>
  </body>
</html>
```

编写完成 result_login.jsp 后，再运行 login.htm 网页，并输入用户名为 admin，密码为 123，则界面运行效果如图 3-2 所示。

用户输入用户名和密码后，单击"确定"按钮，在显示的一行信息中包含了所输入的用户名与密码。

（a）登录输入

（b）操作的结果反馈

图 3-2　界面的运行效果

下面介绍这些交互功能的实现方法。

3.2.2　案例的实现技术

该登录案例的实现包括两个部分，即输入界面 login.htm 和返回处理及显示界面程序 result_login.jsp。

输入界面 login.htm 的代码已经介绍过了，但对其交互实现并没有解释。该界面不但显示了用户输入的界面，还获取了用户输入的用户名与密码。

在 login.htm 的 form 表单中，有两个 input 输入元素就是为了获取用户输入信息的，其代码如下：

```
<input name="user" type="text" id="user"   size="20">
<input name="pwd" type="password" id="pwd" size="20">
```

这两条语句中的 name="user"与 name="pwd"定义了两个变量 user 与 pwd，它们分别存放了用户输入的用户名与密码。同时，这两个变量将存放在内置变量 request 中，并随着 request 返回到服务器端，供后台处理。

当用户单击"确定"按钮后，系统的控制权将跳转到 action 所指定的网页 result_login.jsp 进行执行。该网页的功能是获取 login.htm 页面的输入数据并在网页中显示出来。

通过以下 Java 代码可获取输入界面的数据：

```
String username=request.getParameter("user");
String password=request.getParameter("pwd");
```

上述 Java 代码是在小脚本中定义了两个变量 username 与 password，它们分别从内置对象 request 的变量 user 与 pwd 中获取，并通过表达式<%=username%>与<%=password%>显示。

注意：变量名 user、pwd 是在输入界面中由 input 语句定义的，可用来存储输入数据的变量。

关于内置变量 request 的概念，读者可以参考图 2-1 的 B/S 处理模型（又称请求/request-相应/response 模型）中的"请求信息"。该请求信息以 request 对象的形式进行存储，服务器端应从该对象中取出。取出时，只需要在 request 对象中通过引用变量名获得即可（如 request.getParameter("user")）。

将获取 request 内置对象的数据存放在某个变量中，该网页就可以随时通过表达式的形式显示其值了。

由于 result_login.jsp 本身是一个网页，通过该程序执行后就会在浏览器中显示所设计的内容了。

3.2.3　JSP 内置对象 request 的应用

在案例中出现了 JSP 内置对象 request 的使用信息。在客户端请求服务器时，客户端的信息均被封装在 request 对象之中，只有通过它服务器才能了解客户的需求，然后做出响应。

JSP 内置对象 request 是 HttpServletRequest 类的实例。它具有请求域，即完成客户端的请求之前，该对象一直有效。

请求 request 对象的常用方法如下。

（1）getParameter(String name)：返回属性名为 name 的参数值。

（2）getParameterValues(String name)：返回属性名为 name 对应 st 的一组参数值。

注意：name 应与需要数值的 name 值一一对应，取多个值时，这个 name 也要与之对应，然后用一个字符串数组接收。

当输入汉字出现乱码时，需要在前面加入 request.setCharacterEncoding（"UTF-8"），并设置接收字符编码为 UTF-8。

还可以通过链接 URL 传递参数，即在问号后面加上"？键 = 键值"，例如：

```
<a href="request.jsp?userid=3">通过 url 传递参数</a>
```

URL 将跳转到 request.jsp 文件中，且传递一个变量 userid，其值为 3。但是这种传递解决不了中文乱码的问题。通过修改 service.xml 配置文件，在 Connecor 标签里加入 URIEncoding="utf-8"，就可以解决 URL 传递参数的乱码问题，修改配置后必须要重启服务器才能生效。

（3）void setAttribute(String, Object)：存储此请求中的属性，以键值对形式存储。

（4）Object getAttribute(String)：取出键的值。

内置对象不需要定义就可以使用，它们都有自己的作用域，从请求开始到请求结束这段时间内都有效。实现信息共享先要利用 setAttribute 存储信息后，再使用如下语句：

```
request.getRequestDispatcher(url).forward(requesr,response);
```

该语句能够将参数传递过去。此类转发为请求转发，是一次请求，转发后的对象会保存，且 URL 不变。

另外，还有一种页面跳转称为请求重定向，其格式为

```
response.sendRedirect（"URL 地址"）;
```

该语句请求重定向来访问 URL 地址，请求重定向属于客户端行为。下面介绍请求重定向及应用的相关内容。

3.3　请求重定向进行页面跳转控制

如果一个页面程序处理的结果有多种可能，并且每种结果对应一个返回页面，这样就需要请求重定向对这些页面进行控制。

例如，一个用户登录程序，用户需要输入用户名与密码，系统进行匹配。如果匹配均正确，则返回欢迎界面，否则返回报错界面。

这个程序由于返回的结果不是唯一的，就要用到请求重定向。下面介绍该案例的实现方法。

3.3.1　用户登录程序的实现

┘案例分享 ┕

【例3-3】　通过请求重定向实现用户登录功能。如果用户输入的用户名/密码与预设的值均相同，则是合法用户，否则提示为非法登录。

该案例的要求是实现一个用户登录界面，用户输入用户名/密码，如果是 admin/admin，则进入欢迎界面，否则显示提示界面。该案例的特点是返回结果有两种可能。如何实现这种有多种可能的返回界面呢？下面通过案例介绍网页重定向的实现技术。

案例的实现包括 3 个部分：

➢ 输入界面可以是一个 HTML 静态界面；

➢ Java 代码段进行业务处理；

➢ 处理结束后返回。如果输入正确，则返回欢迎界面，否则返回报错界面。

这里可以将这些代码放在一起，也可以将它们分开处理。由于业务复杂性的增加，将它们分为不同的程序进行处理更有利于软件的开发与维护。

实现过程：程序文件包括 login.html、control.jsp、successview.html、error.html。它们先实现了一个用户登录，然后通过 control.jsp 进行检验，并根据检验结果跳转到不同的界面。其中，login.html 页面用于输入用户名及密码，control.jsp 获取用户名和密码，并进行判断，如果正确则请求重定向到 successview.html 页面，否则请求重定向到报错界面 error.html。

（1）编写用户登录 HTML 页面 login.html，并跳转到 control.jsp 中进行判断与转发，其代码如下：

```
<html>
    <head>
        <title>用户登录</title>
    </head>
    <body>
        <form name="form1" method="post" action="control.jsp">
            用户名：<input type="text" name="username">
            密码：<input type="password" name="pwd">
            <br>
            <input type="submit" value="登录">
        </form>
    </body>
</html>
```

该界面只用于用户输入数据，并跳转到 control.jsp 进行判断与处理。

（2）编写控制界面 control.jsp。先获取 inputview.html 中传递的信息（用户名和密码），然后进行逻辑判断（预设的合法用户是 admin/admin）。如果成功则跳转到成功界面，否则返回报错界面，其代码如下：

```
<%@ page language="java" contentType="text/html; charset=GBK"%>
<html>
    <head>
```

```
            <title>登录处理页面</title>
    </head>
    <body>
    <%
            request.setCharacterEncoding("GBK");
            String name = request.getParameter("user");
            String pwd = request.getParameter("pwd");
            if(name.equals("admin")&& pwd.equals("admin")){
                        response.sendRedirect("successview.html");
            }
            else response.sendRedirect("error.html");
    %>
    </body>
</html>
```

该 JSP 界面中只包含一个<%Java 代码段%>，用以验证用户并根据验证的不同情况进行页面的重定向。

（3）编写 successview.html 显示欢迎信息，其代码如下：

```
<html>
    <head>
            <title>欢迎</title>
    </head>
    <body>
            您是合法用户，欢迎进入本空间！
    </body>
</html>
```

该界面仅显示一个欢迎信息，用以说明已将控制权重定向到该界面。

（4）编写 error.html 显示登录出错信息，其代码如下：

```
<html>
    <head>
            <title>欢迎</title>
    </head>
    <body>
            您是非法用户，不能进入！
    </body>
</html>
```

该界面仅显示一个报错信息，用以说明已将控制权重定向到该界面，从而完成了整个验证与处理。运行效果如图 3-3 所示。显示用户输入信息的登录主界面，见图 3-3（a），然后单击"确定"按钮跳转到 control.jsp 中执行 Java 代码并进行用户验证，验证成功后跳转到欢迎界面，见图 3-3（b），否则跳转到报错界面，见图 3-3（c）。

（a）输入用户信息登录主界面

（b）验证正确后重定向到欢迎界面

（c）验证出错后重定向到报错界面

图 3-3 网页重定向案例运行结果

在例 3-3 中，Web 应用是分层开发的，其中 control.jsp 的 Java 代码进行了比较处理，并请求了重定向，即通过比较后（正确与错误）的不同结果重定向到 sucessview.html，页面或 error.html 界面。这里用到了响应内置对象 response()和 response.sendRedirect()重定向语句。

3.3.2 内置对象 response 请求重定向的方法

JSP 内置对象 response（响应对象）包含服务器对客户的请求做出动态的响应，以及向客户端发送服务器端处理的结果。JSP 页面执行完成后，JSP 引擎将页面产生的响应封装成 response 对象，然后发送到客户端以形成对客户端请求的响应。request 对象是由 JSP 引擎（容器）产生的，它可以使用 response 对象提供的方法，并对响应进行操作。下面介绍 response 对象的主要方法。

（1）设置 response 对象重定向的方法。

通过 void sendRedirect(String location)可重新定向客户端的请求。

在某些情况下，当响应客户时，需要将客户重新引导至另外一个页面，可以使用 response 对象的 sendRedirect(URL)方法实现客户的重定向，使客户的请求重新发送 URL 所指定的地址。在这个过程中，服务器会发送响应，并引起该请求再次发送给服务器中由 sendRedirect 方法参数指定的 URL。

（2）设置响应类型与响应状态码的方法。

通过 void setContentType(String contentType)可设置响应 MIME 类型。

当一个用户访问一个 JSP 页面时，如果该页面用 page 指令设置页面的 contentType 属性是 text/html，那么 JSP 引擎将按照这种属性做出响应，如果要动态改变这个属性值来响应用户，就需要使用 response 对象的 setContentType(String s)方法来改变 contentType 的属性值。

该方法调用的格式为 response.setContentType("MIME")，其中 MIME 可以为 text/html(网页)、text/plain(文本)、application/x-msexcel(excel 文件)、application/msword(word 文件)等。

（3）设置 Cookie 的方法。

Cookie 是 Web 服务器保存在用户硬盘上的一段文本。Cookie 允许一个 Web 站点在用户的计算机上保存信息并能取回。例如，一个 Web 站点会为访问者产生一个唯一的 ID，然后以 Cookie 文件的形式保存在用户的机器上。Cookie 是以"关键字 key=value"的格式来保存记录的。

如果 JSP 想读取保存到用户端的 Cookie，就可以使用 request 对象的 getCookie()方法。执行时将客户端传来的 Cookie 对象以数组的形式排列，若要取出符合需要的 Cookie 对象，则要循环比较数组中每个对象的关键字。

3.4　内置对象 application 在交互系统中的应用案例

通过一个综合案例的实现来演示 JSP 页面之间数据传递的综合应用，以及内置对象 application 的应用特点。

案例分享

【例 3-4】　编写一个用户调查程序，其功能要求如下：用户输入姓名、年龄、爱好，系统可在另一个页面显示输入的信息，并统计参与调查的总人数。

该案例不但综合应用了 request 请求对象对多种数据进行传递与处理，还通过对象 application 对系统的访问用户进行计数与显示。

Web 应用系统可以被网络上的不同用户进行访问，为了区别系统中不同用户访问的信息，可以通过设置对象 application 范围的变量进行处理。由于系统中不同用户的访问次数需要计数，就可以设置一个变量 count 存放在对象 application 中。当有用户访问该页面时 count 便会加 1，并存回到对象 application 中。这样该页面被用户访问的次数就会被记录下来。

3.4.1 案例的介绍与运行效果

网上调查表的操作演示如图 3-4 所示，其中，图 3-4（b）中显示第一次调查的总人数为 1，而图 3-4（d）中显示第二次参与调查的总人数为 2。

（a）第一次输入某个人的调查数据

（b）显示第一次输入的调查结果

（c）第二次输入某个人的调查数据

（d）显示第二次输入的调查结果

图 3-4 案例操作演示

例 3-4 中只有两个界面，分别由 JSP 文件 inquiryinput.jsp 和 inquiryinfo.jsp 实现，可用于调查数据的输入和结果的显示。

3.4.2 案例的实现

该案例的实现需要创建两个 JSP 文件：inquiryinput.jsp 和 inquiryinfo.jsp，用于调查数据的输入和结果显示。

inquiryinput.jsp 调查信息的输入代码如下：

```
<%@ page language="java" contentType="text/html; charset=GBK"%>
<html>
    <head>
        <title>网上调查</title>
    </head>
    <body>
```

```html
    <div align="center">请输入调查信息
        <form name="form1" method="post" action="inquiryinfo.jsp">
        <table    border="0" align="center">
         <tr>
                <td>您的姓名：</td>
                <td><input type="text" name="name"></td>
         </tr>
         <tr>
                <td height="18">年龄：</td>
                <td height="18"><input type="text" name="age"></td>
         </tr>
         <tr>
                <td>您的爱好：</td>
                <td>
<input type="checkbox" name="favor" value="体育">体育
<input type="checkbox" name="favor" value="文艺">文艺<br>
<input type="checkbox" name="favor" value="文学">文学
 <input type="checkbox" name="favor" value="上网">上网
                </td>
         </tr>
                <!-- 以下是提交、取消按钮 -->
         <tr>
                <td colspan="2" align="center">
                <input type="submit" name="Submit" value="提交">
                <input type="reset" name="Reset" value="取消">
                </td>
         </tr>
        </table>
   </form>
</div>
</body>
</html>
```

注意上述代码中"爱好"的输入，有 4 个类型为"checkbox"复选框，它们的名字（name）均相同，则表示是一个数组的，每个数表示的是这个数组的一个元素。

inquiryinfo.jsp 结果显示的代码如下：

```jsp
<%@ page language="java" contentType="text/html; charset=GBK"%>
<%
    request.setCharacterEncoding("GBK");          //传递参数的汉字编码设置
    String name = request.getParameter("name");
    String age = request.getParameter("age");
    String[] favors = request.getParameterValues("favor");
%>
<html>
   <head>
        <title>网上调查结果</title>
   </head>
```

```html
<body>
    <div align="center">您的调查信息是
        <table border="0" align="center">
            <tr>
                <td width="80" height="20">姓名:</td>
                <td><%=name%></td>
            </tr>
            <tr>
                <td height="20">年龄:</td>
                <td><%=age%></td>
            </tr>
            <tr>
                <td height="20">您的爱好:</td>
                <td >
                <%
                    if (favors != null) {
                        for (int i = 0; i < favors.length; i++) {
                            out.print(favors[i]+" ");
                        }
                    }
                %>
                </td>
            </tr>
        </table>
    </div>
    <br>
    <div align="center">调查总人数:
    <% Integer count=(Integer)application.getAttribute("count");
            if(count==null)
                    count=new Integer(1);
            else
            count=count+1;
            application.setAttribute("count",count);
            out.println(count+"人");
    %>
    </div>
</body>
</html>
```

上述代码中均通过 request 对象将获取用户输入的数据放到变量中,再通过<%=表达式 %>显示出来,其中爱好变量 favors 为数组类型。最后,在代码中应用 JSP 的内置对象 application,它是一个相当于整个系统的全局变量,在整个系统当前应用中存在且敏感,即如果任何一个用户参与了调查,则均会累计加 1;如果停止了 Tomcat 服务器再重新开始调查,则系统会重新计数。这就是内置对象 application 的作用,其作用范围是整个系统的当前应用。

代码中将计数器 count 存放在内置对象 application 中,第一个调查者由于还没有存放 count变量,所以取出的是空值,这时设置初值为 1,并存放于内置对象 application 中;从第二个调查者开始就能从内置对象 application 中取出 count 值了,加 1 后显示的就是当前的总人数,再把它存放到内置对象 application 中，内置对象 application 中保留的永远是当前参加调查的最新人数（如果重启服务器后则重新开始计数）。

3.4.3　内置对象 application 的简介

内置对象 application 类似于系统的"全局变量"，用于实现用户之间的数据共享。从 Web 应用开始运行时，内置对象 application 就会被创建，并在整个 Web 应用运行期间可以在任何 JSP 页面中访问这个对象。

如上面的案例，将变量 count 存入内置对象 application 中，则全体用户都可访问。内置对象 application 的常用方法如下：

> void setAttribute(String Key,Object value): 以键/值的方式，将一个对象的值存放到内置对象 application 中

JSP 内置对象能够确定该对象的范围，即决定 JSP 是否可以在某范围内对该对象进行访问。例如，page 对象（又称 page 范围）是指在一个页面内有效；request 对象范围是指在一个服务器请求内有效，与客户端请求绑定在一起；内置对象 application 的范围是指在一个应用服务器范围内有效，当应用服务器启动后创建该对象，并向所有用户共享。另外，常用的内置对象还有 session，它在一次会话范围内有效，在会话范围期间与内置对象 session 绑定的对象属于该范围。

3.4.4　内置对象 application 与内置对象 session

内置对象 application（应用对象）用于保存所有用户的公共数据信息。由于所有的用户都能访问，当网站访问量大时就会产生严重的性能瓶颈，因此最好不要用此对象保存大的数据集合。另外，如果要区别某个用户的个人操作，则可以使用内置对象 session。

内置对象 session（会话对象）用于保存每个用户的专用信息。每个客户端用户访问时，服务器都会为每个用户分配一个唯一的会话 ID（Session ID）。它的生存期是用户持续请求时间再加上一段时间。内置对象 session 的信息保存在 Web 服务器内容中，保存的数据量可大可小。当内置对象 session 超时或被关闭时将自动释放保存的数据信息，由于用户停止使用应用程序后它仍然在内存中保持一段时间，因此使用内置对象 session 保存用户数据的方法效率很低，只适合小量的数据。例如，网络购物时购物车的设计就常使用内置对象 session。

如果将讲述案例中的内置对象 application 改为内置对象 session，页面效果虽然相同，但所显示的统计数据含义则完全不同，读者可以自行尝试。

3.5　文件上传的实现

在一个找工作的网站，注册时会提示你上传个人证件照或个人简历。通常在一个网站中文件上传功能会经常出现，我们该如何实现呢？下面通过案例介绍 JSP 页面中对文件上传的实现。

文件的上传是将用户客户端机器中的文件上传到服务器端，供 Web 用户共享。文件上传需要借助上传组件工具。目前有许多组件都可以实现此功能，本书利用 jspSmartUpload 组件来

实现文件、图片的上传下载。

jspSmartUpload 是由 www.jspSmart.com 网站开发的一个免费的全功能文件上传下载组件，适用于嵌入执行上传下载操作的 JSP 文件中。

jspSmartUpload 组件的特点如下。

➢ 使用简单。在 JSP 文件中仅写三五行 Java 代码就可以实现文件的上传或下载。

➢ 能全程控制上传。利用 jspSmartUpload 组件提供的对象及其操作方法，可以获得全部上传文件的信息（包括文件名、大小、类型、扩展名、文件数据等），存取十分方便。

➢ 能对上传的文件在大小、类型等方面进行限制，因此可以滤掉不符合要求的文件。

➢ 下载灵活。仅通过写两行代码就能把 Web 服务器变成文件服务器。不管文件在 Web 服务器的目录下或在其他任何目录下，都可以利用 jspSmartUpload 进行下载。

➢ 能将文件上传到数据库中，也能将数据库中的数据下载下来(这种功能针对的是MySQL数据库)。

下面就通过案例说明，使用 jspSmartUpload 组件进行相片文件上传与显示的方法。

案例分享

【例 3-5】 编写 JSP 程序实现用户相片的上传与显示。

3.5.1 实现技术与思路

相片文件上传是将用户本地计算机中的相片文件，通过 JSP 网页将其上传到服务器端的某个文件夹中，使各个网络用户都可以访问该相片文件。

此案例首先要上传本地的相片文件，然后再显示该相片文件。

为了实现上传功能，在编程前需要先从网站上搜索下载 jspSmartUpload.zip 的压缩包，将其解压为 jspSmartUpload.jar 文件，然后加载到应用程序中。

开发一个上传操作的 JSP 界面，用户通过它可以浏览需要上传的文件、输入相片人的姓名。执行上传时需要调用一个 Java 程序，在该 Java 程序中编写上传的程序代码，控制器实现上传后则转发到一个 JSP 界面，该界面可显示输入的姓名及相片。

另外，需要在本地计算机中存放一个供上传使用的相片文件，并在 Web 项目中设置一个可供存放上传用的文件夹。

3.5.2 项目实现步骤

（1）下载 jspSmartUpload 组件并创建 Web 项目（项目名为 photoupload），加载到 Web 项目中，可将该 jar 文件复制到项目的 WebContent/WEB-INF/lib 文件夹中。

（2）在本地计算机中准备上传的相片文件，并在 Web 项目中创建一个存放上传文件的文件夹，如书中演示案例是在本地磁盘上创建的一个文件夹（如 photo），并用于存放 man.PNG、woman.PNG 两个相片文件，如图 3-5 所示。

在项目的 WebContent 文件夹中创建"upload"文件夹用于存放上传的文件。该文件夹在项目部署时会自动在项目中创建"upload"文件夹，在没有上传文件时是空的。由于项目部署在服务器上，所以 Web 用户的程序均可以访问该文件夹及其中的文件。

图 3-5   在本地磁盘中准备的相片文件

准备好的 photoupload 项目结构，如图 3-6 所示。

（3）编写上传的操作 JSP 页面。

编写上传的操作 JSP 页面：fileupload.jsp，其操作页面如图 3-7 所示。用户通过"浏览"
按钮可以选择需要上传的用户文件，如图 3-8 所示。

- photoupload
  - Deployment Descriptor: photouplc
  - JAX-WS Web Services
  - Java Resources
  - JavaScript Resources
  - build
  - WebContent
    - META-INF
    - upload
    - WEB-INF
      - lib
        - jspsmartupload.jar

图 3-6   准备好的 photoupload 项目结构   图 3-7   上传的 JSP 操作页面

图 3-8   通过对话框选择需要上传的文件

（4）编写实现"上传"的代码。

用 jspSmartUpload 组件实现上传的代码比较简单，只需要几行 Java 程序代码。这些代码放在 control.jsp 文件的一个 JSP 小脚本中，实现文件的上传操作后，便转发到一个显示相片的 JSP 文件中。

（5）编写 JSP 页面显示相片。

编写显示相片的 JSP 文件：showphoto.jsp，该文件通过保存到 request 对象中的"文件路径与文件名"，再通过<img src=<%={路径与文件名%> …/>在页面上显示服务器上的相片文件。

相片的显示是通过<img src="路径与文件名">标记访问服务器上的相片文件而实现的。而对应的相片"路径与文件名"则存放在 request 对象中。

3.5.3　项目实现后的操作演示

相片上传案例的操作地址为 http://localhost:8080/photoupload/fileupload.jsp，相片文件的上传与显示效果分别如图 3-9（a）和图 3-9（b）所示。

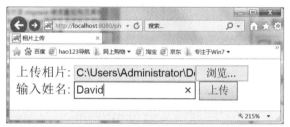

（a）选择上传的相片文件

（b）上传成功后的显示结果

图 3-9　相片文件的上传操作示意

上传成功后，在服务器端项目 upload 文件夹中就可以看到相应的相片文件。该相片文件可供所有的 Web 用户共享使用。

本书使用的开发环境是本地的服务器配置，存放上传的文件夹地址为

C:\Users\Administrator\eclipse-cworkspace\.metadata\.plugins\org.eclipse.wst.server.core\tmp1\wtpwebapps\upload\upload

打开该文件夹，可以看到已经上传给服务器的图片文件，如图 3-10 所示。

图 3-10　upload 文件夹中的相片文件

该项目的实现使用了 3 个 JSP 文件，下面就介绍这 3 个程序文件的代码。

3.5.4　项目实现代码的说明

实现本案例的 3 个文件：用于上传操作的 fileupload.jsp 文件、实现上传的 control.jsp 文件，以及用于显示相片的 showphoto.jsp 文件。

（1）用于上传操作的 fileupload.jsp 文件。

用于上传操作的 fileupload.jsp 文件，其代码如下：

```
<%@ page language="java" import="java.util.*" pageEncoding="utf-8"%>
<!DOCTYPE HTML PUBLIC "-//W3C//DTD HTML 4.01 Transitional//EN">
<html>
    <head>
        <title>相片上传</title>
    </head>
    <body>
        <form method="post" enctype="multipart/form-data" action="UploadServlet.do">
            上传相片:
            <input type="file" name="photofile">
            <br />
            输入姓名:
            <input type="text" name="name">
            <input type="submit" value="上传">
        </form>
    </body>
</html>
```

该文件中<form>表单用于输入文件名、姓名，文件名的输入是"file"类型，该类型的数

据输入对应一个文件选择对话框，见图 3-8。由于 form 中有图片上传，所以不要忘记设置 form 的 enctype 为 enctype="multipart/form-data"。

enctype ="multipart/form-data"是指表单中有图片上传，即表单是上传二进制数据。默认情况，这个编码格式是 application/x-www-form-urlencoded，不能用于文件上传。只有使用 multipart/form-data 才能完整地传递文件数据，进行文件上传操作。

（2）实现上传的 control.jsp 程序文件。

编写用于实现上传的 control.jsp 程序文件，它包含实现上传的 Java 代码，其代码如下：

```
<%@ page language="java" import="java.util.*,com.jspsmart.upload.SmartUpload" contentType="text/html;
charset=GBK"%>
<!DOCTYPE html PUBLIC "-//W3C//DTD HTML 4.01 Transitional//EN" "http://www.w3.org/TR/
html4/loose.dtd">
<html>
<head>
<title>上传相片</title>
</head>
<body>
<%
    SmartUpload smu = new SmartUpload();
    //初始化 SmartUpload 对象
    smu.initialize(pageContext);
    try {
        //定义允许上传文件类型（可选设置）
        smu.setAllowedFilesList("gif,jpg,doc,xls,txt,PNG");
        //不允许上传文件类型（可选设置）
        smu.setDeniedFilesList("exe,bat");
        //单个文件最大限制（可选设置）
        smu.setMaxFileSize(1000000);
        //总共上传文件限制（可选设置）
        smu.setTotalMaxFileSize(20000000);
        //执行上传
        smu.upload();
        //获得单个上传文件的信息
        com.jspsmart.upload.File file = null;
        file = smu.getFiles().getFile(0);
        String filepath = null;
        if (!file.isMissing()) {
            //设置文件在服务器中的保存位置
            filepath = "upload\\";    //将上传的文件存放到项目的 upload 文件夹中
            filepath += file.getFileName();
            file.saveAs(filepath, SmartUpload.SAVE_VIRTUAL);
        }
        //获取并保存上传文件的信息到 request 中
        com.jspsmart.upload.Request surequest = smu.getRequest();
        String name = surequest.getParameter("name");
        request.setAttribute("name", name);    //将姓名存放到 request 中供 JSP 页面显示
        request.setAttribute("photofilepath", filepath);    //将文件路径存放到 request 中供 JSP 页面显示
```

```
            //跳转到显示相片的 JSP 页面
            request.getRequestDispatcher("showphoto.jsp").forward(request, response);
        } catch (Exception e) {
            System.out.println(e.getMessage());
        }
    %>
</body>
</html>
```

上述 Java 小脚本代码虽然比较长，但其核心是实现文件的上传。根据 form 表单的 file 数据，只需要下面 3 个 Java 语句就可以实现文件的上传：

➤ 创建 SmartUpload 对象：SmartUpload smu = new SmartUpload()。

注意：在<@page>指令中要先添加对 SmartUpload 的引入（import），即 import="…,com.jspsmart. upload.SmartUpload"。

➤ 初始化 SmartUpload 对象：smu.initialize(getServletConfig(), request, response)。

➤ 通过 SmartUpload 对象执行上传：smu.upload()。

在代码中还有一些语句，如设置上传文件大小的限制、可上传文件的类型、获取上传文件的路径名与文件名等。这些为可选项，即在程序编码时是可有可无的。

将上传的文件通过下列语句保存到指定的服务文件夹 "upload" 中：

➤ filepath = "upload\\";

➤ filepath += file.getFileName();

➤ file.saveAs(filepath, SmartUpload.SAVE_VIRTUAL);

另外，通过下列两条语句获取 SmartUpload 对象中的其他信息，如输入相片中人的姓名。

➤ com.jspsmart.upload.Request surequest = smu.getRequest();

➤ String name = surequest.getParameter("name");

最后，将服务器中存放相片文件的路径与相片文件名、输入的姓名都存入 request 对象中以供 JSP 显示使用。

由于语句 smu.initialize(pageContext)是初始化 SmartUpload 对象（在 JSP 文件中使用），如果在 Servlet 中执行则要用 smu.initialize(getServletConfig(), request, response)语句。

（3）编写显示相片的 showphoto.jsp 文件。

编写显示上传到服务器的相片 JSP 文件：showphoto.jsp。显示相片文件需要知道该文件在服务器中的位置，以及输入的姓名。由于在上一步实现的 control.jsp 中已经将这两个信息数据存放到 request 对象中，所以只需要用表达式将这两个数据取出，用相应的 HTML 标记处理便可。showphoto.jsp 的代码如下：

```
<%@ page language="java" import="java.util.*" pageEncoding="UTF-8"%>
<!DOCTYPE HTML PUBLIC "-//W3C//DTD HTML 4.01 Transitional//EN">
<html>
<head>
<title>显示您上传的相片</title>
</head>
<body>
    <center>
        <H2>
```

```
            姓名:<%=request.getAttribute("name")%></H2>
        <br> <img src=<%=request.getAttribute("photofilepath")%>
            width="180" height="220" border="1" style="margin-left: 100px;" />
    </center>
</body>
</html>
```

在上述代码中，人的姓名存放在 request 的 name 变量中，相片路径与文件名存放在 request 的 photofilepath 变量中。显示姓名只要通过表达式将其取出显示即可；显示相片则需要通过表达式取出其路径，然后用<img >标记指定相片文件。

如果要将学生的相片上传到数据库中保存，可以先将这些相片上传到 Web 服务器中，然后在学生记录中存储该学生相片的路径及文件名。在需要显示学生相片时，从数据库中取出其地址及相片文件，就可以进行显示；如果需要修改，则通过修改该学生的相片地址及文件名，就可以实现学生相片的修改。下面通过案例介绍将学生相片上传到数据库的操作方法。

3.6　内置对象 JSP

在 JSP 页面脚本（Java 程序段和 Java 表达式）中可以不加声明就使用的成员变量，如 request、response、out、application 就是常见的 JSP 内置对象。

JSP 共有 9 种内置对象，包括 request、response、session、application、out、page、config、exception、pagecontext。

3.6.1　内置对象 JSP 的特点与类型

JSP 内置对象的特点如下：
（1）由 JSP 规范提供，不用编写者进行实例化；
（2）通过 Web 容器实现和管理；
（3）所有 JSP 页面均可使用；
（4）只有在脚本元素的表达式或代码段中才可使用（<%=使用内置对象%>或<%使用内置对象%>）。

JSP 内置对象的类型如下：
（1）输出/输入对象：request、response、out；
（2）通信控制对象：pagecontext、session、application；
（3）Servlet 对象：page、config；
（4）错误处理对象：exception。
下面对这 9 种内置对象进行介绍。

3.6.2　9 种内置对象

1. request 对象

客户端的请求信息被封装在 request 对象中，通过调用该对象相应的方法可以获取封装的信息，即使用该对象可以获取用户提交的信息，然后进行响应。它是 HttpServletRequest 类的实例。request 对象在完成客户端的请求之前，该对象一直有效，其常用方法的说明如表 3-1 所示。

表 3-1　request 对象常用方法的说明

序　号	方　法	说　明
1	object getAttribute(String name)	返回指定属性的属性值
2	Enumeration getAttributeNames()	返回所有可用属性名的枚举
3	String getCharacterEncoding()	返回字符编码方式
4	int getContentLength()	返回请求体的长度（字节数）
5	String getContentType()	得到请求体的 MIME 类型
6	ServletInputStream getInputStream()	得到请求体中一行的二进制流
7	String getParameter(String name)	返回 name 指定参数的参数值
8	Enumeration getParameterNames()	返回可用参数名的枚举
9	String[]getParameterValues(String name)	返回包含参数 name 的所有值的数组
10	String getProtocol()	返回请求用的协议类型及版本号
11	String getScheme()	返回请求用的计划名，如 http、https、ftp 等
12	String getServerName()	返回接受请求的服务器
13	int getServerPort()	返回服务器接受此请求所用的端口号
14	BufferedReader getReader()	返回解码过的请求体
15	String getRemoteAddr()	返回发送此请求的客户端 IP 地址
16	String getRemoteHost()	返回发送此请求的客户端主机名
17	void setAttribute(String key,Object obj)	设置属性的属性值
18	StringgetRealPath(String path)	返回虚拟路径的真实路径
19	String request.getContextPath()	返回上下文路径

2. response 对象

response 对象包含了响应客户请求的有关信息，用以对客户请求做出动态的响应，向客户端发送数据，但在 JSP 中很少直接用到它。它是 HttpServletResponse 类的实例。

response 对象具有页面作用域，即访问一个页面时，该页面内的 response 对象只能对这次访问有效，其他页面的 response 对象对当前页面无效。response 对象常用方法的说明如表 3-2 所示。

表 3-2　response 对象常用方法的说明

序　号	方　法	说　明
1	String getCharacterEncoding()	返回响应的字符编码
2	ServletOutputStream getOutputStream()	返回响应的一个二进制输出流
3	PrintWriter getWriter()	返回可以向客户端输出字符的一个对象
4	void setContentLength(int len)	设置响应头长度
5	void setContentType(String type)	设置响应的 MIME 类型
6	sendRedirect(java.lang.String location)	重新定向客户端的请求

3. session 对象

session 对象指客户端与服务器的一次会话，即从客户端连到服务器的一个 WebApplication 开始，直到客户端与服务器断开连接为止。它是 HttpSession 类的实例，具有会话作用域。

session 对象是在第一个 JSP 页面被装载时自动创建的，完成会话期管理。从一个客户打开浏览器并连接到服务器开始，到客户关闭浏览器离开这个服务器结束，被称为一个会话。当一个客户访问一个服务器时，可能会在这个服务器的多个页面之间切换，当服务器需要知道这是同一个客户时，就要使用 session 对象。

客户首次访问服务器的 JSP 页面时，JSP 引擎会产生一个 session 对象，同时分配一个 String 类型的 ID 号，JSP 引擎同时将这个 ID 号发送到客户端，并存放在 Cookie 中，这样 session 对象和客户之间就建立了一一对应的关系。当客户再访问连接该服务器的其他页面时，不再分配给客户新的 session 对象，直到客户关闭浏览器后，服务器中该客户的 session 对象才会取消，且和客户的会话对应关系也会消失。当客户重新打开浏览器再连接到该服务器时，服务器将为该客户再创建一个新的 session 对象。session 对象常用方法的说明如表 3-3 所示。

表 3-3　session 对象常用方法的说明

序　号	方　　法	说　　明
1	long getCreationTime()	返回 session 对象创建时间
2	public String getId()	返回 session 对象创建时 JSP 引擎设置的唯一 ID 号
3	long getLastAccessedTime()	返回 session 对象客户端中最近一次的请求时间
4	int getMaxInactiveInterval()	返回两次请求间隔多长时间，此 session 对象被取消（ms）
5	String[] getValueNames()	返回一个包含 session 对象所有可用属性的数组
6	void invalidate()	取消 session 对象，使 session 对象不可用
7	boolean isNew()	返回服务器创建的一个 session 对象，客户端是否已经加入
8	void removeValue(String name)	删除 session 对象中指定的属性
9	void setMaxInactiveInterval()	设置两次请求间隔多长时间，此 session 对象被取消（ms）

4. application 对象

服务器启动产生 application 对象，当客户在所访问网站的各个页面之间浏览时，这个 application 对象都是同一个，直到服务器关闭。application 对象实现了用户间数据的共享，可存放全局变量。这样在用户的前后连接或不同用户之间的连接中，可以对此对象的同一属性进行操作；在任何地方对此对象属性的操作，都将影响到其他用户对此的访问。服务器的启动和关闭决定了 application 对象的生命。它是 ServletContext 类的实例。

而与 session 不同的是，所有客户的 application 对象都是同一个，即所有客户共享这个内置的 application 对象。application 对象常用方法的说明如表 3-4 所示。

表 3-4　application 对象常用方法的说明

序　号	方　　法	说　　明
1	Object getAttribute(String name)	返回给定名的属性值
2	Enumeration getAttributeNames()	返回所有可用属性名的枚举
3	void setAttribute(String name,Object obj)	设定属性的属性值
4	void removeAttribute(String name)	删除属性及其属性值

序　号	方　　法	说　　明
5	String getServerInfo()	返回 JSP(Servlet)引擎名及版本号
6	String getRealPath(String path)	返回虚拟路径的真实路径
7	ServletContext getContext(String uripath)	返回指定 WebApplication 的 application 对象
8	int getMajorVersion()	返回服务器支持的 Servlet API 的最大版本号
9	int getMinorVersion()	返回服务器支持的 Servlet API 的最小版本号
10	String getMimeType(String file)	返回指定文件的 MIME 类型
11	URL getResource(String path)	返回指定资源（文件及目录）的 URL 路径
12	InputStream getResourceAsStream(String path)	返回指定资源的输入流
13	RequestDispatcher getRequestDispatcher(String uripath)	返回指定资源的 RequestDispatcher 对象
14	Servlet getServlet(String name)	返回指定名的 Servlet
15	Enumeration getServlets()	返回所有 Servlet 的枚举
16	Enumeration getServletNames()	返回所有 Servlet 名的枚举
17	void log(String msg)	把指定消息写入 Servlet 的日志文件
18	void log(Exception exception,String msg)	把指定异常的栈轨迹及错误消息写入 Servlet 的日志文件
19	void log(String msg,Throwable throwable)	把栈轨迹及给出 Throwable 异常的说明信息写入 Servlet 的日志文件

5. out 对象

out 对象用于各种数据的输出，是向客户端输出内容的常用对象。out 对象是 JspWriter 类的实例。out 对象常用方法的说明如表 3-5 所示。

表 3-5　out 对象常用方法的说明

序　号	方　　法	说　　明
1	void clear()	清除缓冲区的内容
2	void clearBuffer()	清除缓冲区的当前内容
3	void flush()	清空流
4	int getBufferSize()	返回缓冲区（字节数）的大小，如不设缓冲区则为 0
5	int getRemaining()	返回缓冲区还剩余多少可用
6	boolean isAutoFlush()	返回缓冲区满时，是自动清空还是抛出异常
7	void close()	关闭输出流

6. page 对象

JSP 网页本身 page 对象是当前页面转换后 Servlet 类的实例。page 对象就是指向当前 JSP 页面本身，如类中的 this 指针，它是 java.lang.Object 类的实例。从转换后 Servlet 类的代码中，可以看到这种关系：Object page = this；在 JSP 页面中很少使用 page 对象。page 对象常用方法的说明如表 3-6 所示。

表 3-6　page 对象常用方法的说明

序　号	方　　法	说　　明
1	class getClass	返回此 Object 的类
2	int hashCode()	返回此 Object 的 hash 码
3	boolean equals(Object obj)	判断此 Object 是否与指定的 Object 对象相等
4	void copy(Object obj)	把此 Object 复制到指定的 Object 对象中
5	Object clone()	复制此 Object 对象
6	String toString()	把此 Object 对象转换成 String 类的对象
7	void notify()	唤醒一个等待的线程
8	void notifyAll()	唤醒所有等待的线程
9	void wait(int timeout)	使一个线程处于等待直到 timeout 结束或被唤醒
10	void wait()	使一个线程处于等待直到被唤醒
11	void enterMonitor()	对 Object 加锁
12	void exitMonitor()	对 Object 开锁

7．config 对象

config 对象是在一个 Servlet 初始化时，JSP 引擎向其传递信息用的，此信息包括 Servlet 初始化时所要用到的参数（通过属性名和属性值构成），以及服务器的有关信息（通过传递一个 ServletContext 对象）。config 对象是 javax.Servlet. ServletConfig 的实例，该实例代表 JSP 的配置信息。

事实上，JSP 页面通常无须配置，也就不存在配置信息。因此，该对象在 Servlet 中有效。config 对象常用方法的说明如表 3-7 所示。

表 3-7　config 对象常用方法的说明

序　号	方　　法	说　　明
1	ServletContext getServletContext()	返回含有服务器相关信息的 ServletContext 对象
2	String getInitParameter(String name)	返回初始化参数的值
3	Enumeration getInitParameterNames()	返回 Servlet 初始化所需全部参数的枚举

8．exception 对象

exception 对象是一个例外对象，当一个页面在运行过程中发生例外时，就会产生这个对象。如果一个 JSP 页面要应用此对象，就必须把 isErrorPage 设为 true，否则无法编译，即在页面指令中设置<%@page isErrorPage="true"%>。

exception 对象是 java.lang.Throwable 的实例，该实例代表其他页面中的异常和错误。exception 对象常用方法的说明如表 3-8 所示。

表 3-8　exception 对象常用方法的说明

序　号	方　　法	说　　明
1	String getMessage()	返回描述异常的消息
2	String toString()	返回关于异常的简短描述消息
3	void printStackTrace()	显示异常及其栈轨迹
4	Throwable FillInStackTrace()	重写异常的执行栈轨迹

9. pagecontext 对象

pagecontext 对象代表该 JSP 页面上下文，它提供了对 JSP 页面内所有对象及名字空间的访问，即使用该对象可以访问页面中的共享数据。如它可以访问本页所在的 session 对象，也可以取本页所在 application 对象的某个属性值。它相当于页面中所有功能的集大成者，其 pagecontext 对象是 javax.Servlet.jsp.Pagecontext 的实例。pagecontext 对象常用方法的说明如表 3-9 所示。

表 3-9　pagecontext 对象常用方法的说明

序　号	方　法	说　明
1	JspWriter getOut()	返回当前客户端响应被使用的 JspWriter 流（out）
2	HttpSession getSession()	返回当前页中的 HttpSession 对象（session）
3	Object getPage()	返回当前页的 Object 对象（page）
4	ServletRequest getRequest()	返回当前页的 ServletRequest 对象（request）
5	ServletResponse getResponse()	返回当前页的 ServletResponse 对象（response）
6	Exception getException()	返回当前页的 Exception 对象（exception）
7	ServletConfig getServletConfig()	返回当前页的 ServletConfig 对象（config）
8	ServletContext getServletContext()	返回当前页的 ServletContext 对象（context）
9	void setAttribute(String name,Object attribute)	设置属性及属性值
10	void setAttribute(String name,Object obj,int scope)	在指定范围内设置属性及属性值
11	public Object getAttribute(String name)	取属性的值
12	Object getAttribute(String name,int scope)	在指定范围内取属性的值
13	public Object findAttribute(String name)	寻找属性，返回其属性值或 NULL
14	void removeAttribute(String name)	删除某属性
15	void removeAttribute(String name,int scope)	在指定范围内删除某属性
16	int getAttributeScope(String name)	返回某属性的作用范围
17	Enumeration getAttributeNamesInScope(int scope)	返回指定范围内可用的属性名枚举
18	void release()	释放 pagecontext 对象所占用的资源
19	void forward(String relativeUrlPath)	使当前页面重定向到另一页面
20	void include(String relativeUrlPath)	在当前位置包含另一个文件

小　结

介绍了 JSP 动态交互网页的实现技术，如页面转发、重定向等。页面跳转时需要指定跳转到的页面地址，也可以是带参数的，这样就要用到内置变量。内置变量是那些不需要定义就可以使用的变量，在案例中多次出现了它们的应用。

内置变量有 request、response、application、session 等。每种内置变量都有其作用域的范围，通过它们可以实现网页跳转时的参数传递。

在网页跳转时用 request 对象存放请求数据，跳转成功后可以从 request 对象中再获得这些数据。当获取了数据并处理完成后，可以通过 response 对象将控制返回到另一个页面，从而实现系统与用户的交互。

会话内置对象 session 和应用内置对象 application 都有自己的作用域，分别称为会话范围和应用范围。若在会话范围和应用范围中开发应用程序，则要用到 session 对象或 application 对象。

JSP 有 9 大内置对象，它们分别是 request、response、out、session、application、config、pagecontext、page、exception。简单地介绍了这 9 大内置对象及其方法。关于它们的应用读者可参考其他文献。

JSP 动态网页适合作为 Java Web 应用的界面，即视图层。虽然 JSP 可以实现 Java 的所有功能，但它也有许多缺点，后续章节还会介绍 JSP 简洁技术，以及 MVC 设计模式技术。

习 题

一、选择题

1. 下面对 JSP 用户交互界面描述不正确的是（   ）。
（A）一个界面跳转到另一个界面
（B）用户操作界面及界面做出的对用户的反馈
（C）一个界面到另一个界面间的数据传递
（D）一个 JSP 界面内容的展示

2. 下面（   ）不可以用于在 JSP 动态网页中实现界面交互。
（A）response   （B）form   （C）table   （D）request

3. 用 HTML 表单标签进行数据输入，它的格式是（   ）。
（A）<from>   （B）<form>   （C）<table>   （D）<for>

4. 实现 JSP 动态界面的作用主要是（   ）。
（A）Java Web 应用程序的用户交互与界面展示
（B）Java Web 应用程序的逻辑处理
（C）Java Web 应用程序的处理逻辑控制
（D）Java Web 应用程序的界面动画展示

5. 内置对象处理范围最大的是（   ）。
（A）request   （B）response   （C）application   （D）session

6. 如果要实现一个购物平台的购物车，应该用内置对象（   ）。
（A）request   （B）response   （C）application   （D）session

7. 如果 JSP 界面跳转到另一个界面，则该界面通过（   ）获取前面界面的用户变量。
（A）HTML 文本   （B）JSP 文本   （C）内容对象   （D）类

二、判断题

1. 一个 JSP 动态交互界面一般要求实现数据传递。（   ）

2. 请求对象 request 可以将用户输入数据传递到服务器端。（   ）

3. JSP 网页之间跳转的实现有不止一种方式，但传递数据的方式均相同。（   ）

4. 如果一个 JSP 界面跳转到另一个 JSP 界面，则数据是通过 response 对象进行传递的。（   ）

5．如果开发一个购物车的系统，将数据存放在内置对象 session 中比较合适。（　　）

6．如果开发一个全网参与调查人数的计数器，用内置对象 application 进行处理比较合适。（　　）

7．一个文件上传程序通过上传组件将文件从客户端传到服务器端，就可以实现这个文件的全网共享。（　　）

三、简答题

1．JSP 网页之间的跳转有哪几种形式，各有什么特点，请举例说明。

2．简述 request 与 response 这两个内置对象的作用与用法。

3．简述作用域（scope）的 4 大类型，即 page scope、request scope、session scope、application scope 之间的区别。

综合实训

实训 1　在 JSP 界面通过 form 表单输入数据，然后跳转到另一个界面进行数据显示，如 <form name="form1" method=post action="control.jsp">将跳转到 control.jsp 中进行处理。编写一个输入数据的程序，分别使用 method="get"和"post"，观察跳转后地址栏中地址的不同，并说明原因。

实训 2　用 JSP 技术编写一个对春节晚会（简称春晚）满意度调查的网站，内容为你认为今年春晚办得：非常好、较好、一般、较差、非常差，统计并显示参与调查的总人数，以及各项选择的人数和百分比。

实训 3　编写一个购物网站的购物车。该网站展示了若干个商品的信息，包括商品名称、单价等，然后通过 session 对象实现购物车。用户将选择的商品信息存放在 session 对象中，并在网页中显示出购物结果。该购物车记录了用户所购物的商品名称、单价、数量、总价等数据并进行列表显示。

第4章

JSP 中数据库操作及数据处理层的实现

应用程序中常常有对数据库的操作，需要将待处理的业务数据存储在数据库中，然后通过程序对其进行操作处理。在 Java 程序设计的课程中一般会介绍采用 JDBC 方式连接数据库，并通过该连接实现对数据库的操作。本章将介绍如何使用这种方式在 JSP 文件中实现，以及通用数据库连接类的创建和使用。

数据库连接建立后，就可以对数据库进行操作了，可调用 SQL 语句新增、修改、删除、查询数据库中的数据。本章介绍了不带参数的 SQL 语句及带参数的 SQL 语句实现对数据库的操作，并以案例的形式介绍了在 JSP 中进行数据库操作的综合应用。

4.1 利用 Java 访问数据库

在图 2-1 和图 2-2 中示例了基于数据库服务器、Web 应用服务器的 JSP 运行原理。一般 Web 应用软件需要用数据库系统存储数据，而 Web 应用程序则是将信息从客户端到服务器端再到数据库之间进行数据操作处理。

在介绍 Java 程序设计时，学习了用 Java 语言利用 JDBC 方式对数据库的操作，本章将讲解在 JSP 中采用相同的 JDBC 方式，对数据库进行操作及数据处理。首先回顾一下在 Java 中采用 JDBC 方式对数据库进行的操作。

4.1.1 数据库的运行环境

对数据库操作先要有数据库运行环境，即安装数据库，这里选用 MySQL 数据库系统。MySQL 是免费软件，有很多优点，适合小型的应用。为了用 Java 访问 MySQL 数据库，本书采用如下的数据库环境：

> ➢ MySQL 数据库管理系统作为数据库服务器；
> ➢ Navicat for MySQL 作为 MySQL 数据库客户端软件；

➢ MySQL 驱动程序为 mysql-connector-java-5.1.5-bin.jar。

1. MySQL 数据库

MySQL 是一个开放源码的小型关联式数据库管理系统，其开发者为瑞典的 MySQL AB 公司。由于企业运作的原因，目前 MySQL 已成为 Oracle 公司的另一个数据库项目。

由于 MySQL 体积小、速度快、总体拥有成本低，尤其是开放源码这个特点，许多中小型网站为了降低网站成本而选择 MySQL 作为网站数据库。所以，MySQL 被广泛地应用在 Internet 的中小型网站中。

与其他的大型数据库如 Oracle、DB2、SQL Server 等相比，MySQL 虽有其不足，但对于一般的个人使用者和中小型企业来说，MySQL 提供的功能已经绰绰有余，而且由于 MySQL 是开放源码软件，因此可以大大降低总体拥有成本。

MySQL 系统具有以下一些特性：

➢ 支持 AIX、FreeBSD、Linux、Mac OS、OS/2 Wrap、Solaris、Windows 等多种操作系统；

➢ 为多种编程语言提供应用程序接口（API），如 C、C++、Python、Java、Perl、PHP 等；

➢ 提供多语言支持，常见的编码如中文的 GB 2312、BIG5、日文的 Shift_JIS 等；

➢ 提供 TCP/IP、ODBC 和 JDBC 等多种数据库连接途径；

➢ 提供用于管理、检查、优化数据库操作的管理工具；

➢ 支持拥有上千万条记录的大型数据库。

这里采用 MySQL 作为数据库环境，对于大型数据库如 Oracle、DB2、SQL Server 等，用 Java 进行访问的原理与方法类似。MySQL 的官方网站为 http://dev.mysql.com/，可直接下载最新版本的 MySQL 数据库软件。

在 MySQL 安装之后，可以通过类似于 Oracle 的 SQL-Plus 命令行工具进行操作，但必须要熟练掌握大量的命令。对于大多数的用户来说，GUI（图形用户界面）总是比较受欢迎的。Navicat for MySQL 等 MySQL 客户端管理软件就可以解决这个问题。

Navicat for MySQL 是一款小巧的数据库管理软件。它的使用简单，操作也很方便。

2. MySQL 客户端管理软件

为了避免记忆大量的命令，简化学习过程，可以选择 MySQL 的 GUI 工具。MySQL 的 GUI 有很多，如 Navicat、MySQL GUI Tools、MySQL-Front 等，为了介绍方便，我们选择 Navicat for MySQL 作为 MySQL 的 GUI。

Navicat for MySQL 是一套管理和开发 MySQL 或 MariaDB 的理想解决方案，支持单一程序，可同时连接 MySQL 和 MariaDB。这个功能齐备的前端软件为数据库管理、开发和维护提供了直观而强大的图形界面，给使用 MySQL 或 MariaDB 的新手，以及专业人士提供了一组全面的工具。

Navicat for MySQL 主要特性包括文档界面、语法突出、拖曳方式的数据库和表格，可编辑、增加、删除数据库和表，可执行的 SQL 脚本，提供与外部程序的接口，保存数据到 CSV 文件等。

3. 用 JDBC 连接 MySQL 数据库

JDBC（Java Data Base Connectivity，Java 数据库连接）是 Sun 公司（已被甲骨文公司收购）制定的一个可以用 Java 语言连接数据库的技术。JDBC 是一种用于执行 SQL 语句的 Java API，可以为多种关系数据库提供统一的访问，它由一组用 Java 语言编写的类和接口组成。JDBC 为数据库开发人员提供了一个标准的 API，据此可以构建更高级的工具和接口，使数据库开发人员能够用纯 Java API 编写数据库应用程序。JDBC 具有跨平台运行、不受数据库供应商限制的特点。

为了实现 Java 对 MySQL 的访问，需要下载 MySQL 支持 JDBC 的驱动程序，其官方网站地址为 http://www.mysql.com/products/connector/。本书使用的 MySQL 的 JDBC 驱动程序为 mysql- connector-java-5.1.5-bin.jar。

案例分享

【例 4-1】　分别编写 Java 程序和 JSP 程序，实现访问并显示 MySQL 数据库中数据。

4.1.2　编写 Java 程序访问 MySQL 数据库

安装好 MySQL 数据库及其客户端程序（GUI），以及 MySQL 的 JDBC 驱动程序，就可以编写 Java 程序对 MySQL 数据库进行数据访问与操作了。

下面介绍用 Java 编写程序访问 MySQL 数据库中的数据。通过编写 Java 程序访问并显示数据库中用户信息的案例，回顾用 Java 语言进行 MySQL 数据库的操作技术。

1. 建立被访问的数据库环境

用 Java 程序访问数据库，先要建立被访问的数据库及表，并添加数据。在 MySQL-Front 中建立名为 mydatabase 的 MySQL 数据库，编码为 UTF-8（支持中文）；再建立一个名为 user 的学生表，并向其中添加两个用户信息。学生表 user 结构如表 4-1 所示，添加的数据如表 4-2 所示。

表 4-1　学生表 user 结构

字　段　名	类　　型	是否为空	中 文 含 义	备　　注
id	int(11)	No	编码	主键、自增
name	varchar(255)	Yes	姓名	
password	varchar(255)	Yes	密码	

表 4-2　向学生表中添加两个用户信息

id	name	password
1	李国华	admin
3	张淑芳	zsf

完成上述操作便已建立好数据库及供访问的数据，可以从 Navicat for MySQL 中浏览这些数据，如图 4-1 所示。

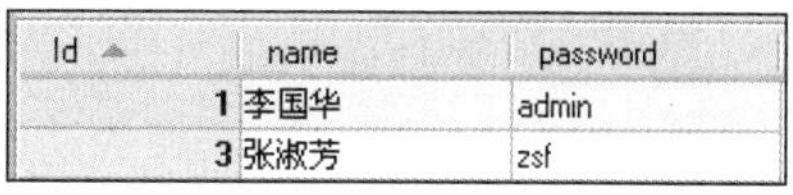

将上述操作"导出（Export）"为一个 SQL 脚本文件以便重构该数据库时使用，代码如下：

图 4-1　创建数据库后显示的数据

```
DROP DATABASE IF EXISTS 'mydatabase';
CREATE DATABASE 'mydatabase' /*!40100 DEFAULT CHARACTER SET gbk */;
USE 'mydatabase';
CREATE TABLE 'user' (
  'Id' int(11) NOT NULL auto_increment,
  'name' varchar(255) default NULL,
  'password' varchar(255) default NULL,
```

```
    PRIMARY KEY    ('Id')
) ENGINE=InnoDB AUTO_INCREMENT=4 DEFAULT CHARSET=gbk;
INSERT INTO `user` VALUES (1,'李国华','admin');
INSERT INTO `user` VALUES (3,'张淑芳','zsf');
UNLOCK TABLES;
```

2. 编写 Java 程序访问数据库

编写 Java 程序对数据库进行访问一般要经过下列步骤：

（1）加载驱动程序。通过下列语句：

Class.forName("指定数据库的驱动程序");

将该语句加载、添加到开发环境中的驱动程序。例如，若加载 MySQL 的数据驱动程序，则该语句为 Class.forName("com.mysql.jdbc.Driver")。

（2）创建数据连接对象。通过驱动程序管理类（DriverManager 类）创建数据库连接对象 Connection。

DriverManager 类作用于 Java 程序和 JDBC 驱动程序之间，用于检查所加载的驱动程序是否可以建立连接，然后通过它的 getConnection()方法，根据数据库的 URL、用户名和密码，创建一个 JDBC Connection 对象。

其语句格式如下：

Connection conn= DriverManager.getConnection("连接数据库的 URL", "用户名", "密码")

其中，URL 包含了协议名、IP 地址（域名）、端口、数据库名称等信息。用户名和密码是指登录数据库时所使用的用户名和密码。

（3）创建 Statement 对象。Statement 类主要用于传递静态 SQL 语句（不带参数），并可以调用 executeQuery()方法执行 SQL 对数据库的操作，返回的结果存放到 ResultSet 对象中。通过 Connection 对象的 createStatement()方法可以创建一个 Statement 对象。

（4）调用 Statement 对象的相关方法，用于执行相对应的 SQL 语句。

通过调用 Statement 对象的 executeQuery()方法进行数据的查询，通过查询结果可得到 ResulSet 对象，ResulSet 对象表示执行查询数据库后返回的数据的集合，它具有指向当前数据行的指针。通过该对象的 next()方法，可使指针指向下一行，然后将数据以列号或字段名方式取出。如果 next()方法返回 null，则表示下一行中没有数据存在。

另外，可以通过 executeUpdate()方法来更新数据，包括插入和删除等操作。

（5）关闭数据库连接以释放资源，包括关闭 Connection 类型、Statement 类型、ResultSet 类型的变量。释放它们所占用的空间资源。

3. 编写 MySQL 数据库的访问程序

在 Java 进行数据库应用程序编码中已经讲过数据库连接，由于其在 Java、JSP 中进行数据库操作过程时必不可少，所以这里就数据库连接的相关概念进行简单介绍。

连接是编程语言与数据库交互的一种方式，没有数据库连接就无法对数据库进行操作。获取数据库连接主要有下列两条语句：

- Class.forName("com.mysql.jdbc.Driver")
- Connection con

= DriverManager.getConnection ("jdbc:mysql://localhost:3306/mydatabase", "root", "root");

在此，我们创建了一个Connection对象con，即连接对象，通过它可以对数据库进行各种操作。但是该连接对象在创建时内部执行了什么呢？其实，上述两条语句中，"DriverManager"表示检查并注册驱动程序，"com.mysql.jdbc.Driver"就是注册的驱动程序（此处为MySQL数据库对应的驱动程序）。它会在驱动程序类中调用"connect(url…)"方法，该方法可以根据请求的链接地址（如"jdbc:mysql://localhost:3306/mydatabase", "root", "root"），创建一个"Socket连接"，连接到IP为"localhost:3306"，默认端口为3306的数据库。这里"localhost"是指本地机的服务器，否则需要指定远程数据库服务器的IP地址。

创建的Socket连接将被用来查询指定的数据库，并最终让程序返回得到一个结果，这个结果就是以后数据库访问要用到的数据库连接对象。

下面编写Java程序显示图4-1数据库中的数据。该数据库为mydatabase，数据在用户表user中。

创建一个Web项目如showUser，在其中创建一个Java类researchdb.java，并编写其代码如下：

```java
import java.sql.Connection;
import java.sql.DriverManager;
import java.sql.ResultSet;
import java.sql.Statement;
public class researchdb {
    public static void main(String[] args) throws Exception {
        try {
            Class.forName("com.mysql.jdbc.Driver");        //注册MySQL驱动程序
            //获取数据库连接，设置数据库名为mydatabase，用户名与密码分别为root、root。需根
据自己的数据库环境修改这些参数
            Connection conn = DriverManager.getConnection(
                "jdbc:mysql://localhost:3306/mydatabase", "root", "root");
            Statement stat = conn.createStatement();       //创建Statement对象，准备执行SQL语句
            ResultSet rs = stat.executeQuery("select * from user");    //执行SQL语句
            while (rs.next()) {        //显示结果集对象中的数据
                System.out.print(rs.getString("name") + "   ");
                System.out.println(rs.getString("password"));
            }
            rs.closs();   //释放资源
            stat.closs();
            conn.closs();
        } catch (Exception e) {
            e.printStackTrace();
        }
    }
}
```

编写好以上researchdb.java程序后，还需要在开发环境中加载MySQL数据库的驱动程序mysql-connector-java-5.1.5-bin.jar，有以下两种方法：

（1）直接将驱动程序mysql-connector-java-5.1.5-bin.jar复制到项目showUser的WebContent下\Web-INF\lib文件夹中；

（2）在 Eclipse 中用鼠标右击 showUser 项目名，依次选择 Bulid Path→Configure Bulid Path…，出现如图 4-2 所示的对话框。在该对话框中单击"Add External JARs…"按钮，在出现的对话框中寻找到自己存放的驱动程序 mysql-connector-java-5.1.5-bin.jar，并单击"Apply and Close"按钮关闭对话框。这时项目中也添加了该数据库连接驱动。

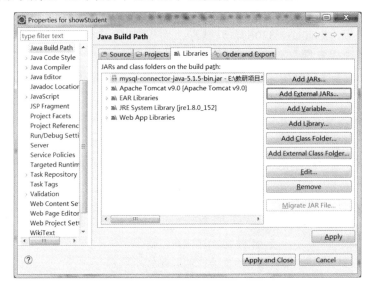

图 4-2　添加数据库连接驱动程序的对话框

上述两种方法都能在 myweb 项目中加载 MySQL 数据库连接驱动程序。完成后的项目结构如图 4-3 所示。

可以看到新创建的项目 showUser，以及编写的 Java 程序 researchdb，并且在 WEB-INF/lib 文件夹中显示了添加成功的数据库连接驱动程序。

运行 researchdb.java 程序（用鼠标右击该程序，在出现的快捷菜单中分别选择：Run As→Java Application），则在控制台显示数据库中的数据，如图 4-4 所示。

图 4-3　完成后的项目结构　　　　图 4-4　执行 Java 程序显示的数据

4. 代码（researchdb.java）解释

researchdb.java 程序代码需完成的任务如下。

1）在 Java 程序中加载驱动程序

在 Java 程序中，可以通过 "Class.forName("指定数据库的驱动程序")" 方式加载添加到开发环境中的驱动程序，加载 MySQL 的数据驱动程序的代码为 Class.forName("com.mysql.jdbc.Driver")。

2）创建数据连接对象

通过 DriverManager 类创建数据库连接对象 Connection。DriverManager 类作用于 Java 程序和 JDBC 驱动程序之间，用于检查所加载的驱动程序是否可以建立连接，然后通过 getConnection()方法，根据数据库的 URL、用户名和密码，创建一个 JDBC Connection 对象。如 Connection conn= DriverManager.getConnection("连接数据库的 URL", "用户名", "密码")。其中：

URL=协议名+IP 地址(域名)+端口+数据库名称

用户名和密码是指登录数据库时所使用的用户名和密码。本案例中创建 MySQL 的数据库连接代码如下：

```
Connection conn= DriverManager.getConnection("jdbc:mysql://localhost:3306/mydatabase","root" ,"root");
```

3）创建 Statement 对象

Statement 对象主要用于传递静态 SQL 语句（不带参数），并可以调用 executeQuery()方法执行 SQL 对数据库的操作，返回的结果存放 ResultSet 对象中。通过 Connection 对象的 createStatement()方法可以创建一个 Statement 对象。本案例中创建 Statement 对象的代码如下：

```
Statement stat =conn.createStatement();
```

4）调用 Statement 对象的相关方法执行相对应的 SQL 语句

通过 executeUpdate()方法用于数据的更新，包括插入和删除等操作，本案例中查询 user 表中的数据代码如下：

```
ResultSet rs = stat.executeQuery("select * from user");
```

通过调用 Statement 对象的 executeQuery()方法进行数据查询，查询结果将会得到 ResulSet 对象。ResulSet 对象表示执行查询数据库后返回的数据的集合，它具有可以指向当前数据行的指针。通过该对象的 next()方法，使得指针指向下一行，然后将数据以列号或字段名取出。如果 next()方法返回 null，则表示下一行中没有数据存在。

同样，如果插入 SQL 语句，其代码如下：

```
stat.excuteUpdate( "INSERT INTO user(name, password) VALUES ('王武', ,'ww' ) ") ;
```

5）关闭数据库连接以释放资源

不需要访问数据库时，可通过 Connection 的 close() 方法及时关闭数据连接以释放资源，其代码如下：

```
rs.closs();
stat.closs();
conn.closs();
```

在此，介绍了编写 Java 程序访问及显示数据库中的数据。简单介绍了数据驱动程序，关于如何加载数据库驱动程序、如何进行程序编码，还需要读者通过实践来掌握。

4.1.3 编写Java代码段访问数据库

在JSP中编写Java代码显示数据库中的用户信息。

该案例将researchdb Java代码以<% %>的形式放到JSP文件中，则可以在JSP中访问并显示数据库中的数据。

在原案例项目showUser中编写researchdb.jsp，其代码如下：

```jsp
<%@ page language="java" import="java.util.*,java.sql.*" pageEncoding="gbk"%>
<!DOCTYPE HTML PUBLIC "-//W3C//DTD HTML 4.01 Transitional//EN">
<html>
  <head>
    <title>数据库查询</title>
  </head>
  <body>
<%        //访问数据库的Java代码段
  try {
            Class.forName("com.mysql.jdbc.Driver");
            Connection conn = DriverManager.getConnection(
                    "jdbc:mysql://localhost:3306/mydatabase", "root", "root");
            Statement stat = conn.createStatement();
            ResultSet rs = stat.executeQuery("select * from user");
            while (rs.next()) {      //循环显示结果集中的数据
                out.print(rs.getString("name") + " ");
                out.print(rs.getString("password")+"<br>");
            }
        rs.close();
        stat.close();
        conn.close();
        } catch (Exception e) {
            e.printStackTrace();
        }
    %>
  </body>
</html>
```

图4-5　在JSP页面中显示数据库的数据

在Web项目中加载MySQL驱动程序（如果已经加载了可跳过该步骤），部署该Web项目，启动Tomcat服务器，在IE地址栏中输入：

http://localhost:8080/showUser/researchdb.jsp

则在JSP页面中显示了访问的数据库中的数据，如图4-5所示。

在Web方式中，researchdb.jsp显示数据库的数据，只需要在Java程序访问案例的基础上做简单修改。

（1）创建JSP文件：researchdb.jsp。

（2）将 researchdb java 程序代码 try- catch 的代码，以<% %>形式放到 JSP 的<body> </body>标记中。

（3）将 java.sql.*加到 import 语句中，即该语句改为 import="java.util.*,java.sql.*"。

（4）将 System.out.print 语句改为 out.print 语句。

然后部署该项目，启动服务器后运行，即可在 JSP 页面中显示数据库的数据。

4.2 数据处理层封装数据库处理代码

将数据库操作的代码全部存放在 JSP 文件中，JSP 文件不但烦琐而且极不安全。人们常用的方法是将处理代码存放在专门的 Java 类中以解决上述问题。

由于应用程序中数据处理操作具有重要的地位，所以常使用开发数据处理层及数据处理对象（Data Access Object，DAO）来独立承担。

4.2.1 在 JSP 中编写连接数据库代码的不足

从前面案例的代码中可以看出，虽然 JSP 文件实现了数据库的操作，但所有的 Java 处理代码都存放在 JSP 文件中，使用这种方式编写 Java 代码对数据库的操作存在如下问题：

（1）代码累赘。大量的 Java 代码段在 JSP 中，使 JSP 文件变得复杂且不利于修改；

（2）代码重用性差。因为每个 JSP 都需要进行相同的重复操作，不利于代码复用；

（3）影响性能。通过 JSP 进行数据库连接操作时，需要进行从客户端到服务器端的交互，影响了软件的性能；

（4）安全性差。用户的验证代码存在客户端的 JSP 程序中，具有不安全性；

（5）连接数据库的代码大量冗余，不利于系统维护。

如果采用 Java 类进行封装，在 JSP 需要时再进行调用，则可以改进上述存在的这些问题。

案例分享

【例 4-2】抽象出数据库操作的 Java 代码通用部件并进行封装，以实现多层结构的数据库操作程序。

4.2.2 封装数据库处理的思路

通过分析 JSP 程序 researchdb.jsp 访问数据库的 Java 代码，发现可以将其分为如下 3 个部分：

（1）加载数据库驱动并获取数据库连接；

（2）定义 SQL 语句并执行、处理数据；

（3）关闭连接等以释放资源。

上述第（1）和（3）两部分对于相同的数据库（如 MySQL 数据库）内容均相同，所以可以定义一个 Java 类，将它们封装起来进行重复使用。

第（2）部分包括定义 Statement 对象、SQL 语句并执行，以及执行完后对获取的结果集数据的处理。这部分往往与具体的业务处理有关，所以可以存放到另一个处理类中进行封装。

另外，需要用一个实体类对处理的数据进行封装，以便进行各个阶段的处理。

最后，通过主程序调用这些代码以完成数据处理的功能。下面通过一个案例说明如何进行数据库处理 Java 代码的封装，将处理数据库中数据的 JSP 程序分为如下 4 个部分：

（1）封装数据库连接的共享 Java 类（共享工具类）；

（2）封装数据的 Java 类（实体类）；

（3）封装业务处理的 Java 类（模型类）；

（4）JSP 主程序（主控程序）。

本案例的程序结构设计如表 4-3 所示。

表 4-3　程序结构设计的案例

序　号	名　称	包/文件夹	程　序	说　明
1	共享工具类	src/dbutil	Dbconn.java	包含获取连接和关闭连接的两个方法
2	实体类	src/entity	User.java	3 个属性及其 setter/getter 方法
3	业务处理模型类	src/model	Model.java	包含业务处理 SQL 语句的定义与执行，以及返回执行的结果
4	主程序（JSP 程序）	根文件夹	listUsers.jsp	将上述 3 个程序结合以完成整个功能

4.2.3　封装数据处理的技术实现

在 Eclipse 中，对项目 showUser 创建分层项目结构，如图 4-6 所示，即在项目根包 src 中创建表 4-3 所示的 dbutil、entity、model 3 个子包及相应的 Java 程序。在 WebContent 文件夹中创建 JSP 文件 listUsers.jsp 用以访问这些 Java 程序，并列表显示数据。

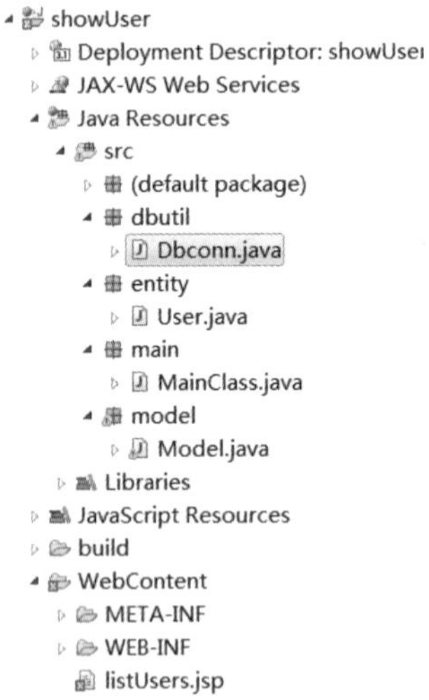

图 4-6　分层实现的项目结构

下面分别介绍表 4-3 中 4 个部分的实现，即通过封装数据处理等分层技术，实现 JSP 对数据库的访问。

1. 编写封装获取数据库连接的通用类

由于每个数据库操作都需要获取数据库连接和关闭数据库连接的操作，因此这些代码可以抽象出来共享，这样可以大大减少代码的冗余，提高开发效率。

用 dbutil.Dbconn.java 类封装获取数据库连接和关闭数据库连接的代码，其代码如下：

```java
package dbutil;
import java.sql.Connection;
import java.sql.DriverManager;
import java.sql.ResultSet;
import java.sql.SQLException;
import java.sql.Statement;
//数据库连接处理类的定义，包括获取连接、关闭连接这两个处理方法的定义
public class Dbconn {
//获取连接方法的代码
    private Connection conn;
    public   Connection getConnection() throws SQLException{
        try {
            Class.forName("com.mysql.jdbc.Driver");
            conn=DriverManager.getConnection("jdbc:mysql://localhost:3306/mydatabase","root","root");
        } catch (ClassNotFoundException e) {
            System.out.println("找不到服务！！ ");
            e.printStackTrace();
        }
        return conn;
    }
    //关闭连接方法的代码
    public void closeAll(Connection conn,Statement stat,ResultSet rs){
        if(rs!=null){
            try {
                rs.close();
            } catch (SQLException e) {
                e.printStackTrace();
            }finally{
                if(stat!=null){
                    try {
                        stat.close();
                    } catch (SQLException e) {
                        e.printStackTrace();
                    }finally{
                        if(conn!=null){
                            try {
                                conn.close();
                            } catch (SQLException e) {
                                e.printStackTrace();
                            }
                        }
                    }
                }
            }
        }
    }
}
```

在上述代码中，定义 getConnection()方法获取数据库连接并返回 Connection 类的连接；定义 closeAll(Connection conn,Statement stat,ResultSet rs)方法用于关闭连接、Statement 对象和 ResultSet 对象，以释放资源。程序中对数据库操作时，均可以共享该代码。

2. 编写封装数据的实体类

在 Java 中，实体类就是一个拥有 SET 方法和 GET 方法的类。实体类总是和数据库之类的（所谓持久层数据）联系在一起。实体类主要是用于数据管理和业务逻辑处理。实体类的主要职责是存储和管理系统内部的信息，它也可以有行为，但这些行为必须与其代表的实体对象密切相关。

通过实体类封装需要处理的数据库中的数据。本案例中数据库表 user 有 3 个字段：id、name、password 分别表示用户的编号、姓名、密码。在实体类中，也定义对应的 3 个属性，见实体类 entity.User.java 中的代码如下。

```
package entity;
//封装数据的实体类，定义的 3 个属性与数据库表的 3 个字段对应
public class User {
    private int id;
    private String name;
    private String password;
    public int getId() {
        return id;
    }
    public void setId(int id) {
        this.id = id;
    }
    public String getName() {
        return name;
    }
    public void setName(String name) {
        this.name = name;
    }
    public String getPassword() {
        return password;
    }
    public void setPassword(String password) {
        this.password = password;
    }
}
```

实体类中还要创建这 3 个属性的 setter/getter 方法（setter/getter 方法的创建可以在 Eclipse 中自动完成）。

该实体类被称为 JavaBean，即是一种用于封装数据并满足某种标准的 Java 类。封装数据的 JavaBean 应满足的标准包括类是公共的、具有无参构造器，并要求属性是 private 且需要通过 setter/getter 方法取值等。

3. 编写封装业务的处理类

对业务的处理与业务本身有关，它对应软件中一个业务处理模型。软件模块代码有界面、

业务处理、数据库处理等部分。由于数据库处理已经抽取出来，若将业务处理代码放到界面中，就会加大界面程序的负担，因此可以将它抽象到模型中。本案例将其放到 model.Model.java 类中，model.Model.java 类充当了模块处理的逻辑模型，其代码如下：

```java
package model;
import java.sql.Connection;
import java.sql.ResultSet;
import java.sql.SQLException;
import java.sql.Statement;
import java.util.ArrayList;
import java.util.List;
import dbutil.Dbconn;          //引入数据库连接类
import entity.User;            //引入实体类
//将业务处理过程封装到一个模型中（业务处理类），通过定义的 userSelect()方法实现
public class Model {
    private Statement stat;
    private ResultSet rs;
    Dbconn s=new Dbconn();
    //定义返回查询处理后获取的对象集合，并返回
    public List<User> userSelect(){
        List users=new ArrayList();
        try {
            Connection conn=s.getConnection();
            String sql="select * from user";
            stat=conn.createStatement();
            rs = stat.executeQuery(sql);
            User user;
            while(rs.next()){
                user=new User();
                user.setId(rs.getInt("id"));
                user.setName(rs.getString("name"));
                user.setPassword(rs.getString("password"));
                users.add(user);
            }
            s.closeAll(conn,stat,rs);
        } catch (SQLException e) {
            e.printStackTrace();
        }
        return users;
    }
}
```

上述类程序中定义了 SQL 语句并对其进行了执行，同时对执行的结果数据进行了处理（保存到 User 类型的对象集合中）。该类封装了业务处理，并对实体 JavaBean 进行了操作。它是一种进行封装处理的 JavaBean。这些 JavaBean 往往充当程序中的处理模型，构成了模型层。

模型本身只有通过调用才能执行。在主程序中可以执行包括对模型的调用、返回结果的处理等操作。

4．主程序的编写

上述 3 个程序不能单独运行，只有在主程序中才能形成一个完整的处理过程。本案例的主程序 listUsers.jsp 包括调用模型（Model.java），并将获取的结果在页面中进行显示。listUsers.jsp 代码如下：

```jsp
<%@ page language="java" import="java.util.*,dbutil.*,entity.*,model.*" pageEncoding="utf-8"%>
<!DOCTYPE HTML PUBLIC "-//W3C//DTD HTML 4.01 Transitional//EN">
<html>
  <head>
    <title>显示数据页面</title>
  </head>
  <body>
    <%
    Model model=new Model();                    //调用模型
    List<User> list=model.userSelect();         //执行模型中的查询方法，并返回结果
            %>
            数据库中所有用户
            <table border="1">
    <%for(int i=0;i<list.size();i++){%>         //循环显示获得的结果（用户信息）
            <tr>                                //从集合中取出对象的属性进行显示
            <td><%=list.get(i).getId()%></td>
            <td><%=list.get(i).getName() %></td>
            <td><%=list.get(i).getPassword() %></td>
            </tr>
        <%
        }
    %>
        </table>
  </body>
</html>
```

在上述代码中，先实例化模型调用其 userSelect()方法，并将返回的结果存放到 list 中（List 类型的集合）。然后通过 Java 的 for 循环显示 list 中各个对象的属性（显示结果见图 4-7）。

注意：在 JSP 中要引入 dbutil.*、entity.*、model.*等类。

主程序通过集成其他程序形成一个完整的处理，其程序结构（见图 4-6 和表 4-3）。在图 4-6 中，可以看到项目名称为 showUser，并将程序分为如下几个部分：

项目名：showUser；

工具类：通用部分，是根包 Java Resources 中 dbutil 子包的 Dbconn.java 程序；

实体类：存储公共数据，是根包 Java Resources 中 entity 子包的 User.java 程序；

模型层：存储业务处理类，是根包 Java Resources 的 model 子包，其中 Model.java 程序存放了查询数据库处理的程序，并将结果存放在一个 List 集合中；

视图层：提供用于显示的用户界面。这里是根文件夹 WebContent 的 JSP 程序，如 listUsers.jsp 可显示数据库中所有用户。

启动 Tomcat 9.0，并在浏览器地址栏中输入以下地址 http://localhost:8080/showUser/listUsers.jsp，程序运行结果如图 4-7 所示。

图 4-7　在 JSP 页面中显示数据库的数据

通过上述步骤 1～步骤 4 的程序代码，介绍了分层结构的 Java Web 程序编写。

注意：这里要求用 Java 类封装数据库处理代码，供 JSP 程序调用以完成数据库处理功能的分层编程方式。该方式是 Java Web 程序开发的基本结构。

4.2.4　封装数据或处理的重用类

将封装数据的实体类，以及封装数据库处理的类抽象出来，这些类可以被复用，即可以不仅仅提供一次使用，如果程序的其他地方需要用到该处理程序时也可以调用，这就是 JavaBean 的一种类型（封装数据的 JavaBean）。

JavaBean 是一种类，但它是可以重用的 Java 类（或称软件部件）。为了满足应用的要求，对 JavaBean 类有一些要求与约定，如 JavaBean 类要求是公共的，并能提供无参的公有的构造方法；属性私有；具有公共访问属性的 setter/getter 方法。

Java 之父 James Gosling 在为 Java 组件中封装数据的 Java 类进行命名时，看见桌子上的咖啡豆，于是灵机一动就把它命名为 JavaBean。Bean 翻译成中文有"豆子"的含义。

JavaBean 是在 Java 语言中开发的、可跨平台的、可复用组件，它在服务器端应用具有强大的生命力，在 JSP 程序中一般用来封装业务逻辑、封装数据库操作等。因此，一般将 JavaBean 技术作为模型层技术。JavaBean 包括封装数据和封装业务两类。本书后面所说的"模型"，即是一种封装业务的 JavaBean，而实体类则是封装数据的 JavaBean。

综上所述，JavaBean 实质上是一个 Java 类，具备独有的特点或要求，其主要表现在如下 5 个方面：

（1）JavaBean 需定义为公共的类；

（2）JavaBean 构造函数没有输入参数；

（3）属性必须声明为 private，而方法则必须是 public 类型；

（4）用一组 setter 方法设置内部属性，而用另一组 getter 方法获取内部属性；

（5）JavaBean 中没有主方法（main()）的类，一般的 Java 类默认继承 Object 类，而 JavaBean 并不需要此继承。

在本节的案例中，封装数据类 User 与封装处理的类 Model 均属于 JavaBean，它们均具有可重用的特征。

4.3　用户与数据库交互程序的实现

在 4.2 节的案例中，程序运行后所显示的数据总是一样的，这使其作用有限。在实际的应用中常常看见这样的情景，即系统根据用户输入的不同会返回不同的结果，这种现象称为用户交互操作。

编写数据库用户交互操作 JSP 界面，需要用到预编译 SQL 语句（由 PreparedStatement 预处理对象声明），下面介绍用户与数据库交互程序的实现。

4.3.1　项目要求与预期效果

用户从数据库中查询数据时需要输入查询条件。当用户提交查询条件之后，系统可根据查询条件显示用户所需要的数据，项目的运行效果如图 4-8 所示。

（a）输入用户 id　　　　　　　　　　　　　　　（b）根据 id 查询出的信息

图 4-8　用户与数据库交互操作程序的效果

用户输入 id 号，系统通过数据库查询到该 id 的用户，并显示其信息。实现这样的程序，需要用到预处理对象 PreparedStatement 与预编译 SQL 语句的内容。

4.3.2　预备知识

1. PreparedStatement 对象

在前面的案例中，访问数据库都是通过 Statement 对象实现的，其代码如下：

```
Statement stat = conn.createStatement();
ResultSet rs = stat.executeQuery("select * from user");
```

操作数据库的 SQL 语句是固定的，即如果不改变程序，则该 SQL 语句执行同一操作。如果要查询满足某个用户的记录，则需加一个 where<条件>。如果换一个用户则需要修改 where 中的条件，即需要修改程序。如果要求不修改程序就能满足查询不同的用户，则需要在该 SQL 语句中设置参数，再在执行 SQL 语句前根据情况设置不同的值，从而达到查询不同用户的目的。这种 SQL 语句称为动态 SQL 语句，它会根据用户的不同操作动态生成不同的 SQL 语句从而查询不同的结果；案例 3-1~案例 3-3 中的 SQL 语句均是不变的，所以称其为静态 SQL 语句。

静态 SQL 语句由 Statement 对象定义并执行。

动态 SQL 语句则由 PreparedStatement 对象定义并执行。它使用预编译 SQL 语句，该 SQL

语句中允许有一个或多个输入参数（用"？"号表示）。在执行带参数的 SQL 语句前，必须对"？"进行赋值。为了对"？"赋值，PreparedStatement 对象中有大量的 setXXX 方法完成对输入参数的赋值。

PreparedStatement 对象的使用方法与 Statement 对象类似，例如以下的代码：

```
PreparedStatement psm=conn.prepareStatement("select * from user where name =?");
psm.setString(1, "Tom");     //1 为参数号，即这里为第 1 个参数，Tom 为要查询的姓名
ResultSet rs = psm. executeQuery();
```

然后对结果集对象"rs"进行操作。

2. 根据 id 进行查询方法 load(id)的实现

预处理对象 PreparedStatement 能接受用户的参数后再进行执行，通过它的这个特征可编写带参数的查询方法 load(id)，并封装在模型层（Model）中供用户界面交互使用。

下面介绍利用 PreparedStatement 对象实现带参数的查询方法 load(id)的实现。

4.3.3 利用 PreparedStatement 对象实现动态查询的方法

┛案例分享┕

【例 4-3】 利用预处理对象 PreparedStatement 实现数据库的动态查询。

如果要实现查询某个（如 id 为 1 号）操作员的信息，可以用 Statement 对象的 SQL 语句：select * from user where id=1；也可以用 PreparedStatement 对象的 SQL 语句：select * from user where name =?，然后再通过 setXXX 方法对"？"进行赋值。

在以上案例程序代码基础上进行修改完成。

修改 Model.java 代码，在其中加入一个 load()方法，其代码如下：

```
public User load(Integer id) {
        User user = null;
        String sql = "select * from user where id = ? ";
        try {
            Connection conn=s.getConnection();
           ps = conn.prepareStatement(sql);
            ps.setInt(1, id.intValue());
            rs = ps.executeQuery();
            if(rs.next()){
                user = new User();
                user.setId(rs.getInt("Id"));
                user.setName(rs.getString("name"));
                user.setPassword(rs.getString("password"));
            }
            s.closeAll(conn,stat,rs);
        } catch (Exception e) {
            e.printStackTrace();
        }
    return user;
}
```

在上述代码中要用到预处理对象 PreparedStatement，即需要加下列引入包语句：

```
import java.sql.PreparedStatement;
```

修改 JSP 文件，使其显示一个编号为"1"的学生姓名。JSP 程序文件为 showUser.jsp，其代码如下：

```
<%@ page language="java" import="java.util.*,dbutil.*,entity.*,model.*" pageEncoding="utf-8"%>
<!DOCTYPE HTML PUBLIC "-//W3C//DTD HTML 4.01 Transitional//EN">
<html>
  <head>
    <title>显示数据页面</title>
  </head>
  <body>
    <%
    Model model=new Model();
     User user=model.load(1);    //查询 1 号用户
    %>
    1 号用户姓名是：<br><br>
    <%=user.getName()%>
  </body>
</html>
```

本案例的其余代码复用相应代码，即不需要修改 dbutil 包中的 Dbconn.java 和 entity 包中的 User.java，而是在 model 包中 Model.java 的 loud(id)方法，然后直接使用编写 showUser.jsp 页面。当然，为了使用上述类，必须添加下面的引入语句：

```
import="java.util.*,dbutil.*,entity.*,model.*"。
```

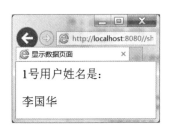

图 4-9   在 JSP 页面中显示 1 号用户的姓名

运行该 JSP 页面的显示结果如图 4-9 所示。

图中展示了使用预处理对象 PreparedStatement 实现的模型层（在 model 包的 Model.java 类文件中）load(id)方法的使用效果。它等待用户输入数据以后再构造 SQL 语句进行执行。使用它的这种特征就可以实现用户与数据库交互程序。

除 setInt 外，PreparedStatement 对象还提供了 setLong、setString、setBoolen、setShort、setByte，可对不同类型的数据进行赋值，并且还提供了一些 setXXX 方法以处理特殊数据，如空值 null 等。

4.3.4   用户与数据库交互的程序实现

┛案例分享┗

【例 4-4】   编写实现用户与数据库交互界面的程序，使用户输入不同的数据可查询出不同的结果。

一个应用软件系统应提供与用户的交互功能，即用户输入数据给系统进行处理，然后通过界面返回结果给用户。这里要实现这样一个程序案例，用户在输入界面上输入一个用户 id，程序查询该 id 的用户信息并显示出来。

案例实现思路：根据例 4-3 中的代码，添加一个输入界面，用于输入用户的 id，然后调用一个查询功能显示该用户信息的界面，调用 model 中的 load(id)方法，返回查询到的 user（用户信息），并显示运行效果，如图 4-10 所示。

下面重点介绍需新增的代码，包括输入 id 的界面 input.jsp、Model.java 中的 load(id)方法，及查询数据并显示结果，用户教育程序结构设计如表 4-4 所示。

表 4-4　用户教育程序结构的设计

序　号	名　　称	包/文件夹	程　序	说　明
1	共享工具类	src/dbutil	Dbconn.java	复用前面案例
2	实体类	src/entity	User.java	复用前面案例
3	业务处理模型类	src/model	Model.java	复用前面案例 Model.java 类，但增加 load(id)方法，并返回 user 对象
4	JSP 程序	根文件夹	input.jsp	输入 id 界面
			research.jsp	调用模型中的 load(id)方法，并显示结果

1．输入 id 的界面

输入 id 的界面为 input.jsp，其代码如下：

```
<%@ page language="java" import="java.util.*" pageEncoding="gbk"%>
<!DOCTYPE HTML PUBLIC "-//W3C//DTD HTML 4.01 Transitional//EN">
<html>
  <head>
    <title>查询用户</title>
  </head>
  <body>
    <form action="research.jsp" method="post">
    请输入你要查询的 id 号： <input type="text" name="id"><br>
    <input type="submit" value="提交">
    </form>
  </body>
</html>
```

输入 id 的界面主要用于输入 id，并跳转到 research.jsp 中进行处理。在 research.jsp 中将获取该 id，调用 model 中的 load(id)方法，获取 user 对象，并显示其中的数据。

2．模型中 load(id)方法的定义和实现

在 model.Model.java 中定义 load(id)方法，实现数据库查询并返回 User 类型的对象。关于 Model 中对数据库处理的方法在前面的案例中已经介绍过。这里封装了动态 SQL 语句的定义与执行，返回结果为 User 类型的对象。

3．调用 load()方法并显示查询结果的 JSP 程序编写

在 research.jsp 中调用 load()方法并显示查询结果，其代码如下：

```
<%@ page language="java" import="java.util.*,dbutil.*,entity.*,model.*" pageEncoding="utf-8"%>
<!DOCTYPE HTML PUBLIC "-//W3C//DTD HTML 4.01 Transitional//EN">
<html>
```

```
  <head>
    <title>显示数据页面</title>
  </head>
  <body>
  你查询的数据是:
    <%
    Model model=new Model();
    int id=Integer.parseInt(request.getParameter("id"));
     User user=model.load(id);
  out.print(user.getId()+" "+user.getName()+" "+user.getPassword());
    %>
    </body>
</html>
```

在 research.jsp 中，获取 input.jsp 中输入的 id，调用模型中的 load(id)方法，获取用户对象 user，再将结果显示出来。

注意：如果 load()中的参数为 int 类型，则需要通过如下语句进行转换：

```
int id=Integer.parseInt(request.getParameter("id"));
```

然后才能进行调用：

```
User user=model.load(id);
```

启动 Tomcat 服务器，在浏览器地址栏中输入地址：

```
http://localhost:8080/showUser/listUsers.jsp
```

用户与数据库交互程序的运行效果，如图 4-10 所示。

（a）用户输入 id=1 的查询结果　　　（b）用户输入 id=2 的查询结果

图 4-10　动态输入用户 id 显示的用户信息

图中展示了用户与数据库操作的交互程序效果。用户可以根据自己的要求输入不同的查询条件，使程序查询出相应的结果。这里综合用到了预处理对象 PreparedStatement、动态 SQL 语句、Java Web 分层结构的编程技术。

要编写数据库综合应用程序，还要实现对数据库的新增、修改、删除等操作。下面简单介绍对用户（user 表）的综合管理程序的实现。

4.4 用户综合管理功能的实现

通过 JSP、Java 的代码对 MySQL 数据库进行查询操作，其操作过程为常见的分层模式。

对于数据库的操作，除查询显示外，还有增加、删除、修改等，只有这些功能齐全，才能满足用户的操作要求。

案例分享

【例 4-5】 编写对数据库中用户信息进行增加、删除、修改、查询操作的程序，即综合运用前面学习的实现技术，编写程序实现对用户信息的操作。

4.4.1 实现思路

实现思路：分别编写程序实现对用户在数据库中的信息进行增加、删除、修改操作。这些操作分为不同的功能，由不同的功能代码完成。

编写这些对数据库操作的代码时，前面案例中有些代码可以复用，具体内容如下：

（1）实体类：entity.User.java；

（2）数据库连接工具：dbutil.Dbconn.java。

另外，每个功能需要增加一个逻辑处理模型及其处理方法，并且还要编写这些方法的调用程序，如表 4-5 所示。

表 4-5 对用户信息进行操作对应的程序

功 能	逻辑处理模型程序	处 理 方 法	方法调用程序
增加记录	model.Model.java	insert(Integer id,String name,String password)	insert.jsp insertShow.jsp
修改记录	model.Model.java	update(Integer id,String name,String password)	update.jsp updateShow.jsp
删除记录	model.Model.java	delete(Integer id)	dele.jsp deleShow.jsp
查询操作	model.Model.java	ArrayList userSelect()	showUser.jsp

4.4.2 关键代码的实现提示

由于该案例的代码较多，而且大部分是复用前面已学习过的技术或代码。另外，数据库的增加、删除、修改、查询操作读者也在相应的课程中学习过。这些操作与查询操作基本思路相同。所以，下面只对该案例的关键代码进行提示，其他的实现过程省略。

在对数据库中的记录进行增加、修改、删除时，分别需要用 insert、update、delete 对数据库进行操作。由于操作时需要动态地传递新增数据、修改数据、删除的记录，所以需使用 PreparedStatement 对象对数据库进行操作，具体代码如下。

增加操作代码的片段如下（在 model.Model insert(Integer id,String name,String password)方法中）：

```
…
String sql="insert user values(?,?,?)";                    //定义新增 SQL 语句
ps=conn.prepareStatemcnt(sql);
ps.setInt(1, id);
ps.setString(2, name);
ps.setString(3, password);
a=ps.executeUpdate();                                       //执行 SQL 语句
…
```

修改操作代码的片段如下（在 model.Model update(Integer id,String name,String password)方法中）：

```
…
String sql="update user set name=?,password=? where id=?";
ps=conn.prepareStatement(sql);
ps.setInt(3, id);
ps.setString(1, name);
ps.setString(2, password);
a=ps.executeUpdate();
…
```

删除操作代码片段如下（在 model.Model delete(Integer id)方法中）：

```
…
String sql="delete from user where id=?";                  //定义删除 SQL 语句
ps=conn.prepareStatement(sql);
ps.setInt(1, id);
a=ps.executeUpdate();                                       //执行 SQL 语句
…
```

在上述对数据库进行增加、修改、删除操作的代码中，分别使用预处理对象 PreparedStatement 定义 SQL 语句，传递方法中的参数到 SQL 语句中，并调用 executeUpdate() 方法执行 SQL 语句实现对数据库的操作。

将这些处理代码与 JSP 界面代码结合起来，就可以完整地实现用户对数据库的增加、修改、删除的操作请求。

4.5　多层结构程序的数据处理层

数据层（Data Level）是多层体系结构模型中的一层。多层结构中还包括业务处理逻辑层（模型层）、视图层和控制层等。

在使用 JSP 技术开发大、中型数据库应用程序时，经常采用多层开发模型，其中，将对数据库的操作封装到数据层中，对数据进行的逻辑运算封装到业务逻辑层中，以上两层采用 JavaBean 的数据处理对象（Data Acess Object，DAO）组成，是一个面向对象的数据库接口。视图层由 JSP 实现的页面和用户控件组成。

本章的案例中，数据处理层在包 src/dbutil 中，其中 DAO 是 JavaBean：Dbconn.java，它具

有全局通用性。通过 JSP 多层体系结构建立应用程序，而对数据库操作的 SQL（如 Select 查询记录）语言是根据业务需要而不同的，所以不具有通用性，其封装的 JavaBean 属于业务处理逻辑层，即模型层，如 model/Model.java 类。JSP 文件属于视图层文件，其数据是各个模块的，不具有通用性。

小 结

回顾了 Java 访问数据库的相关知识及操作的 Java 编码，并将这些代码移植到 JSP 中实现在 JSP 中操作数据库。以 MySQL 为数据库平台，介绍了如何用 JDBC 方式连接数据库、操作数据库，以及封装出通用的数据库连接工具类。

在对数据库的操作中，有增加、修改、删除，以及查询的操作，分别介绍了不带参数和带参数的 SQL 语句操作，并通过一个综合案例介绍了如何用 JSP 开发数据库应用程序。

为了提高用 JSP 编写操作数据库程序的效率，还介绍了如何抽象出通用的数据库连接创建代码，并封装到一个模型层中的类以供 JSP 页面调用。另外，对一个具体用户业务的操作，如根据用户 id 号查询某个用户的信息等，也可以封装到模型中的一个方法中。最后，通过一个案例介绍了 JSP 中数据库开发技术的综合应用程序的实现。

习 题

一、选择题

1．在 Java 程序中进行数据库操作，需要先加载（　　）才能获取数据库连接，从而实现对数据库的操作。

（A）应用程序　　　　（B）驱动程序　　　　（C）SQL 语句　　　　（D）连接程序

2．在数据库操作时，Class.forName("com.mysql.jdbc.Driver")语句的作用是（　　）。

（A）获取连接程序　　　　　　　　　　（B）获取驱动程序

（C）注册数据库连接程序　　　　　　　　（D）注册数据库驱动程序

3．如果程序语法等均没有错误，数据库本身有问题，则操作也不会成功，这时称之为数据库操作（　　）。

（A）误操作　　　　（B）异常　　　　（C）不完整　　　　（D）不一致

4．在 Java 程序中编写对数据库的操作程序，那些与数据库操作相关的语句需要使用 try-catch 语句以防数据库（　　）。

（A）误操作　　　　（B）异常　　　　（C）完整性　　　　（D）不一致

5．Java 程序中对数据库操作需要用（　　）语句，以便导入一些支持 SQL 操作的类。

（A）connection　　　（B）statement　　　（C）import　　　（D）Import

6．对数据库操作需要创建如 Connection 对象、Statement 对象等，在操作完成后需要将其关闭，以（　　）资源。

（A）启动　　　　（B）打开　　　　（C）停止　　　　（D）释放

7．任何一个包含 SQL 语句的数据库操作模块都有一些相同的操作，为了能提高程序的可复用性，可通过分层技术将具有共享部分封装出来，以便（　　）。

（A）继承　　　　　　（B）多态　　　　　　（C）共享　　　　　　（D）分享

8．Java 通过 SQL 的 Select 查询语句进行查询，如果要实现对用户输入数据作为条件进行查询，则需要使用（　　）类型的对象。

（A）Statement　　　　　　　　　　　　（B）Prepared

（C）PreparedStatement　　　　　　　　　（D）PS

二、判断题

1．在 Java 程序中进行数据库操作，需要加载数据库的驱动程序才能获取数据库连接。（　　）

2．在用 JDBC 对 MySQL 数据库进行操作时，均要先用 Class.forName("com.mysql.jdbc.Driver")语句注册 MySQL 数据库的驱动程序。（　　）

3．在 Java 程序中编写对数据库的操作程序，如果程序语法等都没有错误，则对数据库的任何操作均能成功。（　　）

4．在进行数据库操作时，一般需要用 try- catch 语句将这些操作语句括起来。（　　）

5．在 Java 程序中对数据库操作时，需要用 import 语句导入对数据库操作的 SQL 类。（　　）

6．对数据库操作需要创建如 Connection 对象、Statement 对象等，在操作完成后需要将其关闭，以释放资源。（　　）

7．每次执行一次 SQL 语句对数据库操作，都要写创建数据库连接等代码，这些代码几乎相同，因此可以用一个 Java 类存放这些代码以便共享复用。（　　）

8．如果一个 SQL 的查询语句是固定的，在环境不变的情况下其操作的结果均相同。（　　）

9．在 Java 代码中若希望不修改 SQL 语句而又能满足人们的不同条件的查询，则需要用到 PreparedStatement 对象。（　　）

10．在编写用 Java 程序进行数据库操作时，访问出的数据一般存放在数据对象中以便共享。（　　）

三、简答题

1．简述在 Java Web 项目中加载 MySQL 数据库驱动程序的方法。

2．JDBC 是什么？如何在 Java 程序或 JSP 程序中使用 JDBC 进行数据库操作？

3．为什么常用一个 Java 类封装创建数据库连接等代码？这样做有什么好处？

4．如果用封装技术将一个对数据库进行操作的 Java 程序进行分层，可将它分为哪几层？每层各起什么作用？

综合实训

实训 1　某仓库有一批货物，用货物清单表进行登记。该表登记的项目包括编号、货物名称、产地、规格、单位、数量、价格。创建一个 MySQL 数据库表存放这些数据，并在 JSP 页面中编写一段 Java 程序访问这些数据。

实训 2　将实训 1 中对创建数据库连接等代码用一个 Java 类封装起来，并在 JSP 页面中进行调用，以实现实训 1 相同的功能。

实训 3　在实训 2 的基础上，用 JSP 实现对这批货物清单进行增加、删除、修改、查询的操作功能。

第5章

JSP 程序的编码

在 Java Web 应用程序开发中,如果 JSP 程序编写仅限于用 Java 语句实现其动态部分,则有很多局限性,如运行效率低下,不利于代码的编写、阅读与修改等。JSP 提供了许多高级元素以提高 JSP 页面编写的简洁性。

在第 4 章"数据处理层封装数据库处理代码"中,已经介绍了通过复用 Java 类实现程序代码的优化,其中实体类 User 封装了所处理的数据,并在后续的处理程序中进行重用。这个实体类就是一个 JavaBean。本章将介绍 JSP 标准动作、EL 表达式、JSTL 标准标签等技术,这些技术与 JavaBean 的编码结合起来共同改进了 JSP 程序的编码。最后,通过这些技术对前面章节案例的代码进行改造,从而达到简化 JSP 程序代码的目的。

5.1 JSP 程序简介

5.1.1 JSP 程序的特点

JSP 动态网页技术相对于静态 HTML 网页有许多优点,可以实现与用户的交互操作,这些动态部分多是通过<%Java 代码段%>来实现的。这样也带来一些缺点。在 HTML 文档中如果嵌入过多的 Java 代码,就会导致开发的应用程序非常复杂、难以阅读且不容易复用,对以后的维护和修改造成困难。归纳起来,使用 JSP 开发中嵌套大量 Java 代码存在下列问题:

(1)Web 应用执行效率低下;

(2)JSP 页面中包含大量 Java 源代码,很不安全·

(3)使 JSP 页面逻辑混乱,程序的可读性差;

(4)由于美工只懂 HTML 代码,在页面中存在大量的 Java 代码,给开发人员的分工带来很大的困难;

(5)程序的可扩展性和可维护性差。

如果能保持 JSP 的动态性的优势，将其中的<%Java 代码%>以一种类似 HTML 标记的形式替代，实现 Java 的各种功能，即可解决以上问题。

5.1.2　改进 JSP 编码的策略

归纳 JSP 程序中包含 Java 代码需要实现的内容，主要有以下 4 个方面：

（1）访问内存中对象的数据；

（2）执行一些动态行为，如实例化一个对象、给一个对象赋值、跳转到另一个界面等操作；

（3）通过类似 HTML 标记的某种特殊形式显示数据，或者替代某个具体功能实现的代码等；

（4）通过 JavaBean 将数据或处理封装起来供其他程序复用。

其实，JSP 就是通过 EL 表达式、JSP 标准动作、JSTL 标签、JavaBean 代替 Java 编码实现上述编程的，以达到简化 JSP 编码的目的。下面介绍 JSP 的 EL 表达式、JSP 标准动作、JSTL 标签、JavaBean 及其应用。

5.1.3　JavaBean 简介

Sun 公司（已被甲骨文公司收购）对于 JavaBean 的定义是："JavaBean 是一个可重复使用的组件"。JavaBean 是描述 Java 的软件组件模型，是 Java 程序的一种组件结构，也是 Java 类的一种。

在编写 JavaBean 类时，其类必须是具体和公共的，并且具有无参数的构造器。JavaBean 通过提供符合一致性设计模式的公共方法将内部域暴露成员属性，以 SET 方法和 GET 方法获取。众所周知，属性名称符合这种模式，而其他程序（如 Java 类或将要介绍的 JSP 动作、EL 表达式等）可以通过自省机制（反射机制）发现和操作这些 JavaBean 的属性。

另外，JavaBean 作为 MVC 设计模式的 M（模型层）实现技术，在模型层中编写的业务处理程序（模型）均是由 JavaBean 实现的。将 Java 代码封装在 JavaBean 中，可以大大减少 JSP 网页的编程难度，从而优化了 JSP 页面。关于 JavaBean 的详细介绍见 5.6 节。

5.2　改进 JSP 编码的演示

案例分享

【例 5-1】　用 JSP 技术实现实体类中数据显示的简洁程序。

下面通过一个案例实现 EL 表达式、JSP 标准动作的形式与应用，即在 JSP 中不用编写<%Java 代码%>实现对对象的操作，从而了解简化 JSP 编码的策略。

5.2.1　用简洁的 JSP 程序实现演示

该案例的实现使用前面章节学习的技术，先创建一个实体类（JavaBean），并在其中存放一个数据，该实体类 User.java 代码如下：

```
package entity;
public class User {
private int id = 1;
private String name = "张淑芳";
private String password = "zsf";
public int getId() {
return id;
}
public void setId(int id) {
this.id = id;
}
public String getName() {
return name;
}
public void setName(String name) {
this.name = name;
}
public String getPassword() {
return password;
}
public void setPassword(String password) {
this.password = password;
}
}
```

可以看到该实体类中存放了用户"张淑芳"的信息，下面编写一个 JSP 页面显示实体类中的该用户的姓名。若编写 JSP 页面显示该用户姓名，则需要编写如下 Java 小脚本代码；代码见 showUser_old.jsp 文件，运行效果如图 5-1 所示。

```
<%
User user=new User();
String name=user.getName();
%>
类中用户姓名是：<br><br>
  <%=name%>
```

下面介绍不用 Java 小脚本代码实现上述功能，即编写显示用户姓名的 JSP 程序，其文件为 showUser_new.jsp。该程序代码编写如下：

```
<%@ page language="java" import="java.util.*" pageEncoding="utf-8"%>
<!DOCTYPE HTML PUBLIC "-//W3C//DTD HTML 4.01 Transitional//EN">
<html>
  <head>
    <title>显示数据页面</title>
    <jsp:useBean id="user" class="entity.User" scope="request"/>
  </head>
  <body>
     用户姓名是：<br><br>
    ${user.name}
```

```
    </body>
  </html>
```

可以看到上述 showUser_new.jsp 代码非常简洁，均是 HTML 标记的语句而没有<%Java 代码%>。部署项目启动 Tomcat 服务器后，运行该 JSP 页面，则出现了如图 5-1 所示的结果。

可以看出，showUser.jsp 中没有<%Java 代码%>，同样能访问 Java 类与对象中的数据，这就是简化的 JSP 程序编码。

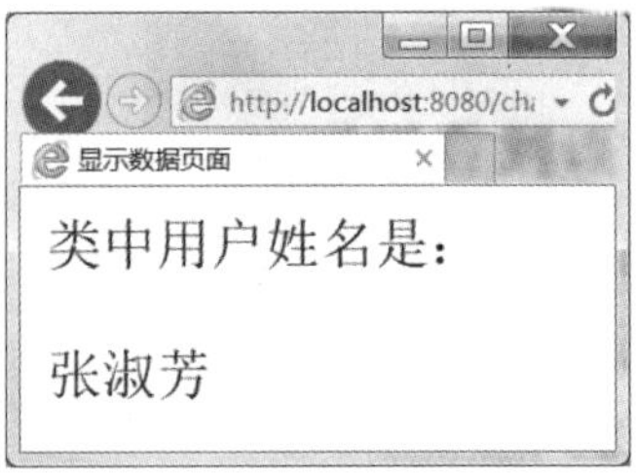

图 5-1　JSP 程序显示的结果

5.2.2　关键代码说明

如果要在 JSP 中实例化一个对象，并访问该对象属性中的数据，其代码如下：

```
    User user=new User();
    String name=user.getName();
%>
    …
<%=name%>
```

上述代码的前面部分是创建对象，后面部分是显示对象中的数据。但是在 showUser_new.jsp 中没有类似上述代码，只有如下代码（功能一样）：

```
<jsp:useBean id="user" class="entity.User" scope="request"/>
        …
${user.name}
```

上述代码中的两个部分与前一段代码的两部分功能对应，即第一句是实例化一个对象，最后一句是显示该对象中的数据。这些语句中没有类似的<%Java 代码%>，即功能不变但简化了 JSP 的编码。它的第一句即 JSP 标准动作，最后一句即 EL 表达式。在 JSP 页面中通过 JSP 标准动作、EL 表达式等简化了其编程。JSP 用类似于 HTML 标记的语句代替了大量的 Java 代码。其中<jsp:useBean …/>为一个“动作”代表一段 Java 程序实现的操作，即根据一个类创建一个对象。对象名用 id="user"指定，类用 class="entity.User"指定，该对象的存在范围用 scope="request"指定。

<jsp:useBean …/>为 JSP 的一个标准动作，使用此方式可以大量简化 JSP 动态网页的编码。简化 JSP 编码的技术还包括 EL 表达式、JSP 标签等，这些技术是 JSP 网页开发的优秀特征。

5.2.3　JavaBean 的作用与要求

在实例 5-1 中实体类 User 就是一个 JavaBean。并不是所有的封装数据类都是 JavaBean，它是具有一定规范的 Java 类。在此，JavaBean 将 JSP 中用 Java 语言编写的处理代码封装出来，如 JSP 页面仅仅通过一个类似于 HTML 语言标记的 JSP 动作进行调用，就可以实现相同的功能。这样 JSP 文件大大简化了编程，减少了 JSP 程序的开发量。

JavaBean 要求属性是私有的，方法是公有的，其开发方法简单，Eclipse 提供了工具快速创建 JavaBean 的方法（见 5.6 节）。

5.3　用 JSP 标准动作简化 JSP 编码

5.3.1　了解 JSP 标准动作

JSP 中会用 Java 代码执行一些操作，这些操作可以用 JSP 动作代替，即 JSP 动作是 JSP 执行的具体功能。JSP 标准动作是指 JSP 执行的一些基础性功能，如创建对象、给对象属性赋值、获取对象中的属性值等。

JSP 标准动作是 JSP 动态网页自身具有的功能元素，不需要进行任何配置 JSP 服务器（如 Tomcat）就可以执行。例如，JSP 标准动作在转换页面时执行动作指令，而在处理客户端 HTTP 请求时执行动作元素。JSP 动作可以操作对象，并能影响每次的响应。

在前面的演示案例中，通过 useBean 动作实例化一个对象，其语句如下：

```
<jsp:useBean id="user" class="entity.User" scope="request"/>
```

其中，jsp:useBean 是动作名称，id="user"是实例化的对象，而 class="entity.User"是类，scope="request"是指定对象存在的范围。通过该语句可代替 Java 代码。

案例分享

【例 5-2】　编写演示程序展示 JSP 标准动作的应用。在 JSP 中使用 JSP 标准动作实现对对象的操作，以及页面的跳转。

该演示程序是利用前面介绍的实体类 User.java，在 JSP 页面中用 JSP 标准动作 <jsp:userBean>、<jsp:getProperty>、<jsp:setProperty>、<jsp:forward>实现创建一个对象，以及给对象属性赋值、获取对象的属性值等操作。

编写 showUser1.jsp 程序实现对实体类 User.java 的访问与操作。

该程序的功能如下：

（1）通过实体类 User 实例化一个 user 对象；

（2）访问并显示 user 对象中 name 属性的值；

（3）给 user 对象的 name 属性赋值；

（4）访问并显示 user 对象中 name 属性的值（赋给的新值）。

这里没有使用<%Java 代码%>，全部使用 JSP 标准动作实现，实现的程序 showUser1.jsp 代码如下：

```
<%@ page language="java" import="java.util.*" pageEncoding="gbk"%>
<!DOCTYPE HTML PUBLIC "-//W3C//DTD HTML 4.01 Transitional//EN">
<html>
  <head>
    <title>显示数据页面</title>
    <jsp:useBean id="user" class="entity.User" scope="request"/>
    <jsp:getProperty property="name" name="user"   /><br>
    <jsp:setProperty property="name" name="user" value="李国华"/>
    </head>
  <body>
```

```
        ${user.name}<br>
        <jsp:getProperty property="name" name="user"   />
        <jsp:getProperty property="password" name="user"/>
     </body>
</html>
```

在 showUser1.jsp 中，分别用了标准动作<jsp:userBean>创建对象、标准动作<jsp:getProperty>获取对象中的值、<jsp:setProperty>给对象的属性赋值。showUser1.jsp 代码对象操作显示的结果如图 5-2 所示。

通过分析显示数据所对应的代码，可体会出 user 对象属性值的变化。

如果在 showUser1.jsp 中加入如下代码，则显示为 showOther.jsp 的操作结果。

```
<jsp:forward page="showOther.jsp?name=tom"></jsp:forward>
```

该代码为<jsp:forward>标准动作，它将 JSP 控制跳转到 showOther.jsp 中去执行，并且显示其执行的结果，如图 5-3 所示。

图 5-2　showUser1.jsp 显示的结果　　　　图 5-3　showUser2.jsp 显示的结果

可以看出，通过<jsp:forward>标准动作 showUser2.jsp 可跳转到 showOther.jsp 中运行，并显示其运行的结果。

在 showOther.jsp 中使用 param 隐式对象传递<jsp:forward>中定义的变量及其中的值。

注意： 图 5-3 中显示的是"李国华"而不是"张淑芳"。这说明<jsp:userBean>动作不是创建一个新的对象，而是引用前面已经创建的对象。所以，<jsp:userBean>动作在创建对象时，如果没有则新建一个；如果有则引用原有的对象。

5.3.2　JSP 标准动作

JSP 标准动作是指 JSP 执行的基础性功能，如创建对象、给对象属性赋值、获取对象中的属性值等。例如，在转换页面时的操作可以认为是执行一个动作，使用一个动作指令，即在处理客户端 HTTP 请求时它会执行动作元素。

在 JSP 页面被执行时会翻译成 Servlet，在 Servlet 源代码的过程中，当 Servlet 容器遇到 JSP 动作元素时，就会调用与之相对应的 Servlet 类方法来代替它。所有标准动作元素的前面都有一个 JSP 前缀作为标记，如<jsp:标记名… 属性参数表…/>。有些标准动作中间还包含一个体，即一个标准动作元素中又包含了其他标准动作元素或其他内容。

通过 JSP 标准动作能使 JSP 页面简洁、干净，没有 Java 小脚本代码，并与 HTML 标签分割保持一致。

1．JSP 标准动作的类型

JSP 标准动作是指 JSP 程序中执行的一些具体操作。其使用格式为"<jsp:标记名>"，并严格采用 XML 的标签语法格式。这些 JSP 标准动作元素是在用户请求阶段执行的，它内置在 JSP 文件中，所以可以直接使用，不需要进行任何引用定义就可以执行。

JSP 常用的标准动作有以下 6 种：

> jsp:include：在页面被请求时引入一个文件；
> jsp:useBean：寻找或实例化一个 JavaBean；
> jsp:setProperty：设置 JavaBean 的属性值；
> jsp:getProperty：输出某个 JavaBean 的属性值；
> jsp:forward：把请求跳转到一个新的页面中执行；
> jsp:plugin：根据浏览器类型为 Java 插件（在客户端的页面嵌入 Java 对象，如 applet，是运行在客户端的 Java 小程序）生成 Object 或 Embed 标记。

JSP 标准动作使用起来非常方便，它给 JSP 编码带来很多有趣的特征，如果没有这些动作，JSP 编码功能就会逊色很多。

2．JSP 标准动作的语法及使用

JSP 标准动作通常采用的格式如下：

```
<jsp:动作标记名 动作参数表/>
```

动作参数表是由一个或多个"属性名="属性值""键值对组成的序列。另外，动作还可以像下面的例子那样包含元素体（body）。

```
<jsp:标记名 参数表>
        <jsp:子标记名 参数表/>
</jsp:标记名>
```

JSP 常见的标准动作有 forward、include、useBean、setProperty、getProperty、element、plugin 和 text，另外还有 5 个只能出现在别的动作元素体内的子动作：attribute、body、fallback、param 和 params。本章只介绍其中的几个，若要了解所有动作的信息，请参见其他参考文献。

1）标准动作 forward

在 JSP 页面中将到达的请求转发给另外一个 JSP 页面以便进一步操作时可用<jsp:forward>标准动作。<jsp:forward>标准动作将终止当前页面的运行并将处理转发到另一个 JSP 页面中，其代码如下：

```
<jsp:forward page="mypage.jsp">
        <jsp:param name="varName" value="varValue"/>
</jsp:forward>
```

在上述<jsp:forward>标准动作代码中指定了参数标准动作<jsp:param>，它将一个参数及其值传递到被转发的 JSP 页面（mypage.jsp）中。在使用<jsp:include>或<jsp:forward>传递到另外一个 JSP 页面的请求时，均可添加一个传递参数值的标准动作<jsp:param>。

2）标准动作 include

在 JSP 中包含其他 JSP 文件或 Web 资源时，可以用<jsp:include>标准动作。<jsp:include>标准动作是在页面被请求时引入的一个文件，如使用下列代码可以执行另一个页面，并将其输出添加到当前页面。

```
<jsp:include page="mypage.jsp">
```

在前面关于<jsp:forward>的例子中，定义了一个新的参数，其跳转的目的页面可以使用request.getParameter("varName")方法（像访问其他请求参数那样）访问它。

Tomcat 会在执行 forward 动作时清空输出缓冲区，所以在执行 forward 动作之后跳转页面生成的 HTML 代码会丢失。相反地，Tomcat 在执行 include 动作时不会清空输出缓冲区。

对于 forward 和 include，要求目的页面都必须是格式正确、完整的 JSP 页面，如某个应用程序的顶栏是在一个名叫 TopMenu.jsp 页面中生成的，其使用的代码如下：

```
<jsp:include page="TopMenu.jsp" flush="true"/>
```

其中 flush 属性用来确保当前页面在执行被引入页面之前，将迄今已生成的 HTML 发送到客户端。

3）标准动作 useBean、setProperty、getProperty

<jsp:useBean>寻找或实例化一个 JavaBean 类。它声明一个新的 JSP 脚本变量，并将其与某个 Java 对象关联起来。JSP 使用这个变量来访问数据，而不用关心数据的具体位置和操作的实现方式。动作 useBean 的 scope 属性可选值有 page、request、session 和 application，其中 page 为默认值。动作 useBean 既可以实例化新的对象，也可以声明和访问已定义的对象。

当 useBean 实例化类之后，动作 setProperty 就可以用来设置属性的值。Bean 的属性（property）就是 Bean 类中带有 setter/getter 设置和获取属性值的标准方法。

在 JSP<jsp:useBean>标准动作的语句中，它先定义使用一个 JaveBean 实例，其中，ID 属性定义了实例名称，然后<jsp:getProperty>标准动作可从该实例中获取一个属性值，并将其添加到响应中。<jsp:setProperty>设置一个 JavaBean 中的属性值。

5.4 EL 表达式

在前面的演示程序 showUser.jsp 中已经出现过 EL 表达式，如${user.name}，它直接访问并显示 user 对象中的属性值。

EL（Expression Language，表达式语言）是 JSP 2.0 动态网页提供的另一种（相对于 JSP 基本元素<%= 表达式 %>）表达式功能的元素。EL 表达式可以用于标准和自定义动作中以接收运行时表达式的属性。它通常用于对象操作及执行那些影响所生成内容的计算。

EL 使用简单，能替代 JSP 页面中的复杂代码，是简洁 JSP 编程的一个有效手段。

5.4.1 EL 表达式的语法

EL 表达式语法是以"${"作为开始，以"}"作为结束，直接使用变量名获取表达式的值，如${name}。在运行 JSP 页面时如果碰到 EL 表达式，则将在它所指定的范围内寻找相应的变量，并在该位置计算与显示该表达式的值。

EL 表达式中的变量或对象一般属于某个范围，如 page、request、session、application。EL 进行访问时可以通过指定其隐式对象名来在某个范围内访问。EL 表达式访问范围的类型及对应的隐式对象如表 5-1 所示。

表 5-1　EL 表达式访问范围的类型及对应的隐式对象

范 围 类 型	EL 隐式对象名	EL 表达式使用及说明
page	pageScope	${pageScope.name}，表示在 page 范围内查找 name 变量，找不到则返回 null
request	requestScope	${requestScope.name}，表示在 request 范围内查找 name 变量，找不到则返回 null
session	sessionScope	${sessionScope.name}，表示在 session 范围内查找 name 变量，找不到则返回 null
application	applicationScope	${applicationScope.name}，表示在 application 范围内查找 name 变量，找不到则返回 null

EL 对于类型的限制更加宽松，它可将得到的数据进行自动类型的转换，这样能方便程序员编写 JSP 程序。

1. EL 表达式的运算符

EL 表达式${表达式}中的"表达式"包括字面值、运算符，以及对象和方法的引用，如${6 > 3}的值是逻辑值"true"，"6>3"属于逻辑运算符，是字面值。但常用 EL 获取对象的属性值。获取对象属性值的运算符有两种：点运算符"."和索引运算符"[ ]"，如${user.name}、${user["name"]}均是获取对象 user 的 name 属性值，其功能相等。当然，对象 user 需要定义 setter/getter 方法，否则其值获取不到。

EL 运算符"."（点）和"[]"（索引）比 Java 中对应的运算符更强大，而且要求不那么苛刻。

2. EL 的隐式对象

和 JSP 类似，EL 也包含隐式对象，指那些不需要声明，EL 表达式可以直接访问的对象。EL 的隐式对象如表 5-2 所示。

表 5-2　EL 的隐式对象

类 型	对 象	描 述
JSP 页面隐式对象	pageContext	JSP 页面上下文，提供对用户请求和页面信息的访问，其中 pageContext. session 等价于 JSP 中的 session，同理，其他的如 pageContext.request 等价于 JSP 中的 request
参数访问对象	param	返回客户端请求参数的字符串值
	paramValues	返回映射至客户端请求参数的一组值
作用域访问对象	pageScope	把页面范围的变量名映射到它的值上
	requestScope	把请求范围的变量名映射到它的值上
	sessionScope	把会话范围的变量名映射到它的值上
	applicationScope	把应用范围的变量名映射到它的值上

EL 隐式对象的使用基本相同，只是其访问的范围不同。

5.4.2　EL 表达式的使用案例

EL 表达式中不仅包括字面值、运算符，以及对象和方法的引用，还可以访问 Map 类型的数据。下面通过案例介绍 EL 表达式访问 Map 类型的数据，以实现使用 EL 访问 Map 中的值。

下列两个 EL 表达式分别使用点运算符和索引运算符访问 Map 的键得到其值。

```
${MapName.Key}
${MapName["Key"]}
```

案例分享

【例 5-3】 编写 JSP 程序实现 EL 表达式对 Map 类型数据的操作。

编写一个 JSP 程序 MapEL.jsp，先定义一个 Map 类型的变量 users 存放两个用户名，然后通过访问 users 的键显示其中的用户名。

```
<%@ page language="java" import="java.util.*" pageEncoding="gbk"%>
<!DOCTYPE HTML PUBLIC "-//W3C//DTD HTML 4.01 Transitional//EN">
<html>
  <head>
    <title>显示 Map 中数据</title>
  </head>
  <body>
<%
    Map users = new HashMap();
    users.put("a","张淑芳");
    users.put("b","李国华");
    request.setAttribute("users",users);
%>
        姓名 a：${users["a"] }<br/>
        姓名 b：${users.b}
  </body>
</html>
```

图 5-4　运行 MapEL.jsp 显示的结果

运行 MapEL.jsp 显示的结果如图 5-4 所示，它成功显示了 Map 中所设置的两个用户名"张淑芳"和"李国华"。

EL 表达式的点运算与索引运算两者之间还是有一点区别的，即如果键名中包含能混淆 EL 的字符就不能使用点运算符。例如，使用${expr["user-age"]}是正确的，但使用${expr.user-age}就会出错，因为第二个表达式中 user 和 age 之间的符号会被解析为减号。如果 Map 键名中含有点号，则会遇到更严重的问题。例如，${param["user.id"]}可以正常地使用，而${param.user.id}可能会得到 null。这将是严重的问题，因为 null 是一个可能出现的有效结果。

5.5　JSTL 标准标签库

使用 EL 表达式可以简化 JSP 页面代码，但如果需要进行逻辑判断又该如何简化呢？显然 EL 表达式无法解决这个问题，因而需要使用 JSTL。它可以实现 JSP 页面中许多处理功能，这些功能包括迭代和条件判断、数据管理格式化、XML 操作及数据库访问等。

JSTL（JavaServerPages Standard Tag Library，JSP 标准标签库）提供一组标准标签，用于编写各种动态 JSP 页面。JSTL 通常会与 EL 表达式合作实现 JSP 页面的编码。

5.5.1　使用 JSTL 的步骤

与 JSP 动作、EL 表达式不同，JSTL 需要 jar 工具包的支持，即先在 Web 项目中添加 JSTL 的工具包 Jar 文件，然后在 JSP 页面中添加 taglib 指令，才能在 JSP 使用 JSTL 标签。

下面通过演示介绍如何在 JSP 程序中使用 JSTL 的步骤。

1. 创建 Java Web 项目添加 JSTL 的支持

JSTL 标签库以 Jar 包的形式提供，且是免费的。首先需要下载或准备好 JSTL 标签库支持包。本书提供了 jstl-1.2.jar 程序支持包供读者使用，读者也可以从地址 http://repo2.maven.org/maven2/javax/Servlet/jstl/中自行下载 jstl-1.2.jar。

对于 Eclipse 来说，使用 JSTL 需要手工安装 JSTL 标签库支持包，对于不同版本的 Eclipse 开发环境，JSTL 标签库的安装步骤也不完全相同。

本书使用的集成开发环境是 Eclipse oxygen3，并集成了 JDK 1.8 与 Tomcat 9.0.8。在这样的开发环境下使用安装 JSTL 标签库比较简单，下面就介绍其安装与使用步骤。如果是不同版本的 Eclipse 开发环境，JSTL 标签库的安装步骤可能不同，大家可以参考相关资料进行安装。

Java Web 项目获取 JSTL 标签库支持的操作步骤：先在 Eclipse 中创建一个 Java Web 项目，项目名为 chapt5，然后将 jstl-1.2.jar 复制到项目 chapt5 的 WebContent/WEB-INF/lib 文件夹中，结果如图 5-5 所示。

显示 Java Web 项目已获取 JSTL 标签库的支持，可以在该项目中的 JSP 文件中使用 JSTL 标签了。

图 5-5　给 Java Web 项目添加 JSTL 支持包后的结果

2. 在 JSP 页面中添加 taglib 指令

在 JSP 程序中使用 JSTL 标准标签，需要在 JSP 程序中添加 taglib 指令。taglib 指令格式如下：

```
<%@ taglib uri="http://java.sun.com/jsp/jstl/core" prefix="c"%>
```

这里，通过 prefix="c" 指出了标签的前缀为 "c"，可以通过该前缀使用 JSTL 标准标签。下面就演示在 JSP 程序中使用 JSTL 标签的过程。

3. 使用 JSTL 标签的程序演示

在项目 chapt5 中创建一个 JSP 文件 set1.jsp，其代码如下：

```
<%@ page language="java" import="java.util.*" pageEncoding="gbk"%>
<%@ taglib uri="http://java.sun.com/jsp/jstl/core" prefix="c"%>
<!DOCTYPE HTML PUBLIC "-//W3C//DTD HTML 4.01 Transitional//EN">
<html>
  <head>
    <title>设置变量</title>
  </head>
  <body>
    <c:set var= "examplevar" value="${98+5}" scope="application"   />
    <c:out value="${examplevar}"/>
```

```
    </body>
</html>
```

此程序先添加如下 taglib 指令：

<%@ taglib uri="http://java.sun.com/jsp/jstl/core" prefix="c"%>

然后编写了两个 JSTL 标签<c:set >和<c:out>，其中，<c:set>标签定义变量并赋值"98+5"，而<c:out>标签显示该变量的值。

部署项目并运行该界面，显示表达式计算的结果为 103，如图 5-6 所示。

图 5-6　set1.jsp 的运行结果

上面例子说明了 JSTL 标准标签的使用步骤，其中，在 set1.jsp 程序中没有<%Java 代码%>小脚本，也实现了 Java 程序类似的动态功能，这就是 JSTL 标签的作用。

5.5.2　JSTL 标准标签的类型与应用

JSTL 包含了编写 JSP 页面的一组标签，可用于在 JSP 文件中编写代码而不需要用到 Java 脚本，如循环处理代码的编写、条件语句的编写与 SQL 数据库操作。JSTL 标准标签库内常用的标签有通用标签、条件标签、迭代标签等类。通用标签有 set、out、remove 用于设定变量值、计算与现实表达式的值、删除变量；条件标签 if 用于条件判断语句的编写；迭代标签 forEach 用于对集合中对象的遍历。

下面通过例子对这三种标签及其使用进行说明。

案例分享

【例 5-4】　编写 JSP 程序演示 JSTL 标签库中的通用标签、条件标签与迭代标签的应用。

1. 通用标签

JSTL 通用标签包括 set、out、remove，其功能如下：

➢ set：设置指定范围内的变量值；
➢ out：计算表达式并将结果输出显示；
➢ remove：删除指定范围内的变量。

如以下操作语句：

给变量 msgvar 设置值：

`<c:set var="msgvar" value="Hi，TOM!" scope="request"></c:set>`

显示变量 msgvar 的值：

```
<c:out value="${msgvar}"></c:out>
```

把变量 msgvar 从 request 范围内移除：

```
<c:remove var="msgvar" scope=" request "/>
```

此时 msg 的值应该显示 null， `<c:out value="${msgvar}"></c:out>`显示的结果为空。

如一个 JSP 页面中有下列两行代码，它们分别在 application 范围内定义一个变量 examlevar，并给它赋值、显示该变量的值。

```
<c:set var= "examplevar" value="${98+5}" scope="application"  />
<c:out value="${examplevar}"/>
```

其中，var= "examplevar"是定义一个变量 examplevar，value="${98+5}"是给其赋值，scope="application"是指定其范围为应用范围（application）。

由于变量的范围是 application，所以运行上面的语句后，另外一个 JSP 页面就有一个显示变量的语句：

```
<c:out value="${examplevar}"/>
```

同样能显示 examplevar 的值。如果在前面 JSP 中还有下面的语句：

```
<c:remove var= "examplevar" scope="application"/>
```

则是删除变量 examplevar，第二个 JSP 页面则不能显示该变量的值。

2. 条件标签

条件标签即 if 标签，用于判断条件是否成立，与 Java 语言中的 if 语句的作用相同。
条件标签用`<c:if> </c:if>`表示，其语法为：

```
<%@ taglib uri="http://java.sun.com/jsp/jstl/core" prefix="c"%>
    …
<c:if test="coditionexpr" var="name" scope="appArea" >
    <条件体>
</c:if>
```

在条件标签中，test=""指定的是判断条件，var=""保持 test 的布尔值到指定的变量，scope=""指定该变量的应用范围。

下面通过一个程序实现演示条件标签的使用。该程序通过条件标签实现用户是否已登录的判断，即如果判断未登录则显示登录页面，否则显示登录成功页面。

该程序实现思路是通过 if 条件标签实现的。先设定一个布尔类型的变量 logged，在条件标签中测试这个变量是否为空，如果为空则运行条件体中的登录页面。否则，再判断 logged 的相反值 not logged，如果为真，则显示"登录成功"。编写 JSP 页面程序 loginif.jsp，其代码如下：

```
<%@ page language="java" import="java.util.*" pageEncoding="UTF-8"%>
<%@ taglib uri="http://java.sun.com/jsp/jstl/core" prefix="c"%>
<!DOCTYPE HTML PUBLIC "-//W3C//DTD HTML 4.01 Transitional//EN">
<html>
    <head>
        <title>登录页面</title>
```

```
    </head>
    <body>
        <c:set var="uid" value="${6}" scope="session"   />
        <c:set var="logged" value="${not empty sessionScope.uid}"/>
        <c:if test="${not logged}">
        <form id="" method="post" action="">
        用户名：<input id="username" name="username" type="text">
        密码：<input id="password" name="password" type="password"><br>
            <input type="submit" value="登录">
        </form>
        </c:if>
        <c:if test="${logged}">
                登录成功!
        </c:if>
    </body>
</html>
```

该 JSP 页面运行的结果如图 5-7 所示。由于在测试时已给变量 uid 赋值，所以执行后一个判断的内容。

图 5-7　变量 uid 不为空时程序 loginif.jsp 的运行结果

但是如果删除如下语句：

```
<c:set var="uid" value="${6}" scope="session"   />
```

删除后，再重新运行上述 JSP 页面，由于没有给 uid 赋值，则第一个条件标签测试为"真"值，则运行其中的登录页面，如图 5-8 所示。

图 5-8　变量 uid 为空时程序 loginif.jsp 的运行结果

在 loginif.jsp 程序中可以看出，如果一个带有 else 的条件语句用条件标签来实现，则需要用两个条件相反的条件标签语句。

3. 迭代标签

迭代标签用于实现对集合中对象的遍历。 JSTL 所支持的迭代标签有<c:forEach>和<c:forTokens>。在这里介绍的是<c:forEach>标签，其作用就是迭代输出集合内部的内容。它既可以进行固定次数的迭代输出，也可以依据集合中对象的个数来决定迭代的次数。<c:forEach>标签类似于 Java 语言中的 for 语句，其完整的语法如下：

```
<c:forEach items="collection" var="name"  varStatus="stu" begin="start" end="end" step="count">
    循环体
</c:forEach>
```

其中，

➢ var：定义迭代参数的变量名称，用来表示每一个迭代的变量，其类型为 String；

➢ items：要进行迭代的集合；

➢ varStatus：迭代变量的名称，用来表示迭代的状态，可以访问到迭代自身的信息；

➢ begin：如果指定 items，那么迭代就从集合的 items[begin]开始进行迭代；如果没有指定 items，那么就从 begin 开始迭代。它的类型为整数；

➢ end：如果指定了 items，那么就在集合的 items[end]结束迭代；如果没有指定 items，那么就在 end 结束迭代。它的类型也为整数；

➢ step：指迭代的步长。

下面通过一个例子来了解迭代标签<c:forEach>的使用，即用迭代标签显示一个对象集合中所有的商品数据。

在系统中有个存放商品信息的集合，商品信息包括商品名称、产地、单价等，在 JSP 中通过迭代标签列表显示这些数据。该案例使用 2.4.2 节的 listProducts.jsp 程序，其类的定义、循环显示商品信息都是用一个 JSP 文件中的 Java 语句实现的。

该案例的实现思路：先将两个类 Product 和 productDao 以 Java 程序的形式存放，然后在 JSP 程序中进行调用。调用时，在 JSP 中通过 Java 代码获取这组商品信息，并存放到 List 类型的集合中，取名为 products，然后通过迭代标签<c:forEach>在表格中显示其数据。关于存放数据的 Java 类已被省略，这里列出实现迭代的 JSP 文件 forEachlistproducts.jsp，其代码如下：

```
<%@ page language="java" import="java.util.*" pageEncoding="UTF-8"%>
<%@ taglib uri="http://java.sun.com/jsp/jstl/core" prefix="c"%>
<%@ page import="productBean.Product,productDao.productDao" %>
<%
    List<Product> products = productDao.getProducts();
    request.setAttribute("products", products);
%>
<!DOCTYPE HTML PUBLIC "-//W3C//DTD HTML 4.01 Transitional//EN">
<html>
  <head>
    <title>所有商品显示列表</title>
  </head>
  <body>
  <div style="width:600px;">
      <table border="1" width="80%">
          <!-- 显示表头 -->
          <tr>
              <th>商品名称</th>
              <th>商品产地</th>
```

```
                    <th>商品价格</th>
                </tr>
                <!-- 循环显示 -->
                <c:forEach var="product" items="${requestScope.products}" >
                    <tr >
                        <td >
                            ${product.name }
                        </td>
                        <td align="center">
                            ${product.area }
                        </td>
                        <td align="center">
                            ${product.price }
                        </td>
                    </tr>
                </c:forEach>
            </table>
        </div>
    </body>
</html>
```

程序 forEachlistproducts.jsp 代码运行的结果如图 5-9 所示。对比图 5-9 与图 2-10 发现结构完全一致，这说明迭代标签<c:forEach>与 for 循环语句的功能完全一致，而程序 forEachlistproducts.jsp 的代码简化了很多。

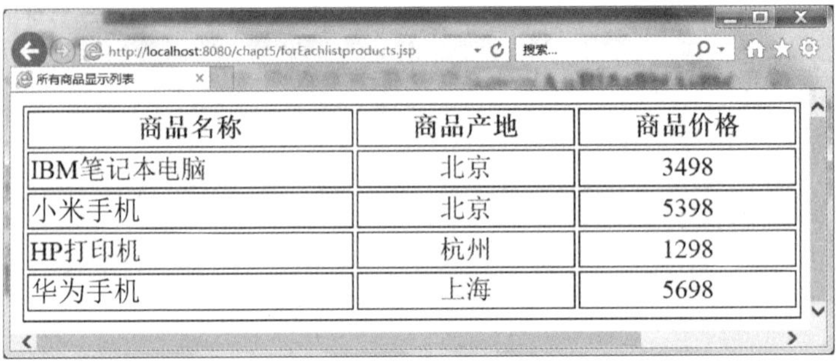

商品名称	商品产地	商品价格
IBM笔记本电脑	北京	3498
小米手机	北京	5398
HP打印机	杭州	1298
华为手机	上海	5698

图 5-9　程序 forEachlistproducts.jsp 代码的运行结果

<c:forEach>标签的 items 属性支持 Java 平台提供的所有标准集合类型，包括可以迭代数组（包括基本类型数组）中的元素。它所支持的集合类型及迭代的元素如下：

- java.util.Collection：调用 iterator()来获得的元素；
- java.util.Map：通过 java.util.Map.Entry 所获得的实例；
- java.util.Iterator：迭代器元素；
- java.util.Enumeration：枚举元素；
- Object 实例数组：数组元素；
- 基本类型值数组：经过包装的数组元素；
- 用逗号定界的 String：分割后的子字符串；
- javax.Servlet.jsp.jstl.sql.Result：SQL 查询所获得的行。

5.5.3 JSTL 标准标签库

1. JSP 标签库

JSP 标签库是生成 JSP 脚本的一种机制，是一种可重用的代码结构。前面介绍的 JSTL 就是最基本的 JSP 标签。在 JSTL 标准标签库中提供了一系列的 JSP 标签，可实现 JSP 页面最基本的功能，如集合的遍历、数据的输出、字符串的处理和数据的格式化等。

除了 JSTL 标准标签库，市场上还有其他的标签库，如 Struts 标签库、Spring 标签库、JFreeChart 标签库等。读者也可以根据需要实现自己的标签库。

自定义标签库是个 Java 类，它封装了一些标签代码，形成一个具有某个功能的新标签。封装为 Java 类有两个好处，一是可扩展性，不同标签之间可以建立起一个继承关系，这样构建新的自定义标签时，就可以对已存的标签进行某种程度的升级或改进，而不需要重新开始创建，可提高开发效率；二是可复用性，可以将自定义标签打包成一个 Java 档案文件，这样可以在不同应用之间自由移植。

相对于 JavaBean 对业务逻辑代码进行封装，JSP 中的标签库是对展现代码进行了封装。这样对于 JSP 而言，将会更加便于维护和升级。例如，当需要增加或修改某个页面效果显示时，只要在 JSP 页面修改调用标签库的相关代码即可，而不需要修改 JSP 页面的逻辑和展现代码。

另外，标签库是经过多次使用和测试后提炼的结晶，这就极大地提高了 JSP 的稳定性。如果使用传统的 JSP 模式，实现新的页面效果时，需要重新编写底层实现代码，会费时费力，且新写出的代码没有经过大量的测试，还需要付出很多的维护调试成本。

所以，如果遵循一些良好的设计原则，就能编写出高质量、可复用、易于维护和修改的应用程序。

2. JSTL 家族

JSTL 标准标签库是一个实现 Web 应用程序中常见的通用功能的定制标记库集，它由 5 个标签库组成，如表 5-3 所示。

表 5-3 JSTL 标准标签库

类 型	功 能
Core（核心标签库）	变量支持、流程控制、URL 管理和其他杂项
i18n（国际化库）	本地化、格式化消息，以及数字和日期格式化
Functions	集合长度和字符串处理
Database	数据库的 SQL 操作
XML	XML 核心、流程控制及转换

JSTL 的每个标签库中都有若干个 JSTL 标签。

本书前面已学习了几个 JSTL 的核心标签，JSTL 核心标签库标签共有 13 个，功能上分为以下 4 类：

（1）表达式控制标签：out、set、remove、catch；

（2）流程控制标签：if、choose、when、otherwise；

（3）循环标签：forEach、forTokens；

（4）URL 操作标签：import、url、redirect。

要想在 JSP 页面中使用 JSTL 标签库，必须以如下方式在 taglib 指令中进行声明。

➤ <%@taglib prefix="c" uri="http://java.sun.com/jsp/jstl/core"%>。

➤ <%@taglib prefix="fmt" uri="http://java.sun.com/jsp/jstl/fmt"%>。

➤ <%@taglib prefix="fn" uri="http://java.sun.com/jsp/jstl/functions"%>。

➤ <%@taglib prefix="sql" uri="http://java.sun.com/jsp/jstl/sql"%>。

➤ <%@taglib prefix="xml" uri="http://java.sun.com/jsp/jstl/xml"%>。

3. 其他 JSTL 标签

1）Catch 标签

<c:catch> 用来处理 JSP 页面中产生的异常，并存储异常信息，其格式如下：

```
<c:catch var="name">
        容易产生异常的代码
</c:catch>
```

如果抛出异常，则异常信息保存在变量 name 中。

2）Redirect 标签

<c:redirect> 标签用来实现请求的重定向，如对用户输入的用户名和密码进行验证，不成功则重定向到登录页面。或者实现 Web 应用不同模块之间的衔接。

语法：<c:redirect url="url" [context="context"]/>

　或<c:redirect url="url" [context="context"]>

　　　　<c:param name="name1" value="value1">

　　　</c:redirect>

3）URL 标签

<c:url>标签用于动态生成一个 String 类型的 URL，可以同上一个标签共同使用，也可以使用 HTML 的<a>标签实现超链接。

语法：<c:url value="value" [var="name"] [scope="..."] [context="context"]>

　　　　<c:param name="name1" value="value1">

　　　</c:url>

或<c:url value="value" [var="name"] [scope="..."] [context="context"]/>

4）SQL 标签库

JSTL 提供了与数据库相关操作的标签，可以直接从页面上实现数据库操作的功能，开发小型网站时可以很方便地实现数据的读取和操作。

SQL 标签库从功能上可以划分为两类：设置数据源标签和 SQL 指令标签。

在使用 SQL 标签前要先引入 SQL 标签库，其指令代码如下：

```
<%@ taglib prefix="sql" uri="http://java.sun.com/jsp/jstl/sql" %>
```

设置数据源的 SQL 标签代码如下：

```
<sql:setDataSource dataSource="dataSource"[var="name"][scope="page|request|session|application"]/>
```

或使用 JDBC 方式建立数据库连接：

```
<sql:setDataSource driver="driverClass" url="jdbcURL" user="username" password="pwd" [var="name"]
[scope="page|request|session|application"]/>
```

SQL 操作的 JSTL 标签包括<sql:query>、<sql:update>、<sql:param>、<sql:dateParam>和<sql:transaction>，通过它们可使用 SQL 语言操作数据库，实现增加、删除、修改等操作。

4．JSTL 和 EL 结合使用

EL 提供了一种简洁有效的方式来访问和操作对象。而 JSTL 则通过 EL 操作数据并按要求在表示层中展现，然而脱离了 EL 表达式 JSTL 就没有多大用了。

5.6　JavaBean 与模型层

根据 Sun 公司对于 JavaBean 的定义，JavaBean 是一个可重复使用的软件部件。因而 JavaBean 是描述 Java 的软件组件模型，是 Java 程序的一种组件结构，也是 Java 类的一种。所以说 JavaBean 本质上是一个 Java 类。如前所述，JavaBean 是有一些要求与规定的，能提供可复用的 Java 类。前面讲过 JavaBean 的应用案例就有以下两种类型。

第一种类型，只有属性声明和该属性对应的 setXXX 方法和 getXXX 方法，不包含业务逻辑（一般不建议），这种 JavaBean 可以简单地理解为"数据对象"。第二种类型，其内包含业务处理逻辑，用于处理特定的业务数据，一般使用第一种类型的"数据对象"（当然也可能不使用）。

本章出现了 JSP 页面与系统进行交互时的数据对象处理，如<jsp:useBean>标准动作、EL 表达式、JSTL 标签等，都对这个数据对象进行操作。但是这个数据对象不是普通的实体类，即要满足一定的规范要求，否则这些工具（EL 表达式、useBean 动作等）就会出错。这个规范要求其实就是该实体类是一个封装数据的 JavaBean。

另外，在第 4 章中对数据库处理共享代码的抽象与封装，形成了业务处理程序，也是通过 JavaBean 技术处理的。Java Web 程序开发中常出现这样具有复用性的单元。

人们常将业务处理程序以模型（MVC 设计模式中的 M，即 Model）的形式存放在模型层中，这些模型就是用 JavaBean 实现的。

5.6.1　JavaBean 与软件复用

如果每个软件项目的开发均从头开始，则其开发过程中必然存在大量的重复操作。软件复用的出发点就是软件项目在开发中不再采用一种"从零开始"的模式，而是以已有的工作为基础，充分利用过去项目中积累的资源，将开发的重点集中到项目的特有构成成分。这样，可以充分地利用已有的知识与开发成果，从而节约开发成本，大幅度提高软件开发效率。

在第 4 章介绍的例子中，就出现了大量的软件复用实例。如对任何数据库操作均需要一个数据库连接，而获取数据库连接的代码几乎都相同。如果将这些代码抽象出来放在一个类中（如用户管理、学生管理等均是类：dbutil.Dbconn.java），这样，在进行业务处理的编码过程中，只需进行业务处理的编码工作，最终需要进行数据库操作时，复用（调用）该类就可完成数据库操作。如果在同样的数据库开发与运行环境下，该类还可以继续复用。

又如，在根据用户号对用户进行查询时，在模型层设计了一个方法，即 User load(Integer id)，这样在程序中任何地方如果需要根据用户 id 来查询该用户的信息时，就调用这个方法，从而达到了软件复用的目的。

在软件开发过程中，软件复用无处不在，小到一个数据类型，大到一个软件的复用，等等。这里重点介绍基于 JavaBean 组件的软件复用。

5.6.2 Java 类与 JavaBean

在 JSP 编程时，如果一味地用纯脚本语言将表示层和业务处理层代码混在一起，则会造成修改的不方便，并且代码也不能重复利用。如果想修改一个地方，经常会牵涉许多行程序代码，采用组件技术后只要改组件就可以了。

1. Java 类与 JavaBean

Java 类确实是能够为用户创建可重用的对象，但它却没有管理这些对象相互作用的规则或标准。

Java 创造者当发表 Java 编程语言时，并没有意识到 Java 对软件开发将产生的巨大影响。随着 Web 技术的飞速发展及对交互性软件技术需求的增长，人们才开始意识到了 Java 的发展潜力，于是开始开发一些用于处理当前软件开发者所面临问题的 Java 相关技术。其中的一种专门为当前软件开发者设计的全新的组件技术，为软件开发者提供了一种极佳的问题解决方案与复用途径，这就是 JavaBean 技术，它是为了实现对综合软件组件技术的需求而开发的。

JavaBean 是一种用 Java 语言写成的可重用组件。为写成 JavaBean，类必须按照一定的编写规范，它通过提供符合一致性设计模式的公共方法将内部域成员属性暴露。换句话说，JavaBean 只是一个 Java 的类，要按一些规则来写，如必须类是公共的、有无参构造器，要求属性是 private 且需通过 setter/getter 方法取值等。按这些规则写了之后，这个 Java 类就是一个 JavaBean，它可以在程序里被方便复用，从而提高开发效率。

所以说，JavaBean 就是一种按照一定规范编写的 Java 类，通过这个规范编写的 Java 类能使通信速度快得多。

例如，前面章节的项目案例中的实体类 User.java 和 Student.java 均属于 JavaBean，它们在项目中被大量复用，并且一些视图层工具（如 EL 表达式、<JSP:userBean>动作、forEach 迭代标签等）只认这种标准的 Java 类（JavaBean），如果不按该规则编写就会出现语法错误。

虽然 JavaBean 和 Java 之间已经有了明确的界限，但在某些方面仍然存在混淆。

2. JavaBean 的技术要求

从前面的案例可以知道，作为 Java 类的 JavaBean，其要求如下：

（1）JavaBean 具有可以调用的方法；

（2）JavaBean 提供可读/写的属性；

（3）JavaBean 提供向外部发送的或从外部接收的方法。

有了这些规定，作为 Java 类的 JavaBean 在封装性、可复用性，以及被组装性等方面就有了巨大的提升，从而形成了一个专门的组件技术，即 JavaBean 技术。作为该组件技术的核心，JavaBean 的主要设计目标包括如下内容。

（1）紧凑而方便地创建和使用。

JavaBean 组件常需要在有限的带宽连接环境下进行传输，因此 JavaBean 组件必须设计得越紧凑越好；为了更好地创建和使用组件，则设计也应该越简单越好。另外，JavaBean 组件必须不仅容易使用，而且要便于开发，这样才可以使开发者不必花大量工夫在程序设计上。

JavaBean 组件大部分基于传统 Java 编程的类结构上，这对于那些能熟练地使用 Java 语言的开发者非常有利。同时也使 JavaBean 组件更加紧凑，因为 Java 语言在编程上吸收了以前的编程语言中的许多优点。

（2）完全的可移植性。

JavaBean 组件可以在任何环境和平台上使用，以满足各种交互式平台的需求。由于 JavaBean 是基于 Java 的，所以它可以很容易得到交互式平台的支持。JavaBean 组件不仅可以在不同的操作平台上运行，还包括在分布式网络环境中运行。

基于其可移植性特征，组件开发者就可以无须为在不同平台上支持的类库担心了。最终的结果都将是计算机界共享可重复使用的组件，并能在任何支持 Java 的系统中无须修改地运行。

（3）继承 Java 的强大功能。

现有的 Java 结构已经提供了多种易于应用于组件的功能，其中一个比较重要的是 Java 本身的内置类发现功能，它可以使对象在运行时彼此动态地交互作用，这样对象就可以从开发系统或其开发历史中独立出来。

对于 JavaBean 而言，由于它是基于 Java 语言的，也就自然地继承了这个对于组件技术而言非常重要的功能，而不再需要任何额外开销。

JavaBean 继承在现有 Java 功能中，还有一个重要的功能就是持久性，它能保存对象并获得对象的内部状态。通过 Java 提供的序列化（serialization）机制，持久性可以由 JavaBean 自动进行处理。当然，在需要的时候，开发者也可以自己建立定制的持久性方案。

（4）应用程序构造器支持。

JavaBean 体系结构支持指定设计环境属性和编辑机制以便于 JavaBean 组件的可视化编辑，这样开发者就可以使用可视化应用程序构造器无缝地组装和修改 JavaBean 组件，就像 Windows 平台上的可视化开发工具 VBX 或 OCX 控件处理组件一样。通过这种方法，开发者可以指定在开发环境中使用和操作组件的方法。

（5）分布式计算支持。

支持分布式计算虽然不是 JavaBean 体系结构中的核心元素，但也是 JavaBean 中的一个主要问题。JavaBean 使开发者可以在任何时候使用分布式计算机制，而不会增加额外负担。

JavaBean 通过指定定义对象之间交互作用的机制，以及大部分对象需要支持的常用行为，如持久性和实际处理等，建立需要的组件模型。总之，JavaBean 组件技术是一个优秀的模型层实现技术。

5.6.3　用 Eclipse 创建实体类的过程

封装数据的 JavaBean（实体类）要求类是公共的，并提供无参的公有的构造方法，要求属性为私有，并具有公共访问属性的 setter/getter 方法。

Eclipse 开发工具提供了实体类（封装数据的 JavaBean）的创建。下面通过对案例中 User.java 实体类的创建，介绍如何借助 Eclipse 创建实体类。首先，创建一个普通类，并定义其私有属性如图 5-10 所示。

其次，用鼠标右击编辑界面，在出现的快捷菜单中选择"Source"→"Generate Getters and Setters…"，如图 5-11 所示，则出现如图 5-12 所示的界面。

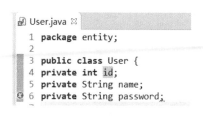

图 5-10　创建一个普通类及其私有属性

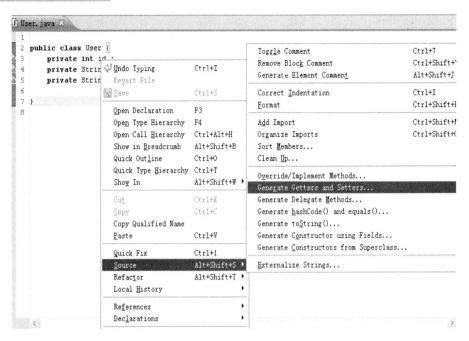

图 5-11　选择自动生成 getter/setter 方法

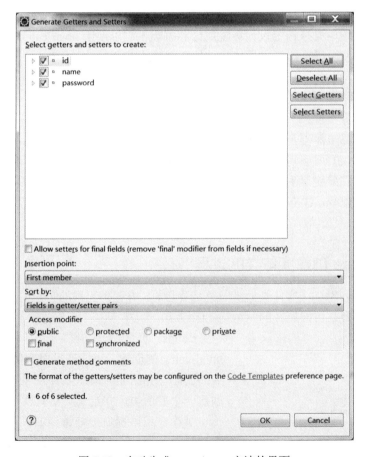

图 5-12　自动生成 getter/setter 方法的界面

在界面中勾选要生成的属性多选框，并设置方法为"public"（公有的），单击"OK"按钮，则自动生成实体类 User 各属性的 setter/getter 方法，如图 5-13 所示。

```java
1  package entity;
2
3  public class User {
4      public int getId() {
5          return id;
6      }
7      public void setId(int id) {
8          this.id = id;
9      }
10     public String getName() {
11         return name;
12     }
13     public void setName(String name) {
14         this.name = name;
15     }
16     public String getPassword() {
17         return password;
18     }
19     public void setPassword(String password) {
20         this.password = password;
21     }
22  private int id;
23  private String name;
24  private String password;
```

图 5-13　创建的实体类代码

借助 Eclipse 开发环境创建的实体类封装了用户的数据，并满足 JavaBean 的要求。只有满足这些要求的实体类，对 JSP 动作、EL、JSTL 进行标签才是合法的数据类，否则会操作不成功。

5.6.4　JavaBean 组件及其优势

1. 软件的组件化

就像传统的工业化发展到一定程度就会出现标准化生产及社会分工一样，一个产品可能由不同厂家根据标准化要求生产的零部件组装而成。软件的开发也可以像搭积木一样进行组装，这些组装的部件称为软件的组件（Software Component）。到目前为止，软件中间件的开发已经成为软件开发的一个软件产业，形成了庞大的软件组件市场与领域。

软件的组件化技术是在大工业生产启发下应运而生的，是软件技术跨世纪的一个发展趋势，其目的是彻底改变软件生产方式，从根本上提高软件生产的效率和质量，提高开发大型软件系统尤其是商用系统的成功率。有了软件组件之后，应用开发人员就可以利用现成的软件构件装配成适用于不同领域、功能各异的应用软件。复用软件一直是整个世界软件业所追求的梦想，软件组件化为实现这个梦想指出了一条切实可行的道路，而中间件正是构件化软件的一种形式。中间件抽象了典型的应用模式，应用软件制造者可以基于标准的形式进行开发，使软件构件化成为可能，加速了软件复用的进程。

中间件是软件技术发展的一种潮流，被誉为发展最快的软件品种，近年来势头强劲，当然，这也源于市场在全球范围内对中间件的支持。毫无疑问，中间件正在成为软件行业新的技术与经济增长点。

2. 基于 JavaBean 的软件组件

JSP 中为什么要采用组件化技术呢？因为单纯的 JSP 语言执行效率非常低，如果出现大量用户单击，纯脚本语言很快就会到达其功能上限了，而组件技术就能大幅度提高功能上限，加快执行速度。

JavaBean 被开发出来，其任务就是为了"一次性编写，可在任何地方执行，任何地方重用"。就是为了用 Java 技术解决困扰软件工业的日益增加的复杂性，即提供一个简单的、紧凑的和优秀的问题解决方案。

JavaBean 技术就是一种可复用的、平台独立的软件组件，开发者可以在软件构造器工具中直接进行可视化操作。JavaBean 可以是简单的图形用户界面要素，如按钮或滚动条；也可以是复杂的可视化软件组件，如数据库视图等。

一个 JavaBean 与一个 Java Applet 相似，都是一个非常简单的遵循某种严格协议的 Java 类，每个 JavaBean 的功能都可能不一样。

在使用 Java 编程时，并不是所有软件模块都需要转换成 JavaBean。JavaBean 比较适合于那些在表示层展现，或者某些具有可视化操作和定制特性的软件组件。JavaBean 可以看成是一个黑盒子，只需要知道其功能而不必了解其内部结构的软件设备，只需介绍和定义其外部特征和与其他部分的接口，可以忽略其内部的系统细节，从而有效地控制系统的整体性能，所以人们常将 JavaBean 技术用于开发模型层（Model）的处理。

小　结

介绍了简化 JSP 的策略，以及通过 JSP 标准动作、EL 表达式、JSTL 标准标签、JavaBean 等技术改进 JSP 程序的编码，提高 JSP 程序的可读性及简洁性，从而提高代码的可维护性。另外，介绍了用 JSP 标准动作、EL 表达式、JSTL 标准标签处理数据对象时的 JavaBean 的编写规范及编写过程。

JSP 标准动作代替 JSP 中用 Java 代码执行一些操作，即承担 JSP 执行的一些具体的基础性的功能，如创建对象、给对象属性赋值、获取对象中的属性值等。JSP 标准动作是 JSP 动态网页自身具有的功能元素，即不需要进行任何配置 JSP 服务器（如 Tomcat）就可以执行。

EL 表达式语言是 JSP 的一种表达式功能元素，它通常用于对象操作以简化 JSP 中对对象中数据的访问。EL 使用简单，能替代 JSP 页面中的复杂代码，是简化 JSP 编程的一个有效手段。

与 EL 表达式不同，如果需要在 JSP 中进行如逻辑判断的简化处理则需要使用 JSTL 标签。JSTL 可以实现 JSP 页面中的许多处理，它可提供一组标准标签，用于编写各种动态 JSP 页面，以及数据表示样式。JSTL 通常会与 EL 表达式合作实现 JSP 页面的编码。

正是由于 JSP 页面有 JSP 动作、EL 表达式语言、JSTL 标准标签等视图层技术，以及 JavaBean 模型层技术，使得 JSP 适合为表示层技术进行大型软件的开发。

读者可以通过对前面章节案例的程序代码进行改造，更容易掌握这些技术的要点及应用。在后续章节的程序编写中可以看到，这些技术的大量应用确实能起到简化与加快 JSP 编码的目的。

习　题

一、选择题

1. 以下（　　）不是 JSP 程序的不足。

（A）不安全　　　　　　　　（B）难维护　　　　　（C）不利于分工　　　　（D）利于修改

2. 以下（　　）不是优化 JSP 编码的策略。

（A）使用 JSP 小脚本　　　　　　　　　　（B）使用 JSP 动作

（C）使用 JSP 标签　　　　　　　　　　　（D）使用 JavaBean

3. JavaBean 能简化 JSP 程序的代码，以下说法错误的是（　　）。

（A）封装了大量 Java 代码　　　　　　　　（B）可重用 Java 代码

（C）可实现数据的共享　　　　　　　　　　（D）不利于分层的实现

4. 关于 JSP 标准动作简化 JSP 编码的原因，以下说法（　　）是不正确的。

（A）将一段需程序处理的功能通过一个 JSP 动作完成

（B）用一个类似 HTML 标记完成一个功能

（C）一个 JSP 动作可代替一段代码

（D）JSP 动作可代表一个数据表达式

5. EL 表达式中不可以是（　　）。

（A）一个变量　　　　　　　　　　　　　　（B）一个对象的方法

（C）一个对象的属性　　　　　　　　　　　（D）一个对象

6. （　　）不是 JSTL 标签类型。

（A）通用标签　　　　　（B）条件标签　　　　（C）迭代标签　　　　（D）以上全不是

7. JSP 元素中，下列（　　）可以不用写 Java 代码就可以实现数据对象中数据的显示。

（A）JSP 小脚本　　　　（B）EL 表达式　　　（C）迭代标签　　　（D）useBean 动作

二、判断题

1. JSP 页面中使用 EL 表达式，则不需要使用 Java 代码就能访问数据对象中的数据。（　　）

2. JSP 标准动作是指 JSP 执行的那些基础性功能的动作指令。（　　）

3. 使用 JSTL 标准标签，可实现如创建对象、给对象属性赋值、获取对象中的属性值等操作。（　　）

4. JSP 标准动作、EL 表达式不需要任何定义就可以直接在 JSP 文件中使用。（　　）

5. 使用 JSTL 标准标签需要添加 JSTL 支持包，并要定义 JSTL 标签的前缀才能正常使用。（　　）

6. 在 JSP 程序中，将一个数据类实例化为一个对象，必须使用一个 new 语句。（　　）

7. 使用 JSP 动作、EL 表达式、JSTL 标签等技术，在 JSP 文件中可以不用 Java 程序代码来实现任何面向对象网页编程。（　　）

三、简答题

1. JSP 程序有什么优点与缺点？JSP 采取哪些措施简化界面代码的编写？

2. JSP 标准动作与 EL 表达式有什么作用？它们各有什么优势？

3. <jsp:useBean>标准动作对访问的数据对象有什么要求？.

4．JSTL 有什么含义？请分别介绍 JSTL 标准标签的作用及用法。

综合实训

实训 1　通过 JSP 条件标签及标准动作，实现用户信息的验证，如果用户输入的用户名与密码均正确，则显示欢迎界面，否则显示非法用户信息。

实训 2　根据第 4 章实训 2 中实现的代码，在数据库中查询仓库货物信息，通过 JSTL 标准标签列表显示所有货物的信息。

实训 3　根据第 4 章实训 3 中实现的代码，用 JSP 标准动作、EL 表达式、JSTL 标准标签对其进行改造，实现相同的对货物清单数据的增加、删除、修改、查询操作。

第6章

Java Servlet 技术与MVC
控制器的实现

Java Servlet 是 JSP 作为 Web 开发技术的基础，且 JSP 是基于 Servlet 技术发展起来的。另外，用户可以对 Java Servlet 进行编码以扩展服务器的功能。Java Servlet 既有 Java 类的优点，又能在服务器端运行并与客户端进行交互。所以，Java Servlet 常作为 Web 程序的流程控制部件，用以开发 Web 应用程序的控制器。

本章介绍了 Java Servlet 的概念、特点、原理与运行机制，并介绍了 Java Servlet 的创建、配置与运行，以及 Java Servlet 作为控制器的作用与实现。本章的案例是将前面出现过的程序控制部分用 Java Servlet 控制器代替，从而将控制层从程序代码中分离出来，使得 Web 应用程序中的 MVC 结构更加清晰。

6.1 Servlet 概念

Java Servlet（以下简称 Servlet）未有相应的中文译名。Servlet 被定义为是在服务器上运行的 Java 小程序。

前面已经接触过 Servlet，当编写 JSP 程序使其在服务器端运行时，就需要 Servlet 技术的支持。Web 服务器将 JSP 程序转换成一个在服务器端运行的 Java 类，它具有"JSP 网页"相同的功能，即相当于该网页。另外，它又是一个 Java 类，该类能通过网络在服务器上运行，并以"响应"的形式将运行结果在客户端浏览器中显示。

6.1.1 用 Eclipse 创建 Servlet 并运行

本节通过用 Eclipse 创建一个 Servlet 并运行，让读者了解 Servlet 的开发与运行过程，并初步了解 Servlet 具有"动态网页"的特点。

|案例分享|

【例6-1】 创建第一个Scrvlet，并编码和运行。

1. 创建 Servlet 的步骤

下面介绍在 Eclipse 中创建 Servlet 的步骤。

（1）在 Eclipse 中创建一个动态 Web 项目。打开 Eclipse，选择工具栏上的 File→New→Dynamic Web Project 创建一个动态 Web 工程项目，如图 6-1 所示。

图 6-1　创建动态 Web 工程项目对话框

在动态 Web 工程（Dynamic Web Project）界面中，输入项目名称（Project name）为 chapt6。选择 Dynamic web module version 为 3.0 版本以下，这里选择为 2.5 版本。

注意：在创建该动态 Web 工程时要选择创建 web.xml 配置文件。

为什么要进行以上的选择呢？因为一个 Servlet 需要在配置文件 web.xml 中进行配置才能运行，其 2.5 版本的动态 Web 模块版本支持 Servlet 的自动配置。本书介绍用 web.xml 进行 Servlet 开发技术。

创建 chapt6 工程后，WebContent 的 WEB-INF 文件夹下有一个 web.xml 文件，其内容如下：

```
<?xml version="1.0" encoding="UTF-8"?>
<web-app xmlns:xsi="http://www.w3.org/2001/XMLSchema-instance" xmlns="http://java.sun.com/xml/ns/Java
EE" xsi:schemaLocation="http://java.sun.com/xml/ns/Java EE http://java.sun.com/xml/ns/Java EE/web-app_2_5.xsd"
id="WebApp_ID" version="2.5">
    <display-name>chapt6</display-name>
    <welcome-file-list>
```

```
    <welcome-file>index.html</welcome-file>
    <welcome-file>index.htm</welcome-file>
    <welcome-file>index.jsp</welcome-file>
    <welcome-file>default.html</welcome-file>
    <welcome-file>default.htm</welcome-file>
    <welcome-file>default.jsp</welcome-file>
  </welcome-file-list>
</web-app>
```

上述 web.xml 文件的内容是动态 Web 项目创建后的初始内容。下面介绍创建一个 Servlet，而且系统会在这个 web.xml 文件中自动加入其配置信息。

（2）创建一个 Servlet 类。需要在 src 目录下创建 java 包，并在包下创建一个 Java 类（Servlet），其操作菜单选择如图 6-2 所示。

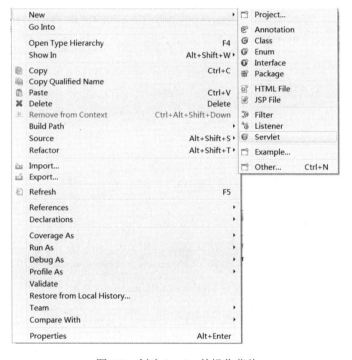

图 6-2　创建 Servlet 的操作菜单

单击工具栏上的 File→New→Servlet 创建一个 Servlet，出现如图 6-3 所示的创建 Servlet 界面。

（3）创建与配置 Servlet。先选择工程名与类所在的位置，然后填写包名"myservletpackage"与类名"MyServlet"。该 Servlet 是一个类，它要继承(extends)javax.Servlet.http 下的 HttpServlet 类。

单击"Next"按钮，出现如图 6-4 所示的配置界面。

配置 Servlet 的 URL mappings 等信息后，有了 URL mapping 用户就可以通过它运行 Servlet 了。其实 URL mapping 就是网页地址，也可以认为每个 Servlet 都是一个动态网页。通过单击"Edit"按钮可以修改该 URL mapping，最后单击"Next"按钮进入创建 Servlet 方法的操作界面，如图 6-5 所示。

图 6-3 创建 Servlet 界面

图 6-4 配置 Servlet 的 URL mappings 界面

图 6-5 选择 Servlet 要创建的方法

选择要创建的方法（只选择 doGet 方法），单击"Finish"按钮，即可完成 Servlet 的创建。这时再看 WEB-INF 文件夹下的 web.xml 文件，发现其内容发生了变化，增加的 Servlet 配置信息如下。

```
<Servlet>
    <description></description>
    <display-name>MyServlet</display-name>
    <Servlet-name>MyServlet</Servlet-name>
    <Servlet-class>myServletpackage.MyServlet</Servlet-class>
</Servlet>
<Servlet-mapping>
    <Servlet-name>MyServlet</Servlet-name>
    <url-pattern>/MyServlet</url-pattern>
</Servlet-mapping>
```

上述 web.xml 的代码中配置了 Servlet 的信息，包括 Servlet 对应的类名（如 myServletpackage. MyServlet）与 URL（如 /MyServlet）等信息。创建 Servlet 后就可以编写 Java 代码从而实现 Servlet 的应用功能了。

2. 对 Servlet 进行编码并运行

通过上述步骤，Eclipse 已经自动创建了一个类文件 myServletpackage.MyServlet.java，它的内容如图 6-6 所示。

```
x web.xml        *MyServlet.java ⊠
  2
  3⊕ import java.io.IOException;
  9
 10⊕ /**
 11    * Servlet implementation class MyServlet
 12    */
 13  public class MyServlet extends HttpServlet {
 14      private static final long serialVersionUID = 1L;
 15
 16⊕     /**
 17       * @see HttpServlet#HttpServlet()
 18       */
 19⊕     public MyServlet() {
 20          super();
 21          // TODO Auto-generated constructor stub
 22      }
 23
 24⊕     /**
 25       * @see HttpServlet#doGet(HttpServletRequest request, HttpServletResponse
 26       *      response)
 27       */
 28⊕     protected void doGet(HttpServletRequest request, HttpServletResponse response)
 29          throws ServletException, IOException {
 30          // TODO Auto-generated method stub
 31          response.getWriter().append("Served at: ").append(request.getContextPath());
 32
 33      }
 34
 35  }
```

图 6-6　自动创建的 MyServlet.java 的程序代码

重写 MyServlet.java 程序中的 doGet 方法或 doPost 方法实现对 Servlet 的编码。

在 Servlet 开发中，方法 doGet 和 doPost 可分别处理方法 GET 和 POST。GET 方法用于获取服务器信息，并将其作为响应返回给客户端。一般可在 doGet 方法中直接调用 doPost 方法，并在 doPost 方法中重写用户代码。

这里只生成与重写 doGet 方法，该语句如下：

response.getWriter().append("
Hello，this is my first Servlet!");

完成编码并保存后，即可运行该 Servlet。

运行时，先在 Tomcat 中部署项目 chapt6，并启动 Tomcat，然后在浏览器地址栏中输入 URL 地址（服务器 ip+端口+项目名称+Servlet URL）。

http://localhost:8080/chapt6/MyServlet

在浏览器中的运行效果，如图 6-7 所示。

图 6-7　Servlet 的运行效果

MyServlet 显示了用户输入的信息，说明该 Servlet 成功运行了。图中所示的信息是用 response.getWriter().append("显示信息")在浏览器中显示出来的，其实 Servlet 的作用重点不是在浏览器中显示信息，而是在于它不但有动态网页的特征，还能编写 Java 程序，具有 Java 程序的所有特点。

注意：若要 Servlet 能在浏览器中显示汉字信息，则需要在 doGet 方法的第一条语句中加入下面语句，否则显示的汉字是乱码。

response.setContentType("text/html;charset=utf-8");

上面介绍了一个 Servlet 的创建过程及其运行，Servlet 既是 Java 类，也是一个动态网页。

6.1.2　Servlet 的特点

Servlet 是用 Java 编写的服务器端程序，其主要功能在于交互式地浏览和修改数据，生成动态 Web 内容。狭义的 Servlet 是指 Java 语言实现的一个接口，广义的 Servlet 是指任何实现了这个 Servlet 接口的类，一般情况下，人们将 Servlet 理解为后者。

Servlet 运行于支持 Java 的应用服务器中。从实现上讲，Servlet 可以响应任何类型的请求，但绝大多数情况下 Servlet 只用来扩展基于 HTTP 的 Web 服务器。

通过创建与运行一个 Servlet，可以看到其特征如下：

➢ Servlet 是一个动态网页，它在 Web 服务器上运行，有自己的 URL；

➢ Servlet 是一个 Java 类，它负责在服务器端进行处理，并与客户端进行交互。

Servlet 负责接受客户的请求，在服务器上运行，并将运行的结果返回客户端浏览器，可以通过 out.print("HTML 格式或内容")的形式在浏览器上展示出来。

由于 Servlet 是一个在网络服务器上运行的 Java 类，因此具有 Java 的所有特点，同时它又可以生成动态 Web 网页。那么与传统的 CGI 相比 Servlet 具有高效率、容易使用、功能强大、可移植性好、节省投资的特点。在未来的技术发展过程中，Servlet 将是 CGI 发展的主流。

1）高效率

在传统的 CGI 中，每个请求都要启动一个新的进程，如果 CGI 程序本身的执行时间较短，启动进程所需要的开销很可能会超过实际执行时间。而在 Servlet 中只要被载入就会驻留内存，因而具有更高的效率。

2）容易使用

Servlet 提供了大量的实用工具例程，如自动地解析和解码 HTML 表单数据、读取和设置 HTTP 头、处理 Cookie、跟踪会话状态等。

3）功能强大

在 Servlet 中，许多使用传统 CGI 程序很难完成的任务都可以轻松地完成。例如，Servlet 能直接和 Web 服务器交互，还能在各个程序之间共享数据，使数据库连接池之类的功能很容易实现。

4）可移植性好

Servlet 是使用 Java 编写的，具有 Java 的可移植性特点。由于 ServletAPI 具有完善的标准，因此，编写的 Servlet 无须任何实质上的改动即可移植到 Apache、MicrosoftIIS 或 WebStar 等其他服务器上。几乎所有的主流服务器都可以直接或通过插件支持 Servlet。

5）节省投资

Servlet 有许多廉价甚至免费的 Web 服务器可供个人或小规模网站使用，而且对于现有不支持 Servlet 的服务器，要加上这部分功能也往往是免费的（或只需要极少的费用）。

Servlet 作为一个服务器端的 Java 类，一般可以不需要有自己的界面，且适应于逻辑的处理及各层之间的控制。

6.2 Servlet 工作原理与应用

我们已经初步见识过 Servlet，也能开发 Servlet 了。但 Servlet 是如何工作，以及该如何应用它呢？

6.2.1 Servlet 与 JSP 的关系

Sun 公司设计的 Servlet 功能比较强劲，体系设计也很先进，只是它作为 Web 程序输入 HTML 语句还是采用了老的 CGI 方式，是一句一句输入的，所以，编写和修改 HTML 非常不方便。

后来 Sun 公司推出了 JSP，把 JSP tag 嵌套到 HTML 语句中，这样就可大大简化和方便网页的设计和修改。JSP 是一种实现普通静态 HTML 和动态 HTML 混合编码的技术。

JSP 是 HttpServlet 的扩展。由于 HttpServlet 大多用来响应 HTTP 请求，并返回 Web 页面（如 HTML、XML），所以在编写 Servlet 时会涉及大量的 HTML 内容，这给 Servlet 的编写效率和可读性带来很大障碍，JSP 便是在这个基础上产生的。它的功能是使用 HTML 的编写格式，在适当的地方加入 Java 代码片断，将程序员从复杂的 HTML 中解放出来，更专注于 Servlet 本身的内容。

在 JSP 中编写静态 HTML 更加方便，不必再用 println 语句来输入每一行的 HTML 代码。

更重要的是，借助内容和外观的分离，页面制作中不同性质的任务可以分开操作，如由页面设计者进行 HTML 设计，同时留出供 Java Servlet 程序员插入动态内容的位置。

其实，JSP 的实质仍然是 Scrvlet。JSP 在首次访问时会被应用服务器转换为 Servlet，在以后的运行中，容器会直接调用这个 Servlet 而不再访问 JSP 页面。

6.2.2　Servlet 的工作原理

Servlet 的主要功能在于交互式地浏览和修改数据，生成动态 Web 内容。这个过程如下：

（1）客户端发送请求至服务器端；

（2）服务器启动与调用 Servlet，并将上述请求信息发送至该 Servlet；

（3）Servlet 根据客户端请求生成响应内容，并将其传给服务器。响应内容动态生成，其内容通常取决于客户端的请求；

（4）服务器将响应返回给客户端。

一个 Servlet 就是 Java 编程语言中的一个类，但它导入特定的属于 Java ServletAPI 的支持包。由于是对象字节码，所以可以动态地从网络中加载。虽然 Servlet 运行于服务器中，但并不需要一个图形用户界面。

实际上，Servlet 是继承了 HttpServlet 的 Java 类。而 JSP 最终会被翻译成 Servlet 并编译运行，主要作用是方便表示层；Servlet 则被用来扩展服务器的性能，服务器上驻留着可以通过"请求-响应"编程模型来访问的应用程序。虽然 Servlet 可以对任何类型的请求产生响应，但通常只用来扩展 Web 服务器的应用程序。

6.2.3　Servlet 的工作模式

Servlet 先被部署在应用服务器（用于管理 Java 组件的部分称为 Servlet 容器）中，再由容器控制 Servlet 的生命周期。Servlet 在服务器中的运行过程：加载→初始化→调用→销毁。

Servlet 的生命周期在"初始化"后开始，并在"销毁"后结束。

Servlet 只会在第一次请求的时候被加载和实例化。无论是第一次加载还是已经加载后的 Servlet，其执行工作模式的步骤如下：

（1）客户端发送请求至服务器；

（2）服务器启动并调用 Servlet，Servlet 可根据客户端请求生成响应内容，并将其传给服务器；

（3）服务器将响应返回客户端。

Servlet 一旦被加载就不会从容器中删除，直至应用服务器关闭或重新启动。但当容器做内存回收操作时，Servlet 有可能被删除。也正是因为这个原因，第一次访问 Servlet 所用的时间要多于以后访问所用的时间。

通用 Servlet 由 javax.Servlet.GenericServlet 实现 Servlet 接口。程序设计人员可以使用或继承这个类来实现通用 Servlet 应用。

javax.Servlet.http.HttpServlet 实现了专门用于响应 HTTP 请求的 Servlet，提供了响应请求的 doGet()方法和 doPost()方法。在 HTML/JSP 的 form 表单中提交数据有两种方法：GET 和 POST，所以 doGet()方法和 doPost()方法对应的是这两种提交方法。在安全性要求比较高时，一般采取 POST 方法，因为通过 POST 方法提交的数据在地址栏中是不可见的，而 GET 方法则为可见。

6.2.4　Servlet 的生命周期

Servlet 作为一个驻留在服务器端运行的程序，从创建到处理直到销毁的过程，便构成了其生命周期。Servlet 的生命周期包括实例化、初始化、服务和销毁 4 个阶段，如表 6-1 和图 6-8 所示。

表 6-1　Servlet 生命周期的 4 个阶段

阶　　段	工　作　内　容
实例化	创建 Servlet 实例
初始化	调用 init()方法
服务	调用 service()方法
销毁	调用 destroy()方法

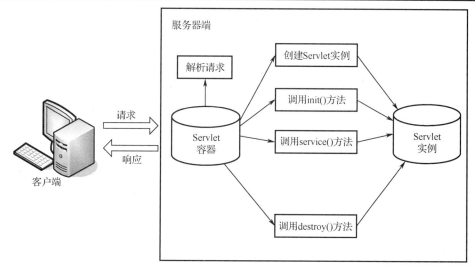

图 6-8　Servlet 的生命周期

1. 实例化

Servlet 容器负责加载和实例化 Servlet。当客户端发送一个请求时，Servlet 会进行分析，查看该 Servlet 实例是否存在，如果不存在则创建一个 Servlet 实例。否则直接从内容中取出该实例来响应请求。

Servlet 容器就是 Servlet 引擎，它是 Web 服务器的一部分，用于在发送请求和响应之间提供网络服务。这里可以把 Servlet 容器理解为是 Tomcat 的一个部分。

2. 初始化

Servlet 容器加载 Servlet 后，会对它进行初始化；同时创建一个"请求"对象和一个"响应"对象，分别处理客户端请求和响应客户端请求。初始化 Servlet 时，可以设置如数据库连接参数、建立 JDBC 连接，或者建立对其他资源的引用。在初始化时 Server 调用 Servlet 的 init()方法。

3. 服务

Servlet 被初始化后就处于能响应用户请求的"就绪"状态。每一个对 Servlet 的请求都对应一个 Servlet Request 对象，而对用户的响应则对应一个 Servlet Response 对象。当客户端有一个请求时，Servlet 容器将 Servlet Request 对象和 Servlet Response 对象都转发给 Servlet，这两个对象以参数的形式传给 service()方法。service()方法将对客户端的请求方法进行判断，如果是 GET 方法提交的，则调用 doGet()方法处理请求。如果是 POST 方法提交的，则调用 doPost()方法处理请求。

service()方法除激活 doGet()方法或 doPost()方法的处理请求外，还可以是程序员自己开发的新方法。

对于更多的客户端请求，Servlet 容器将创建新的请求和响应对象，仍然激活此 Servlet 的 service()方法，将这两个对象作为参数传递给它。如此重复以上的循环，但无须再次调用 init()方法。

4. 销毁

Servlet 的实例是由 Servlet 容器创建的，所以该实例的销毁也是由 Servlet 容器来完成的。当 Servlet 容器不再需要该 Servlet（服务器关闭或回收资源）时，Servlet 容器将调用 Servlet 的 destroy()方法以销毁该 Servlet 实例，释放其所占用的任何资源。destroy()方法将指明哪些资源可以被系统回收，而不是由 destroy()方法直接回收。

6.2.5 Servlet 生命周期的演示

下面通过程序演示一个 Servlet 生命周期的过程。先创建一个 Servlet，选择生成方法 init()、doGet()和 destroy()，并分别在这些方法中编写代码显示一个字符串，然后运行该 Servlet 就可以跟踪其执行过程了。

案例分享

【例 6-2】 编写 Servlet 程序来演示 Servlet 运行的生命周期过程。

创建一个 Servlet，其代码如下：

```java
package mypack;
import java.io.IOException;
import javax.Servlet.ServletConfig;
import javax.Servlet.ServletException;
import javax.Servlet.http.HttpServlet;
import javax.Servlet.http.HttpServletRequest;
import javax.Servlet.http.HttpServletResponse;
public class ServletLife extends HttpServlet {
    private static final long serialVersionUID = 1L;

    public ServletLife() {
        super();
        //TODO Auto-generated constructor stub
    }
    public void init(ServletConfig config) throws ServletException {
        //TODO Auto-generated method stub
        System.out.println("初始化, init()方法被调用!");
    }
    public void destroy() {
```

```
                //TODO Auto-generated method stub
                System.out.println("释放资源,destroy()方法被调用!");
        }
    protected void doGet(HttpServletRequest request, HttpServletResponse response) throws ServletException,
IOException {
                //TODO Auto-generated method stub
                response.getWriter().append("Served at: ").append(request.getContextPath());
                System.out.println("处理请求,doGet()方法被调用!");
        }
    }
```

该 Servlet 文件名为 ServletLife.java，为了操作简单删除了一些代码，只显示方法 init()、doGet()和 destroy()的定义，以及被调用的字符串。doGet()方法在"服务"时调用。

在 web.xml 中对该 Servlet 进行了自动配置，其配置代码如下：

```
        <?xml version="1.0" encoding="UTF-8"?>
        <web-app xmlns:xsi="http://www.w3.org/2001/XMLSchema-instance" xmlns="http://java.sun.com/xml/ns/Java
EE" xsi:schemaLocation="http://java.sun.com/xml/ns/Java EE http://java.sun.com/xml/ns/Java EE/web-app_2_5.xsd"
id="WebApp_ID" version="2.5">
          <display-name>chapt6</display-name>
          <Servlet>
            <description></description>
            <display-name>ServletLife</display-name>
            <Servlet-name>ServletLife</Servlet-name>
            <Servlet-class>mypack.ServletLife</Servlet-class>
          </Servlet>
          <Servlet-mapping>
            <Servlet-name>ServletLife</Servlet-name>
            <url-pattern>/ServletLife</url-pattern>
          </Servlet-mapping>
        </web-app>
```

上述代码中配置 Servlet 为 mypack.ServletLife.java，其 URL 为"/ServletLife"。部署项目 chapt6、启动 Tomcat 服务器，并在浏览器的地址栏中输入 URL 地址：

```
http://localhost:8080/chapt6/ServletLife
```

在 Eclipse 控制台中显示了 Servlet 启动时运行生命周期中方法执行的次序，如图 6-9 所示。首先 Servlet 进行实例化后，便调用 init()方法进行初始化；又由于该 Servlet 的执行所以调用了 doGet()方法。

如果 Servlet 销毁（重新部署项目等操作触发其销毁），则执行 destroy()方法，如图 6-10 所示。

```
信息: Server startup in 23365 ms
初始化, init()方法被调用!
处理请求, doGet()方法被调用!
```

```
释放资源,destroy()方法被调用!
```

图 6-9 Servlet 运行时显示的生命周期 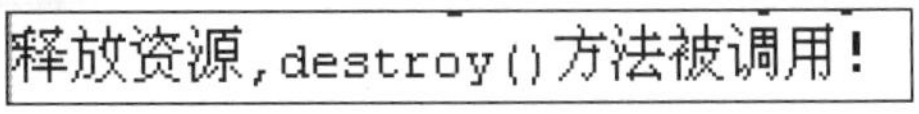　　　　　图 6-10 Servlet 销毁时的显示

说明 destroy()方法已运行，即 destroy()方法是 Servlet 销毁时被触发运行的。本节演示程序的运行结果说明了 Servlet 生命周期的过程。

6.2.6　Servlet 作为控制器的应用

上面已经介绍过 Servlet 的特点，它既能通过 Web 服务器处理与客户端"请求-响应"，也是一个 Java 类，可以灵活编写 Java 程序代码；由于它在服务器端运行，没有自己的操作界面。那么 Servlet 机制适合应用在软件开发的哪方面呢？

编写软件的一个"模块"代码时，可以将所有代码放到一个程序文件中，也可以将它们分成具有耦合关系的几个部分，通过协同工作来完成该模块的功能。通常一个模块可分为操作界面部分和逻辑处理部分，以及使这两部分成为一个整体的控制处理部分。

Java 进行 Web 软件开发时，界面部分可以由 JSP 开发，逻辑处理部分可以由 Java 类完成，协调这两部分的工作，以及通过网络进行客户端与服务器的交互等，这些任务就是"控制"部分。"控制"部分接受界面的请求、数据，然后传递到服务器端的逻辑处理部分进行处理，并将获取的处理结果再传递到界面，这个处理过程称为"控制逻辑"，可封装到一个部件中来完成，这个部件就称为"控制器"。

Servlet 的特点适合作为 Java Web 开发的"控制器"，其控制逻辑代码可放到服务（service()方法）中的 doGet()方法或 doPost()方法中。

Servlet 作为控制器，可以完成的操作如下：

（1）从 Request 对象中获取界面中传递的参数；

（2）调用逻辑处理部件，并获取操作结果；

（3）通过 Response 对象返回结果到界面，或跳转到某界面。

Servlet 可作为使用 Java 语言进行 Web 开发的桥梁，Servlet 控制器主要包括上述内容的处理代码。

6.3　Servlet 作为控制器的程序实现

下面我们先不用 Servlet 实现用户登录程序，而是通过 Servlet 改造该程序的控制部分实现相同的功能。通过比较来了解 Servlet 作为控制器的应用。

6.3.1　不用 Servlet 实现用户登录程序

先实现一个"用户登录"的程序，该程序的实现包括如下 3 个程序：

➢ 登录界面程序：inputview.jsp；

➢ 登录成功显示程序：successview.jsp；

➢ 用户判断并控制界面跳转程序：control.jsp。

在这个案例中体现了软件的分层开发思想。它作为界面的"视图"部分是 inputview.jsp，可提供登录操作及数据输入接口。它作为用户密码验证，又是一个逻辑处理，由于这个例子非常简单，所以可将其代码直接放在 control.jsp 中。如果验证过程非常复杂，则需要专门的一个类（模型）来处理，获取"视图"数据，调用"模型"进行处理，并根据处理的结果进行界面跳转等，则是"控制器"的作用。

在该例子中，control.jsp 充当了"控制器"的作用。它先验证用户名与密码，然后根据验证的结果（合法或非法）分别跳转到不同的操作界面，其用户验证代码<% java 代码段%>如下：

```
<%          request.setCharacterEncoding("GBK");
            String name = request.getParameter("username");
            String pwd = request.getParameter("pwd");
            if(name.equals("admin")&& pwd.equals("admin")){
                response.sendRedirect("successview.jsp");       }
            else response.sendRedirect("inputview.jsp");
%>
```

该代码的控制逻辑为验证用户名与密码，如果都正确，则跳转到欢迎界面（successview.jsp），否则跳转到登录界面（inputview.jsp）重新输入。下面修改该案例，使其用 Servlet 作为控制器实现用户验证与界面跳转。

运行该程序，部署项目并启动 Tomcat 服务器，在浏览器地址栏中输入地址：

http://localhost:8080/chapt6/inputview.jsp

运行结果（见图 6-12）。下面演示在功能不变的情况下，用 Servlet 作为控制器的程序实现。

6.3.2　Servlet 控制器在用户登录程序中的实现

│案例分享│

【例 6-3】 用 Servlet 作为控制器，编写程序实现用户登录程序的跳转。

1. Servlet 控制器实现思路

修改用户登录程序使其以 Servlet 作为控制器。修改思路：保留整个项目结构，以及 inputview.jsp、successview.jsp 两个界面文件；创建一个 Servlet，配置其 URL，并将上述<% %> 中的用户验证代码放到 doGet()方法中。再修改登录界面 inputview.jsp 的<form>表单中的action，即将：

<form name="form1" method="get" action="control.jsp">

改为：

<form name="form1" method="get" action="Servlet 控制器的 url">

修改成功后，部署运行即可。

2. 控制器实现过程

复用上面项目的部分代码，创建 Servlet 作为控制器，实现登录功能，其步骤如下：

（1）创建一个 Web 项目，如 chapt6；

（2）复用 inputview.jsp、successview.jsp 代码，直接将其复制到项目的 WebRoot 中；

（3）在 src 中创建一个存放 Servlet 的包，取名为 mypack；

（4）在包 mypack 中创建一个 Servlet，其创建过程见本章前面所述。由于原 inputview.jsp 中 "<form name="form1" method=get action="control.jsp">" 的 method=get，所以选择使用 doGet() 方法。另外，在创建 Servlet 的配置中，选择 Servlet 对应的 URL:/MyServletControl。

创建的 Servlet 类是一个 Java 文件：mypack.MyServletControl.java，并且在 web.xml 中自动进行了配置。Servlet 程序 MyServletControl.java 代码清单如下：

```
package mypack;
import java.io.IOException;
import javax.Servlet.ServletException;
import javax.Servlet.http.HttpServlet;
import javax.Servlet.http.HttpServletRequest;
import javax.Servlet.http.HttpServletResponse;
public class MyServletControl extends HttpServlet {
    private static final long serialVersionUID = 1L;
    public MyServletControl() {
        super();
        //TODO Auto-generated constructor stub
    }
    protected void doGet(HttpServletRequest request, HttpServletResponse response) throws ServletException,
IOException {
            request.setCharacterEncoding("GBK");
            String name = request.getParameter("username");
            String pwd = request.getParameter("pwd");
            if(name.equals("admin")&& pwd.equals("admin")){
                    response.sendRedirect("successview.jsp");
            }
            else response.sendRedirect("inputview.jsp");
    }
}
```

为了代码简洁删除了一些不必要的注释。该代码是自动生成的，只需将<% %>中判断处理的代码复制至 doGet()方法内即可。

注意在 Servlet 中汉字信息乱码问题的解决。上述 Servlet 的程序代码中语句：

```
request.setCharacterEncoding("GBK");
```

就是为了解决汉字乱码问题，也可以通过添加下列语句进行解决：

```
name=new String(name.getBytes("ISO-8859-1"),"GB2312");
```

web.xml 代码清单：

```
<?xml version="1.0" encoding="UTF-8"?>
<web-app xmlns:xsi="http://www.w3.org/2001/XMLSchema-instance" xmlns="http://java.sun.com/xml/ns/Java
EE" xsi:schemaLocation="http://java.sun.com/xml/ns/Java EE http://java.sun.com/xml/ns/Java EE/web-app_2_5.xsd"
id="WebApp_ID" version="2.5">
    <display-name>chapt6</display-name>
      <Servlet>
      <description></description>
      <display-name>MyServletControl</display-name>
      <Servlet-name>MyServletControl</Servlet-name>
      <Servlet-class>mypack.MyServletControl</Servlet-class>
    </Servlet>
    <Servlet-mapping>
      <Servlet-name>MyServletControl</Servlet-name>
      <url-pattern>/MyServletControl</url-pattern>
```

</Servlet-mapping>
</web-app>

该web.xml中的代码也是自动生成的,其指明对应的Servlet类为mypack.MyServletControl。其中 MyServletControl 是前面设置的 URL,用它代替 inputview.jsp 中的 action=" ",即 inputview.jsp 相应代码改为:

<form name="form1" method="get" action="MyServletControl">

至此,Servlet 创建成功已可以运行了,其项目结构如图 6-11 所示。

图 6-11　项目结构

3. 部署运行

部署项目 chapt6,并启动 Tomcat 服务器后,在浏览器中输入:

http://localhost:8080/chapt6/inputview.jsp

项目运行结果如图 6-12 所示。

（a）输入信息界面

（b）验证正确的显示界面

图 6-12　项目运行结果

从项目的开发与运行结果可以看出,Servlet 代替了原来项目的控制部分。这里,用一个 Servlet 的处理,代替项目中某个功能模块的控制,这些功能包括接收用户请求信息后进行逻辑处理,并返回相应的界面进行显示。这就是"控制器"的作用。

6.4 Servlet 控制器在数据库应用程序开发中的实现

在第 4 章介绍了通过 JSP 程序实现对数据库的操作，如列表显示数据库中的数据记录。本节先回顾用 JSP 程序编码实现数据库表 user 信息的列表显示，然后通过 Servlet 控制器改造该程序实现相同的功能。

6.4.1 不用 Servlet 实现用户信息的列表显示

回顾第 4 章对数据库的应用，用户信息进行列表显示的实现（见图 4.7），其项目的组成为：

➢ entity 包中存放用户实体类：user.java；
➢ dbutil 包中存放数据库处理类：Dbconn.java；
➢ model 包中存放获取用户信息的模型类：Model.java；
➢ WebContent 中存放列表显示用户信息的 JSP 文件：listUsers.jsp。

其中，在 listUsers.jsp 中，不但有显示数据的代码，还有模型（Model）实例化与访问等 Java 代码段。显示用户信息的 Java 代码段如下：

```
<body>
    <%
        Model model=new Model();
        List<User> list=model.userSelect();
    %>
        显示数据库中所有用户：
        <table border="1">
            <%  for(int i=0;i<list.size();i++){        %>
                <tr>
                    <td> <%=list.get(i).getId()%></td>
                    <td> <%=list.get(i).getName() %></td>
                    <td> <%=list.get(i).getPassword() %></td>
                </tr>
            <%
                }
            %>
        </table>
</body>
```

程序部署成功后，启动服务器，在浏览器地址栏中输入地址：

```
http://localhost:8080/chapt6/listUsers.jsp
```

显示结果见图 6-13。

上述代码中有一些问题，不利于今后代码的扩展和维护，以及团队的开发。

➢ 大量的<% java 代码段 %>。
➢ <table> </table>、<% %>、{ }等语句的嵌套编码。
➢ 界面之间的跳转与控制不灵活。

这样的代码，不仅不利于今后的编码与扩展，也不利于美工人员的界面布局等。如何解决上述问题呢？关于 JSP 中数据的显示与标准操作，可由 EL 表示式、JSP 标准动作、JSTL 标签等来完成。而实例化模型、接收客户端请求、处理请求、调用模型、跳转到某个界面返回到客户端等操作的 Java 代码，可交给基于 Servlet 的控制器去完成。

下面就介绍解决上述问题的实现。首先用 EL 表示式、JSTL 标签等简化 listUsers.jsp，并使其中调用模型的操作等放到一个 Servlet 中，保留 user.java、Dbconn.java、Model.java 的程序代码。

案例分享

【例 6-4】　用 JSP 和 Servlet 改造上述数据库中对用户数据显示的程序。

6.4.2　修改 listUsers.jsp 程序

修改上节中 listUsers.jsp 的代码，先删除关于业务处理操作的 Java 代码；然后用 JSTL 迭代标签和 EL 表达式修改循环列表，以及显示数据的代码。

listUsers.jsp 主要修改的代码如下：

```
<%@ taglib prefix="c" uri="http://java.sun.com/jsp/jstl/core"%>
...
<body>
    数据库中所有用户
        <table border="1">
            <c:forEach items="${sessionScope.list}" var="user" varStatus="num">
                <tr>
                    <td>${user.id}</td>
                    <td>${user.name}</td>
                    <td>${user.password}</td>
                </tr>
            </c:forEach>
        </table>
</body>
```

修改后的 listUsers.jsp 非常简洁，也没有<%java 代码%>。

注意：该 JSP 界面不能直接运行，因为这时 list、user 等对象中还没有数据，需要一段代码执行赋值后才能显示。所以，这段代码就是 Servlet 控制器中的处理。Servlet 控制器调用模型从数据库中取出数据，再赋给 list 并保存到 request 对象中。最后，跳转到该 listUsers.jsp，这时它就能显示 list 中的数据了。

6.4.3　Servlet 的实现

为了实现上述的控制功能，即访问模型（Model.java）中的查询方法，把获取数据存放到 request 对象中，然后跳转至 JSP 界面。将这些功能放到 Servlet 中。

下面就创建该 Servlet，取名为 userListServlet.java，存放到 control 包中，其代码的主要部分见下列程序清单。

控制器 control.userListServlet.java 主要代码如下：

```
public void doGet(HttpServletRequest request, HttpServletResponse response)      throws      ServletException,
IOException
    {
            Model model=new Model();
            List<User> list=model.userSelect();              //访问模型的方法
            request.getSession().setAttribute("list", list);    //保存数据
            response.sendRedirect("listUsers.jsp");          //界面跳转
    }
```

上述代码完成了"显示数据库中用户信息"的控制部分，所以称为程序的"控制器（Controller）"。

Servlet 控制还需要在 web.xml 中进行配置，其配置代码如下：

```
<Servlet>
  <Servlet-name>userListServlet</Servlet-name>
  <Servlet-class>control.userListServlet</Servlet-class>
</Servlet>
<Servlet-mapping>
  <Servlet-name>userListServlet</Servlet-name>
  <url-pattern>userListServlet.do</url-pattern>
</Servlet-mapping>
```

注意：配置 URL 为 userListServlet.do 是为了记忆方便，将其功能用后缀表示，如.do、.to 等。部署启动服务器后，在浏览器直接输入该 Servlet 对应的 URL（不是 JSP 文件）如下：

```
http://localhost:8080/chapt6/userListServlet.do
```

显示结果如图 6-13 所示。

图 6-13　显示数据库中用户信息的运行结果

通过上述案例可知，Servlet 可单独作为程序的控制部分，将 JSP 的控制功能进行分解，有利于模块的耦合进一步降低。这也是控制层出现的原型。

综上所述，介绍了 Servlet 的概念及运行原理、Servlet 的创建过程，以及 Servlet 作为控制器在程序中的应用。

6.5　简单 MVC 设计模式应用程序的实现

前面已经介绍了 MVC 代表 Model-View-Controller（模型-视图-控制器）模式。这种模式

常用于应用程序的分层开发。Model（模型）是应用程序中用于处理应用程序数据逻辑的部分，通常模型对象负责在数据库中存取数据；View（视图）是应用程序中处理数据显示的部分，通常视图是依据模型数据创建的；Controller（控制器）是应用程序中处理用户交互的部分，通常负责从视图读取数据、控制用户输入，并向模型发送数据。它控制数据流向模型对象，并在数据变化时更新视图，使视图与模型分离开。

到目前为止已经介绍了 JSP、JavaBean 和 Servlet 的技术，可分别开发应用程序的视图、模型与控制器，从而构成了该应用程序 MVC 设计模式的视图层（V）、模型层（M）与控制器层（C）。

下面通过一个演示程序介绍基于技术 JSP、JavaBean 和 Servlet 的 MVC 数据库应用程序的实现。

▍案例分享 ▏

【例 6-5】　编写基于技术 JSP、JavaBean 和 Servlet 的 MVC 数据库应用程序，实现对用户（User）信息的查询操作。

6.5.1　程序介绍及实现思路

该程序包括两个功能：①列表显示所有用户的信息；②根据序号查询某个用户的信息。

创建 Java Web 工程项目 chapt6，其结构如图 6-14 所示，分别存放 M 层、V 层和 C 层的程序，然后对各层的程序进行编码实现，并用一个主页程序将它们连接起来。

图 6-14　MVC 设计模式组成

程序的 MVC 结构中，控制器层程序均存放在 control 包中；模型层业务逻辑处理程序存放在 model 包中，实体类存放在 entity 保重，连接工具存放在 dbutil 包中，它们共同构成模型层。视图层程序存放在 WebContent 根文件夹中。

6.5.2　实现步骤

创建工程项目 chapt6 与数据库均与前面的案例相同。实现的程序结构如表 6-2 所示。

表6-2　MVC设计模式的演示程序结构

模　　块	URL地址	视图层（JSP）	模型层（JavaBean）	控制器层（Servlet）
主页	http://localhost:8080/chapt6/main.jsp	main.jsp		
功能1：列表显示用户信息	http://localhost:8080/chapt6/userListServlet.do	listUsers.jsp	model.Mode.java中userSelect()方法	control.userListSeervlet.java
功能2：查询用户信息	http://localhost:8080/chapt6/input.jsp	input.jsp showUser.jsp	model.Mode.java中load(id)方法	control.userFindServlet.java
公共组件	无	无	entity.User.java dbutil.Dbconn.java	无

由于"公共组件"部分的程序 entity.User.java 与 dbutil.Dbconn.java 复用上节相同内容，这里不再重复实现。下面分别介绍表6-2中主页、功能1和功能2的程序实现。

1. 主页的实现

在 WebContent 下创建主程序 main.jsp，它可提供两个功能的链接地址，其程序代码如下：

```
<%@ page language="java" contentType="text/html; charset=utf-8"
    pageEncoding="utf-8"%>
<!DOCTYPE html PUBLIC "-//W3C//DTD HTML 4.01 Transitional//EN" "http://www.w3.org/TR/html4/
loose.dtd">
<html>
<head>
<meta http-equiv="Content-Type" content="text/html; charset=utf-8">
<title>查询用户</title>
</head>
<body>
                    <a href="userListServlet.do">查询全部用户</a>
        <br>
                    <a href="input.jsp">查询某个用户</a>
    </body>
</html>
```

上述代码分别给出了"列表显示用户信息"与"查询用户信息"这两个地址的链接，这两个地址一个是 JSP 文件，另一个是 Servlet 的 URL。它们对应的绝对地址分别是 http://localhost: 8080/chapt6/userListServlet.do 和 http://localhost:8080/chapt6/input.jsp。

2. "列表显示用户信息"的实现

功能1是列表显示用户信息的实现。在项目结构中，它是由 listUsers.jsp、model.Mode.java（只涉及 userSelect()方法）、control.userListSeervlet.java 组成的。该功能的程序实现后，可在浏览器如"http://localhost:8080/chapt6/userListServlet.do"中执行该功能。

该功能代码的实现已介绍过，这里不再赘述。

3. "查询用户信息"的实现

功能2是查询用户信息的实现。在项目结构中，它是由 input.jsp、showUser.jsp、model.Mode.java（只涉及 load(id)方法）、control.userFindServlet.java 组成的。该功能的程序实现后，可在浏览器如"http://localhost:8080/chapt6/input.jsp"中执行，其结果见图 6-15（c）和图 6-15（d）。

输入界面程序 input.jsp 的代码如下：

```
<%@ page language="java" import="java.util.*" pageEncoding="gbk"%>
<!DOCTYPE HTML PUBLIC "-//W3C//DTD HTML 4.01 Transitional//EN">
<html>
  <head>
        <title>查询用户</title>
      </head>
  <body>
    <form action="userFindServlet" method="post">
    请输入你要查询的 id 号：  <input type="text" name="id"><br>
    <input type="submit" value="提交">
    </form>
  </body>
</html>
```

输出界面程序 showUser.jsp 的代码如下：

```
<%@ page language="java" import="java.util.*" pageEncoding="utf-8"%>
<!DOCTYPE HTML PUBLIC "-//W3C//DTD HTML 4.01 Transitional//EN">
<html>
  <head>
    <title>显示数据页面</title>
  </head>
  <body>
    查询到 id=${user.id }的用户是： <br>
                姓名：      ${user.name }<br>
                密码：      ${user.password }<br>
                    <a href="main.jsp">返回主页</a>
  </body>
</html>
```

模型层程序 model.Mode.java 的 load(id)方法代码所示：

```
public User load(int id){
    User user=new User();
    try{
        Connection conn=s.getConnection();
        PreparedStatement pst;
        pst=conn.prepareStatement("select * from user where id=?");
        pst.setInt(1, id);
        rs = pst.executeQuery();
        if(rs.next()){
        user.setId(rs.getInt("id"));
        user.setName(rs.getString("name"));
        user.setPassword(rs.getString("password"));
        }
    }catch (Exception e) {
    }
    return user;
```

控制器层程序 control.userFindServlet.java 的代码如下：

```
 package control;
import java.io.IOException;
import javax.Servlet.ServletException;
import javax.Servlet.http.HttpServlet;
import javax.Servlet.http.HttpServletRequest;
import javax.Servlet.http.HttpServletResponse;
import javax.Servlet.http.HttpSession;
import entity.User;
import model.Model;
public class userFindServlet extends HttpServlet {
    private static final long serialVersionUID = 1L;
    public userFindServlet() {
        super();
    }
    protected void doPost(HttpServletRequest request, HttpServletResponse response)
            throws ServletException, IOException {
        //TODO Auto-generated method stub
        request.setCharacterEncoding("UTF-8");
        Model model = new Model();
        int id = Integer.parseInt(request.getParameter("id"));
        User user = model.load(id);
        HttpSession s = request.getSession();
        s.setAttribute("user", user);
        response.sendRedirect("showUser.jsp");
    }
}
```

userFindServlet 控制器在 web.xml 进行了自动配置，这里就不重复介绍了。

功能 2 "查询用户信息"是在界面 input.jsp 中输入某个用户的 id 号，然后通过 URL 传递到 userFindServlet 控制器中执行，该控制器通过输入的参数调用模型中的查询方法，并将查询的信息在 showUser.jsp 界面中显示出来。

在显示该用户新信息时，userFindServlet 控制器先将查询的结果存放在 session 内置对象中，然后跳转到 showUser.jsp 界面，由该界面从 session 对象中取出，并通过 EL 表达式显示出来。

6.5.3 运行演示

部署项目 chapt6 并启动 Tomcat 9.0，在浏览器地址栏中输入主页地址如下：

```
http://localhost:8080/chapt6/main.jsp
```

出现如图 6-15（a）所示的界面。

在主页界图中显示了功能 1 和功能 2 的链接地址，单击"查询全部用户"链接执行功能 1 的控制器 URL，将查询到的全部用户信息显示在图 6-15（b）的界面中；单击"查询某个用户"链接出现图 6-15（c）所示的输入界面，用户输入某个用户 id 号，单击"提交"按钮，该用户的信息如图 6-15（d））所示。

（a）主页界面

（b）列表显示用户信息模块界面

（c）查询用户信息输入界面

（d）查询用户信息界面

图 6-15　MVC 设计模式的用户管理操作界面

至此，完成并演示了基于 MVC 设计模式应用程序的实现。

6.5.4　Servlet 的应用优势

从网络结构的角度来看一个 Web 网络项目，可分为数据层、业务层和视图层。虽然基于 Java 的 Servlet 用于编写业务层（Business Layer）的功能非常强大，但用于视图层的编码就很不方便。而 JSP 则是为了方便视图层而设计的。虽然 JSP 也可以编写业务处理层，对于小一点的程序，人们常常把表示层和业务处理层混在一起编码。

大型系统为了实现松散耦合，常将它们分开编码，将业务处理放在组件中，修改时只要修改组件就可以了。另外，由于单纯的 JSP 语言执行效率非常低，如果出现大量用户单击操作，很容易到达该功能的上限，而通过 Java 组件技术就能大幅度提高其功能上限，加快执行速度。

Sun 公司设计 JSP 主要用来编写 Web 应用的表示层，也就是说，这里只放输出 HTML 网页的部分。而所有的数据计算、数据分析、数据库处理，统统属于业务处理层，应该放在 Java 的 Bean 中。通过 JSP 调用 Bean 实现两层的整合。

由于 Servlet 具有 Bean 的特点，又具有 CGI 的特征，通过它作为控制将 JSP 编写的表示层与用 Bean 编写的业务层结合成一个整体，可实现 Web 应用的 MVC 编程。

Servlet 作为基于 Java 的网络开发技术，继承了 Java 的优秀特征。由于 Java 可跨平台、稳定性好，具有远大的应用前景。

Servlet 是 Java EE 规范体系的重要组成部分，也是 Java 开发人员必须具备的基础技能。Servlet 3.0 版是 Servlet 规范的最新版本，它引入了若干重要新特性，包括异步处理、新增的注解支持、可插性支持等，Servlet 3.0 版作为 Java EE6 规范体系中的一员，随着 Java EE6 规范一起发布。

6.5.5　Servlet 作为 MVC 设计模式中的控制器

MVC（Model-View-Controller，模型-视图-控制器）模式设计常用于应用程序的分层开发，实现了松散耦合，同时有利于分工合作。在 MVC 设计模式中 C（Controller）是控制器，用于处理应用程序中用户交互的部分，负责从视图中读取数据，控制（处理）用户从数据输入到向模型发送数据，以及控制数据流向模型对象，并在数据变化时更新视图。总之，它使视图与模型分离开，充当了中间控制处理与传递的角色。

以上介绍了 JSP、JavaBean 和 Servlet 的技术，分别用它们开发了应用程序的视图、模型和控制器，从而构成该应用程序 MVC 设计模式的视图层（V）、模型层（M）与控制器层（C）

6.6　注解方式的 Servlet 创建

自 JDK 1.5 版本之后，Java 提供了 Annotation（注解或标注）的新数据类型，它的出现为 XML 配置文件提供了一个完美的解决方案，可让 Java Web 开发更加快速和简洁。

前面介绍的是使用 web.xml 配置方式开发 Servlet，即每开发一个 Servlet，都要在 web.xml 中配置 Servlet 才能够使用。这种方法比较烦琐，所以 Servlet 3.0 版之后提供了注解方式，不需要在 web.xml 文件中进行 Servlet 的部署描述，简化了开发流程。下面将介绍基于注解方式开发与运行 Servlet 的内容。

6.6.1　用 Eclipse 创建注解方式的 Servlet 过程

案例分享

【例 6-6】　注解方式的 Servlet 的创建、编码和运行。

前面介绍的是 Servlet 2.5 版用 web.xml 配置与开发 Servlet 的方式，但 Servlet 2.5 版不支持注解方式的配置。读者可以开发自定义注解，然后将注解标注到 Servlet 上，再针对自定义的注解写一个注解处理器。Servlet 3.0 及以上版本支持注解方式的开发。

介绍在 Eclipse 中创建注解方式的 Servlet 的步骤。

（1）在 Eclipse 中创建一个动态 Web 工程项目。打开 Eclipse，选择工具栏上的 File→New →Dynamic Web Project 创建一个动态 Web 工程项目，如图 6-16 所示。

在动态 Web 工程（Dynamic Web Project）界面中，输入项目名称（Project name）为 chapt66。选择"Dynamic web module version"选项为 3.0 版本以上，这里默认为 3.1 版本。

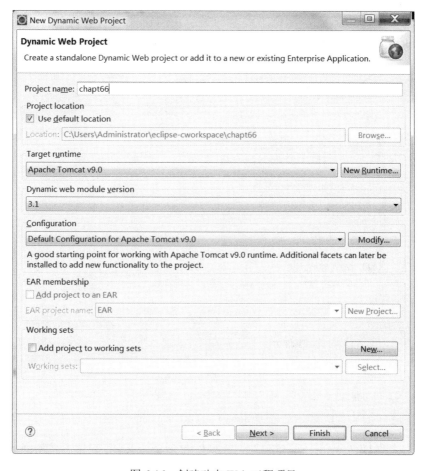

图 6-16　创建动态 Web 工程项目

（2）创建一个 Servlet 类。选择工具栏上的 File→New→Servlet 创建一个 Servlet，会出现创建 Servlet 类的界面，如图 6-17 所示。

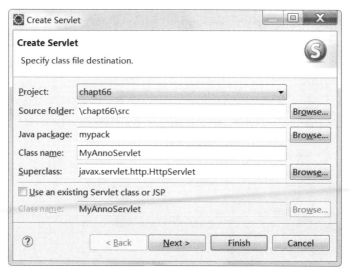

图 6-17　创建 Servlet 类的界面

（3）创建与配置 Servlet。选择工程名和类所在的位置，填写包名"mypack"和类名"MyAnnoServlet"，单击"Next"按钮出现如图 6-18 所示的配置界面。

图 6-18　配置 Servlet 的 URL mappings 界面

配置 Servlet 的 URL mappings 等信息，其操作和含义与 XML 配置方式相同。这里的 URL mappings 选用默认的"/MyAnnoServlet"，单击"Next"按钮进入创建 Servlet 方法的操作界面，如图 6-19 所示。

图 6-19　创建 Servlet 方法的操作界面

选择创建的方法后单击"Finish"按钮，即可完成 Servlet 的创建。创建 Servlet 后，查看 WEB-INF 文件夹下并没有 web.xml 文件，即它不需要在 web.xml 中对 Servlet 进行配置。

6.6.2　编写 Servlet 代码

在 mypack 包中创建了一个 Servlet 类文件 MyAnnoServlet.java，其代码如下：

```
package mypack;
import java.io.IOException;
import javax.Servlet.ServletException;
import javax.Servlet.annotation.WebServlet;
import javax.Servlet.http.HttpServlet;
import javax.Servlet.http.HttpServletRequest;
import javax.Servlet.http.HttpServletResponse;
@WebServlet("/MyAnnoServlet")
public class MyAnnoServlet extends HttpServlet {
    private static final long serialVersionUID = 1L;
      public MyAnnoServlet() {
        super();
        //TODO Auto-generated constructor stub
    }
      protected void doGet(HttpServletRequest request, HttpServletResponse response) throws ServletException,
IOException {
          //TODO Auto-generated method stub
          response.getWriter().append("Served at: ").append(request.getContextPath());
      }
      protected void doPost(HttpServletRequest request, HttpServletResponse response) throws ServletException,
IOException {
          //TODO Auto-generated method stub
          doGet(request, response);
      }
}
```

上述代码是 Eclipse 自动创建的默认形式，可以在其中直接编写 Servlet 代码。

从上述代码中可以看到，出现了如下新的语句：

```
import javax.Servlet.annotation.WebServlet;
```

和

```
@WebServlet("/MyAnnoServlet")
```

第一条语句是引入对 WebServlet 注解（Annotation）的支持，第二条语句定义了一个 WebServlet，它的 URL mappings 为"MyAnnoServlet"。

6.6.3　运行 Servlet

部署项目 chapt66 并启动 Tomcat，然后在浏览器地址栏中输入 URL 地址：

```
http://localhost:8080/chapt66/MyAnnoServlet
```

在浏览器中的运行效果如图6-20所示。

图6-20　Servlet的运行效果

展示了注解方式Servlet的成功创建与运行。这种注解方式的Servlet编码更简洁。注解方式编码是今后Java Web编程的主流技术。

介绍了Servlet的概念、特点、原理、运行机制，以及Servlet在Eclipse中的创建、配置步骤及其运行。由于Servlet易于控制应用程序从客户端到服务器之间的交互，所以Servlet可以作为控制器将程序的控制部分分离出来，使程序得到进一步的解耦，结构能更加清晰。这种将Servlet作为控制器从JSP中分离出来的架构称为Model 2，它相对于只有JSP+JavaBean实现的JSP应用架构Model 1来说，Model 2中采用了MVC设计模式，但增加了程序编写的复杂度。

通过案例的形式，将前面出现过的程序控制部分用Servlet进行代替，从而将控制层从程序代码中分离出来，使读者容易理解控制器、控制器层的概念，以及分层结构的特征。为全面了解与掌握MVC设计模式的编程有一定的帮助。最后，介绍了Servlet技术应用优势等知识，以及MVC设计模式的应用程序的实现，可让读者进一步了解与掌握Servlet相关技术与应用。

习　　题

一、选择题

1．根据Servlet的含义，下面（　　）描述是不对的。

（A）它是在服务器上运行的

（B）它是一种类，又有自己的URL地址

（C）它的运行结果可返回客户端的浏览器

（D）它可单独在浏览器中运行

2．在Eclipse中创建Servlet时默认为注解形式。若要创建XML配置模式的Servlet，则在创建Web工程时，Dynamic web module version应选择（　　）版本。

（A）2.5　　　　　　　（B）3.0　　　　　　　（C）3.1.　　　　（D）3.2

3．Servlet的特点，以下描述不正确的是（　　）。

（A）它是一个Java类，所以具有Java的所有特点

（B）它是一个 Web 程序，有自己的 URL 地址

（C）它能接受用户的请求，通过网络在服务器上运行

（D）它的运行比 JSP 效率低

4. 以下（　　）不是 Servlet 的生命周期的阶段。

（A）实例化　　　　　（B）初始化　　　　　（C）编译　　　　（D）销毁

5. 在 MVC 设计模式程序中，Servlet 适合作为（　　）。

（A）视图　　　　　（B）模型　　　　　（C）控制器　　　（D）数据对象

6. 程序的控制部分以控制器的形式从程序中分离出来，使程序得到进一步的（　　）。

（A）独立　　　　　（B）解耦　　　　　（C）紧密　　　　（D）一致

7. 将一个程序分成 M 层、V 层和 C 层的好处是（　　）。

（A）各司其职，互不干涉

（B）有利于开发中的分工

（C）有利于组件的重用

（D）增加了系统结构和实现的复杂性

二、判断题

1. Servlet 被定义为是在客户端/服务器 上运行的 Java 小程序。（　　）

2. Servlet 接受客户的请求，在服务器上运行，并将结果返回到客户端浏览器。（　　）

3. Servlet 的 URL 地址一定要在 web.xml 文件中进行配置。（　　）

4. Servlet 的生命周期分为实例化、初始化、销毁 3 个阶段。（　　）

5. Servlet 适合在 MVC 分层结构的程序中充当控制器。（　　）

6. 使用 Servlet 编写业务处理层和表示层都很方便。（　　）

7. MVC 设计模式可使程序结构更加简单。（　　）

三、简答题

1. 简述 Servlet 作为一种 Java 程序的特点有哪些。

2. 根据 Servlet 的特点和优势说明 Servlet 的用途。

3. 介绍一个 Servlet 的创建和执行的步骤。

4. 简述 Servlet 和 JSP 的关系，以及 Servlet 程序作为 Java Web 程序的作用。

综合实训

实训 1　编写基于技术 JSP、JavaBean 和 Servlet 的 MVC 数据库应用程序，实现对用户（User）信息的查询与列表显示。

实训 2　在第 5 章实训 2 完成的仓库管理软件中，将各个货物管理功能（增加、删除、修改、查询的控制部分）用 Servlet 代替，并保持各功能不变。

实训 3　将第 5 章实训 3 的代码，用 Servlet 作为控制器进行修改并保持各功能不变。

第7章

MVC 设计模式的应用程序实现

前面已经介绍了多层结构与 MVC 的概念，并学习了它们的实现技术。下面介绍它们的综合应用。

软件开发就是由一个一个模块开发完成的，每个软件"模块"均可由 JSP、JavaBean、Servlet 等技术实现 MVC 设计模式的单元，然后再通过统一的架构集成软件整体。本章将通过项目导向的方式介绍一个模块的 MVC 设计模式的实现，并通过统一的界面将各模块集成为一个软件。

7.1 MVC 设计模式的概述

其实 MVC 是一种设计模式。设计模式是一套被反复使用、成功的设计总结与提炼方案。MVC 设计模式是将软件代码分为 M、V、C 三层来实现的一种设计方案。

MVC 分别表示为 M 模型（Model）、V 视图（View）和 C 控制器（Controller），它是一种软件设计典范。它采用业务逻辑和数据显示代码分离的方法，并将业务逻辑处理放到一个部件里，而将界面及用户围绕数据展开的操作单独分离出来。MVC 设计模式类似于将传统软件开发中模块的输入、处理和输出功能，集成在一个图形化用户界面的结构中。

7.1.1 MVC 设计模式的实现技术

MVC 设计模式强制性地地模块中的输入、处理和输出分开，使其各自处理自己的任务。它减弱了业务逻辑接口和数据接口之间的耦合，并让视图层更富于变化。

典型的 MVC 设计模式之一就是基于 JSP + JavaBean + Servlet 技术实现的。下面介绍视图 V（View）、模型 M（Model）和控制器 C（Controller）的相关概念。

1. 视图（View）

视图是用户看到并与之交互的界面。对老式的 Web 应用程序来说，视图就是由 HTML 元素组成的界面。在新式的 Web 应用程序中，虽然 HTML 还在视图中扮演着重要的角色，但新技术已层出不穷，如 Adobe Flash 和像 XHTML、XML、WML 等一些标识语言。JSP 作为动态网页常常充当 Web 应用的视图。

　　MVC 设计模式的优点是能为应用程序处理很多不同的视图。在视图中其实并没有真正的处理发生，只是一种输出数据并允许用户操纵的方式。

2. 模型（Model）

　　模型表示业务数据和业务规则。在 MVC 设计模式的 3 个部件中，模型拥有最多的处理任务。例如，它可封装数据库连接、业务数据库处理这样的构件，使一个模型能为多个视图提供数据。由于应用于模型的代码只需写一次就可以被多个视图重用，所以能提高代码的重用性。模型一般用 JavaBean 技术实现。

　　JavaBean 是用 Java 语言写成的可重用组件。为写成 JavaBean，类必须按照一定的编写规范，通过提供符合一致性设计模式的公共方法，在内部域暴露成员属性。换句话说，JavaBean 就是一个 Java 的类，只不过这个类要按一些规则来写，如类必须是公共的、有无参构造器，要求属性是 private 且需通过 setter/getter 方法取值等；按这些规则编写后，这个 Java 类就是一个 JavaBean，它可以在程序里被方便地复用，从而提高开发效率。

　　MVC 设计模式的模型层，就是由这些构成 JavaBean 的模型组成的，它们在服务器端承担了软件的大部分复杂计算，其结果的使用需要有控制器的控制，并在视图中展现。

3. 控制器（Controller）

　　控制器接受用户的输入并调用模型和视图以完成用户的需求，所以当单击 Web 页面中的超链接和发送 HTML 表单时，控制器本身不输出任何内容和做任何处理。它只是接收请求并决定调用哪个模型构件去处理请求，然后再确定用哪个视图来显示返回的数据。

　　MVC 设计模式还有 Struts、Webwork、Spring MVC、Tapestry、JSF、Dinamica、VRaptor 等，这些框架都提供了较好的层次分隔能力，在实现良好的 MVC 设计模式分隔的基础上，通过提供一些现成的辅助类库来促进生产效率的提高。

7.1.2　MVC 设计模式的优点和缺点

　　MVC 作为一种设计模式，既有很多优点，也有一些缺点。

1. MVC 设计模式的优点

　　MVC 设计模式的优点：耦合性低、重用性高、利于分工开发、可维护性高、有利于软件工程化管理等。

　　1）耦合性低

　　由于视图层和业务层分离可以允许更改视图层代码，而不用重新编译模型和控制器代码，同样，一个应用的业务流程或业务规则的改变只需要改动 MVC 设计模式的模型层即可。

　　模型与控制器和视图分离可以很容易改变应用程序的数据层和业务规则。例如，把数据库从 MySQL 移植到 Oracle 只需改变模型即可。由于运用 MVC 设计模式应用程序的 3 个部件是相互独立的，改变其中一个不会影响其他两个，所以依据这种设计构造的软件具有良好的松散耦合性。

　　2）重用性高

　　MVC 设计模式允许使用各种不同样式的视图来访问同一个服务器端的代码，即多个视图能共享一个模型，包括 Web 浏览器或无线浏览器。例如，用户可以通过计算机，也可以通过手机来订购某件产品。虽然订购的方式不一样，但处理订购商品的方式是一样的。

　　由于模型返回的数据没有进行格式化，所以同样的构件能被不同的界面使用。这些视图只需要改变视图层的实现方式,对控制层和模型层无须做任何改变,因此可以最大化地重用代码。

3)利于分工开发

使用 MVC 设计模式有利于团队的协作开发,从而减少开发的时间。它可以使程序员(Java 开发人员)集中精力做业务逻辑,界面程序员(HTML 和 JSP 开发人员、界面美工人员)专注于表现形式。

4)可维护性高

MVC 设计模式的软件开发具有松散耦合性,由于它分离了视图层和业务逻辑层,从而使应用程序更易于维护和修改。

5)有利于软件工程化管理

由于不同的层各司其职,每一层不同的应用具有某些相同的特征,有利于通过工程化、工具化管理程序代码。使用控制器可以连接不同的模型和视图以完成用户的需求,为构造应用程序提供强有力的手段。当给定一些可重用的模型和视图时,控制器就可以根据用户的需求选择模型进行处理,然后选择视图将处理结果显示给用户。

2. MVC 设计模式的缺点

由于 MVC 设计模式的内部原理比较复杂,所以在使用时需要精心计划,花费一定时间去思考。

MVC 设计模式具有调试较困难、不利于中小型软件的开发、增加系统结构和实现的复杂性等缺点。

1)调试较困难

模型和视图的分离给调试应用程序带来了一定的困难,因此每个构件在使用之前都需要经过进行彻底的测试。

2)不利于中小型软件的开发

将 MVC 设计模式应用到规模并不大的应用程序中,在工作量、成本、时间等方面常常得不偿失。

3)增加系统结构和实现的复杂性

对于简单的界面,若严格遵循 MVC 设计模式,使模型、视图与控制器分离,则会增加结构的复杂性,并产生过多的更新操作,降低运行效率。

4)视图与控制器间过于紧密的连接

视图与控制器虽是相互分离的,却是联系紧密的部件。若视图没有控制器的存在,其应用则是很有限的,反之亦然,这样就妨碍了它们的独立重用。

5)视图对模型数据的低效率访问

依据模型操作接口的不同,视图可能需要多次调用才能获得足够的显示数据。这种对未变化数据不必要的频繁访问,也将损害操作的性能。

总之,MVC 设计模式能为某类问题提供解决方案,同时又是优化的代码。从而使代码更容易被人理解,可提高代码的复用性,并保证了代码的可靠性。

7.2 模块级 MVC 设计模式的程序开发案例

"模块"是软件的组成单元,即任何一个软件系统都是由若干"模块"组成的。

前面已介绍了一个"模块"的 MVC 设计模式的 Java Web 开发技术，即"用户信息查询"模块 MVC 设计模式的 Java Web 开发技术。一个模块还应包括"增加""修改"和"删除"等操作功能。下面介绍一个较完整的"学生管理"模块的实现。

案例分享

【例 7-1】 编写一个 MVC 设计模式的"学生管理"模块，该模块是一个相对独立的整体，其功能包括对学生信息的增加、修改、删除、查询等操作。

7.2.1 "学生管理"模块的介绍

例如，高校管理包括学生信息、教师信息、课程信息、考试成绩等内容，用计算机软件系统对高校信息进行管理时，就需要包括学生管理、教师管理、课程管理、成绩管理等模块。这些模块的 MVC 设计模式的开发技术基本相同。

下面以"学生管理"模块为例，介绍该模块 MVC 设计模式的开发过程。

学生管理包括对学生信息的查询显示、信息新增、信息修改和信息删除的操作。所以学生管理模块包括学生信息显示、学生信息新增、学生信息修改、学生信息删除等子模块，如图 7-1 所示，这些子模块组成了"学生管理"模块结构。

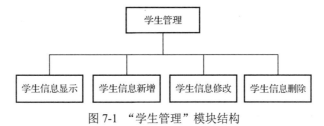

图 7-1 "学生管理"模块结构

开发学生管理模块的程序时，只需要分别完成学生信息显示、学生信息新增、学生信息修改、学生信息删除的模块，然后将它们组成一个完整的单元即可。

7.2.2 "学生管理"模块的实现

作为一个模块级的"学生管理"模块的实现技术，前面章节已经介绍了。但还要将它们组成一个完整的操作单元，下面将介绍其实现过程，即实现一个完整的"学生管理"模块。

如何实现一个完整的"学生管理"模块呢？它的实现包括数据库的设计与实现，各个子模块的 M 层、V 层、C 层的实现，以及各层相互调用从而成为一个完整的整体等。

1. 数据库的设计与实现

由于只介绍对"学生管理"一个模块进行编码的实现，所以与它相关的数据都是学生信息。对于每个学生信息只考虑编号、姓名、性别、班级、年龄、成绩这 6 个数据，根据这些数据设计的数据库表（student）的结构，如表 7-1 所示。

表 7-1 数据库表（student）的设计

序 号	字 段 名 称	字 段 说 明	类 型	位 数	是 否 可 空
1	id	编号	int		否
2	name	姓名	varchar	20	

续表

序　号	字 段 名 称	字 段 说 明	类　型	位　数	是 否 可 空
3	sex	性别	varchar	2	
4	age	年龄	int		
5	grade	班级	varchar	20	
6	score	成绩	float		

在 MySQL 数据库中创建数据库及 student 表。

➢ 数据库名：student。

➢ 学生信息表：student。

根据表 7-1 数据库表（student）的设计，创建学生数据库的 SQL 脚本如下：

```
SET FOREIGN_KEY_CHECKS=0;
-- ----------------------------
-- Table structure for student
-- ----------------------------
DROP TABLE IF EXISTS 'student';
CREATE TABLE 'student' (
  'id' int(11) NOT NULL AUTO_INCREMENT,
  'name' varchar(20) DEFAULT NULL,
  'sex' varchar(2) DEFAULT NULL,
  'age' int(11) DEFAULT NULL,
  'grade' varchar(20) DEFAULT NULL,
  'score' float DEFAULT NULL,
  PRIMARY KEY ('id')
) ENGINE=InnoDB AUTO_INCREMENT=3 DEFAULT CHARSET=gbk;
-- ----------------------------
-- Records of student
-- ----------------------------
INSERT INTO 'student' VALUES ('1', '张国强', '男', '22', '18 软件 2 班', '80');
INSERT INTO 'student' VALUES ('2', '张国红', '女', '21', '18 软件 1 班', '91.2');
```

2. 学生管理模块 MVC 设计模式的结构

创建 Java Web 工程项目 chapt71，以及该项目相关的程序结构。为了分开存放 MVC 设计模式不同层的程序，在项目的 src 中创建包 model 和 control 分别存放"模型"和"控制器"。在 WebContent 下创建 jsp 文件夹，用以存放 jsp 界面文件。

添加 MySQL 数据库驱动包 mysql-connector-java-5.1.5-bin.jar 和 JSTL 标签库 jstl-1.2.jar，其操作方法已做过介绍，这里不再赘述。完成后的 chapt71 项目结构如图 7-2 所示。

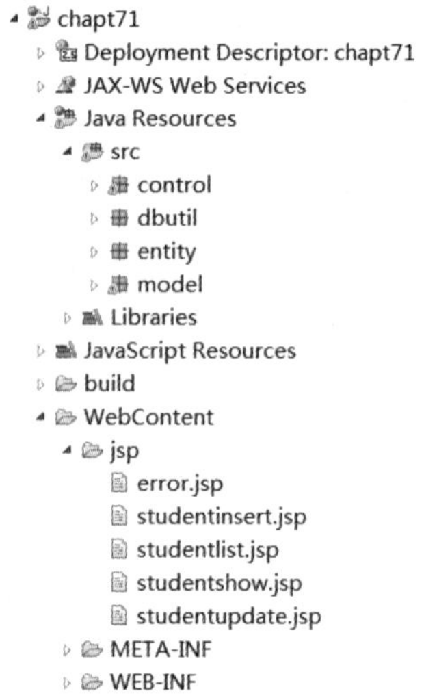

从该项目结构可以看出，案例 7-1"学生管理"的程序代码是根据 M 层、V 层和 C 层进行存放的，其中 jsp 文件夹存放于视图层（V）的程序是 jsp 文件；包

```
▲ 😺 chapt71
  ▷ 🖳 Deployment Descriptor: chapt71
  ▷ 🔊 JAX-WS Web Services
  ▲ 🐍 Java Resources
    ▲ 🗁 src
      ▷ 🌐 control
      ▷ 🌐 dbutil
      ▷ 🌐 entity
      ▷ 🌐 model
    ▷ 🗟 Libraries
  ▷ 🗟 JavaScript Resources
  ▷ 🗁 build
  ▲ 🗁 WebContent
    ▲ 🗁 jsp
        📄 error.jsp
        📄 studentinsert.jsp
        📄 studentlist.jsp
        📄 studentshow.jsp
        📄 studentupdate.jsp
    ▷ 🗁 META-INF
    ▷ 🗁 WEB-INF
```

图 7-2　学生管理项目 chapt71 的结构

model 存放于模型层（M）的 Java 程序，是 JavaBean 处理的逻辑任务；包 control 存放于控制器（C）的，是一些 Servlet。另外，实体类、通用工具类均是 JavaBean，它们在多个程序中进行了调用。

学生管理模块有 5 个子模块，其内容如下：

（1）学生信息列表显示；

（2）学生信息新增；

（3）学生信息修改；

（4）学生信息删除；

（5）学生信息查询。

这些功能都围绕一个数据库表（student）进行操作，分别采用 JSP、JavaBean、Servlet 的技术，基于 MVC 的编码方式，实现上述 5 个子模块对数据库表 student 的操作，并将各子模块组装成一个完整的"学生管理"模块。

学生管理模块 MVC 程序组织结构（设计），如图 7-3 所示。

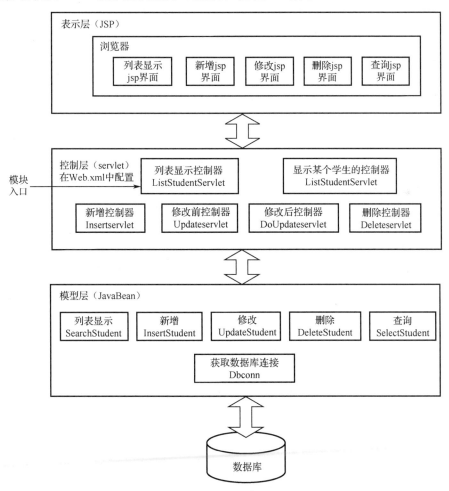

图 7-3　学生管理模块 MVC 程序组织结构（设计）

根据 JSP+JavaBean+Servlet 技术进行 MVC 设计模式开发"学生管理"模块的程序结构，其中子模块各层的对应程序文件的说明如表 7-2 所示。

表 7-2　"学生管理"模块的程序结构说明

模块入口 URL 地址	http://localhost:8080/chapt71/ListStudentServlet.do		
子模块	V 视图层 （jsp 文件夹中）	M 模型层 （model 包中）	C 控制器 （control 包中）
列表显示学生信息 （主界面）	studentlist.jsp	SearchStudent.java	ListStudentServlet.java
新增学生信息	studentinsert.jsp	InsertStudent.java	InsertServlet.java
修改学生信息	studentupdate.jsp	UpdateStudent.java	修改前：UpdateServlet.java 修改：DoUpdateServlet.java
删除学生信息	studentshow.jsp	DeleteStudent.java	DeleteServlet.java
查询学生信息	studentshow.jsp	SelectStudent.java	ShowStudentServlet.java
通用工具	无	• 实体类： entity.Student.java • 数据库连接类： dbutil.Dbconn.java • 配置文件：web.xml	无

下面介绍基于 MVC 设计模式的 JSP+JavaBean+Servlet 技术实现"学生管理"模块的步骤。

3. 创建实体类

将实体类与数据库表 student 进行映射，即创建一个实体类 Student.java，其属性与数据库表 student 的字段对应。程序需要将数据库 student 中获取的数据，存放到该实体类的实例（对象）中。

创建 entity 包用于存放实体类。创建 student 表对应的实体类 Student.java，其代码如下：

```
//实体类：Student.java:
package entity;
public class Student {
    public int id;
    public String name;
    public String sex;
    public String grade;
    public int age;
    public float score;
        //setter/getter 方法
}
```

注意：实体类的属性个数与类型，应与表 student 字段个数与类型对应。

4. 数据库连接类

学生信息管理操作均需对数据库进行连接与操作，将这些代码独立出来作为一个共享的类。

创建 dbutil 包，在其下创建获取数据库连接工具类：Dbconn.java。该类的创建与编码见第 4 章的介绍，如果复用前面的代码，则需要修改数据库密码与参数，语句如下：

```
conn=DriverManager.getConnection("jdbc:mysql://localhost:3306/students","root","密码");
```

5. 实现 MVC 各层的程序编码

下面分别对主要子模块的各层进行编程。在表 7-2 中已经给过"学生信息管理"模块的程序组织的说明，下面就深入到这些程序内部了解其关键代码的编写，子模块及对应各层的程序如表 7-3 所示。

表 7-3 "学生管理"模块 MVC 各层的程序

子 模 块	视图层 jsp 界面	模型层 JavaBean	控制层 Servlet
学生信息列表	studentlist.jsp	SearchStudent.java	ListStudentServlet.java
新增学生信息	studentinsert.jsp	InsertStudent.java	InsertServlet.java
修改学生信息	studentupdate.jsp	SelectStudent.java UpdateStudent.java	修改前：UpdateServlet.java 修改：DoUpdateServlet.java
删除学生信息	studentshow.jsp	SelectStudent.java DeleteStudent.java	删除前：ShowStudentSerlvet.java 删除：DeleteServlet.java

为了使读者能理解这些代码的工作流程，下面通过图 7-4～图 7-7 展示各子模块中程序的工作流程。

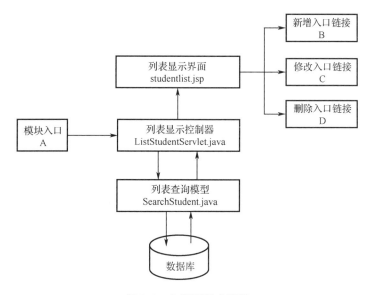

图 7-4　主界面程序流程

主界面处理流程：由模块入口 A 地址（ListStudentServlet.java 对应的 URL）进行处理，通过模型查询获取所有的学生信息，在 studentlist.jsp 界面上进行列表显示，同时提供用户新增、修改和删除学生的链接地址。

新增学生信息子模块的程序处理流程：在主界面中用户选择"新增"选择，进入新增学生信息输入界面 studentinsert.jsp。用户输入新增的学生信息后单击"提交"按钮，由控制器调用新增模型（InsertStudent.java）将数据新增到数据库中，再通过模块入口列表显示学生信息，这时就可以看到新增的学生信息了。

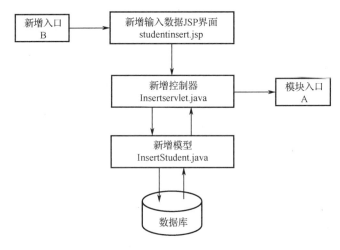

图 7-5　新增操作程序流程

修改学生信息子模块的程序处理流程：在主界面中用户选择某个学生的"修改"操作后，通过一个 Servlet（UpdateServlet.java）将需要修改的学生信息显示到修改界面（studentupdate.jsp），程序员可进行数据修改。修改完成后，单击"修改"按钮，将控制提交到另一个 Servlet（DoUpdateServlet.java）调用修改模型（UpdateStudent.java）到数据数据库中进行修改，并调用主界面入口地址进行列表显示，如图 7-6 所示，可以看到数据已经被修改。

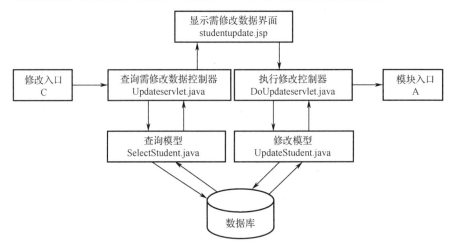

图 7-6　修改操作程序流程

删除学生信息子模块的程序处理流程：在主界面中用户选择某个学生的"删除"操作后，通过一个 Servlet（ShowStudentServlet.java）将需要删除的学生信息显示到删除界面（studentshow.jsp），程序员确认后可进行删除操作。用户单击"删除"按钮，将控制提交到另一个 Servlet（DeleteServlet.java）调用删除模型（DeleteStudent.java）到数据库中进行删除，并调用主界面入口地址进行列表显示。这时可以看到数据已经被删除，如图 7-7 所示。

6. 部署运行

通过上述 5 个步骤开发的程序就可以运行了。先将项目进行部署，然后启动 Tomcat 9.0 服务器，在浏览器中输入模块的入口地址，出现一个主界面。用户就可以在其中对学生信息进行增加、删除、修改操作了，具体步骤如下。

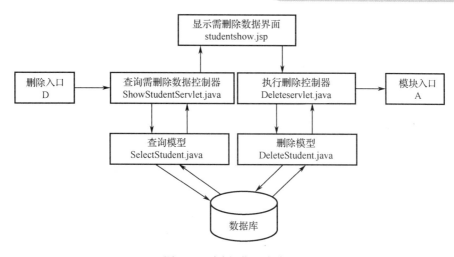

图 7-7　删除操作程序流程

运行前先部署 chapt71 项目，然后启动 Tomcat9.0 服务器，在浏览器中输入以下入口地址：

http://localhost:8080/chapt71/ListStudentServlet.do

出现如图 7-8（a）所示的主界面，它显示了数据库中所有的学生，并可以进行新增、修改、删除的操作，具体操作如图 7-8 所示。

（a）显示当前所有学生（主界面）

（b）新增一个学生信息

图 7-8　学生管理模块功能演示结果

（c）新增学生信息后结果显示（出现乱码）

（d）修改学生信息

（e）修改后的结果显示

（f）删除学生信息（含单个学生信息的显示）

图 7-8　学生管理模块功能演示结果（续）

（g）删除后的结果显示

图 7-8　学生管理模块功能演示结果（续）

从演示结果中可以看出，该项目完成了围绕数据库表（student）的"学生管理"模块（包含学生信息列表显示、单个学生信息显示，以及学生信息新增、修改、删除）功能 MVC 设计模式的实现。

但是，该案例还存在不足之处，如输入存储汉字会出现乱码、数据列表页不能分页显示等。

7.2.3　各程序的关键代码讲解

由于是基于 MVC 设计模式开发的，"学生管理"模块的各个程序之间关系比较复杂。下面就该模块中的程序（见表 7-3）关键代码及它们的衔接关系进行介绍。

1. Servlet 的配置

模块中有 6 个 Servlet 控制器，分别承担学生信息的增加、删除、修改等操作，其中修改、删除需要先将信息显示出来，然后再进行操作，所以各有两个 Servlet 控制器。另外，主界面需要用一个 Servlet 控制器将整个数据集合获取以便进行列表显示。

这 6 个 Servlet 控制器需要在 web.xml 中进行配置，其配置代码如下：

```
<Servlet>查询某个学生 Servlet 控制器定义
    <display-name>showStudent</display-name>
    <Servlet-name>showStudentServlet</Servlet-name>
    <Servlet-class>control.ShowStudentServlet</Servlet-class>
</Servlet>
<Servlet>列表显示学生 Servlet 控制器定义
    <Servlet-name>ListStudentServlet</Servlet-name>
    <Servlet-class>control.ListStudentServlet</Servlet-class>
</Servlet>
<Servlet>新增学生 Servlet 控制器定义
    <Servlet-name>insertStudentservlet</Servlet-name>
    <Servlet-class>control.InsertServlet</Servlet-class>
</Servlet>
<Servlet>删除学生 Servlet 控制器定义
    <Servlet-name>deleteStudentservlet</Servlet-name>
    <Servlet-class>control.DeleteServlet</Servlet-class>
</Servlet>
<Servlet>修改前 Servlet 控制器定义
    <Servlet-name>updateStudentservlet</Servlet-name>
```

```
            <Servlet-class>control.UpdateServlet</Servlet-class>
        </Servlet>
    <Servlet>修改 Servlet 控制器定义
        <Servlet-name>doupdateStudentservlet</Servlet-name>
        <Servlet-class>control.DoUpdateServlet</Servlet-class>
    </Servlet>
    <Servlet-mapping>查询某个学生 Servlet 控制器对应的 URL 定义
        <Servlet-name>showStudentServlet</Servlet-name>
        <url-pattern>/showStudent.do</url-pattern>
    </Servlet-mapping>
    <Servlet-mapping>列表显示 Servlet 控制器对应的 URL（入口地址）定义
        <Servlet-name>ListStudentServlet</Servlet-name>
        <url-pattern>/ListStudentServlet.do</url-pattern>
    </Servlet-mapping>
<Servlet-mapping>新增 Servlet 控制器对应的 URL 定义
        <Servlet-name>insertStudentservlet</Servlet-name>
        <url-pattern>/InsertStudentservlet.do</url-pattern>
    </Servlet-mapping>
    <Servlet-mapping>删除 Servlet 控制器对应的 URL 定义
        <Servlet-name>deleteStudentservlet</Servlet-name>
        <url-pattern>/DeleteStudentservlet.do</url-pattern>
    </Servlet-mapping>
    <Servlet-mapping>修改前 Servlet 控制器对应的 URL 定义
        <Servlet-name>updateStudentservlet</Servlet-name>
        <url-pattern>/UpdateStudentservlet.to</url-pattern>
    </Servlet-mapping>
    <Servlet-mapping>修改 Servlet 控制器对应的 URL 定义
        <Servlet-name>doupdateStudentservlet</Servlet-name>
        <url-pattern>/DoUpdatStudenteservlet.do</url-pattern>
    </Servlet-mapping>
```

Servlet 控制器的配置在 MyEclipse 中可以自动生成，其中 ListStudentServlet 的 URL（ListStudentServlet.do）是整个模块的入口地址。

2. 主界面

通过模块入口 A 的地址 http://localhost:8080/chapt71/ListStudentServlet.do，进入主界面，其程序处理流程见图 7-4。

先调用 Servlet：ListStudentServlet.java，其功能是调用 SearchStudent.java 模型获取所有数据，然后到 studentlist.jsp 中进行显示。

ListStudentServlet.java 中的关键代码及解释如下：

```
//调用 SearchStudent 模型，并将数据集合 list 存放到 request 中供 JSP 文件显示
SearchStudent students=new SearchStudent();          //实例化模型
List list = students.search();                       //执行模型中的方法
request.setAttribute("studentlist", list);           //保存到 request 中
//跳转到 studentlist.jsp 中
request.getRequestDispatcher("/jsp/studentlist.jsp").forward(request, response);//转发到学生列表显示界面中
```

上述控制器代码逻辑比较简单，即调用模型，将查询到的结果存放到 request 中供 JSP 显示，然后跳转到 studentlist.jsp 中等待用户的进一步操作。

模型 SearchStudent.java 中的关键代码及解释如下：

```
//search()方法返回 List 集合
    public List search(){      //方法的定义，返回值为 list 集合类型
    List studentlist = null;
    String sql = "select * from student";         //数据库查询
      …
    while(rs.next()){
        Student student = new Student();           //根据实体类创建值对象
        student.setId(rs.getInt("id"));            //给该对象赋值
        student.setName(rs.getString("name"));
        student.setAge(rs.getInt("age"));
        student.setSex(rs.getString("sex"));
        student.setGrade(rs.getString("grade"));
        student.setScore(rs.getFloat("score"));
        studentlist.add(student);                  //将该对象放到 list 集合
        }
      …
    return studentlist;                            //返回获取的 list 集合
}
```

上述模型中的关键代码，首先是数据库操作的 SQL 语句及其执行。它根据用户的不同要求定义不同的 SQL 语句（或称为业务逻辑的不同）。将执行后的结果存放到 list 集合中并返回给调用者，该集合是 Student 类型的对象。

界面 studentlist.jsp 中的关键代码及解释如下：

```
…
<a href="jsp/studentinsert.jsp">新增</a>              //新增功能入口
…
//循环列表显示 request 对象中存放的学生信息，EL 表达式获取 request 对象中的数据
<c:forEach var="studentitem" items="${studentlist}">          //JSTL 标签循环
            <tr>
                <td >
                    ${studentitem.id}               //EL 表达式获取 request 对象中的数据
                </td>
                <td >
                    ${studentitem.name}
                </td>
                <td >
                    ${studentitem.age}
                </td>
                <td >
                    ${studentitem.grade}
                </td>
                <td >
                    ${studentitem.score}
```

```
            </td>
            <td >   //修改功能入口，并通过 request 对象传递参数 id
<a href="UpdateStudentservlet.to?id=${studentitem.id}">修改</a>
            </td>
            <td >   //删除功能入口 ，并通过 request 对象传递参数 id
<a href="showStudent.do?id=${studentitem.id}">删除</a>
            </td>
        </tr>
    </c:forEach>
```

注意： 在上述代码中增加、修改、删除功能的入口时，对于修改、删除功能需要传递一个参数，即被修改或删除的学生 id 号（它是列表中数据对象的 id 属性）。

3. 新增子功能模块

从主界面 studentlist.jsp 中的新增功能入口，进入该子模块的程序执行，其程序执行过程如图 7-5 所示。

在新增入口 B 链接<a href="jsp/studentinsert.jsp">中新增</a>，进入新增数据的输入界面 studentinsert.jsp，其主要代码如下：

```html
<h1>插入学生信息</h1>
<form action="../InsertStudentservlet.do" method="post">
    <p>学号: <input type="text" name="id"></p>
    <p>姓名:
    <input type="text" name="name" />
    <br> </p>
    <p>性别:
    <input type="text" name="sex" />
    <br></p>
    <p> 年龄:
    <input type="text" name="age" />
    <br></p>
    <p>  班级:
    <input type="text" name="grade" />
    <br></p>
    <p>   成绩:
    <input type="text" name="score" />
    <br></p>
    <input type="submit" value="提交" />
    <input type="reset" value="重置" />
</form>
```

上述代码比较简单，只是输入一个数据的 form 表单，但应注意 action 是一个 Servlet：InsertStudentservlet.do，即新增功能的控制器，它将完成数据库的新增操作并返回到主界面。

该控制器程序文件 InsertServlet.java 的关键代码及解释如下：

```java
request.setCharacterEncoding("gbk");
//直接通过 request 对象获取 form 表单中的数据，请注意数据类型的转换
int id = Integer.parseInt(request.getParameter("id"));
String name = request.getParameter("name");
```

```
String sex = request.getParameter("sex");
int age = Integer.parseInt(request.getParameter("age"));
String grade = request.getParameter("grade");
float score = Float.parseFloat(request.getParameter("score"));
//调用模型，实现数据库的新增操作
InsertStudent model=new InsertStudent();
model.insert(id, name, sex, age, grade, score);          //注意参数的对应
//通过主界面入口返回主界面
response.sendRedirect("ListStudentServlet.do");
```

上述控制器的代码主要完成：通过 request 对象获取 JSP 中 form 表单用户的数据，调用模型 InsertStudent.java 完成数据库的插入操作，并显示到主界面。

模型 InsertStudent.java 的关键代码及解释：

```
public int insert(int id,String name,String sex,int age,String grade,float score){
        int a=0;    //返回操作是否成功的标志
        try {
                Connection conn=s.getConnection();
                //SQL 语句定义数据库操作逻辑
                String sql="insert student values(?,?,?,?,?,?)";
                ps=conn.prepareStatement(sql);
                //给以下各个参数赋值，其中数字对应参数的次序
                ps.setInt(1, id);
                ps.setString(2, name);
                ps.setString(3, sex);
                ps.setInt(4,age);
                ps.setString(5,grade);
                ps.setFloat(6,score);
                a=ps.executeUpdate();    //执行操作
                s.closeAll(conn,ps,rs);
        } catch (SQLException e) {
                e.printStackTrace();
        }
        return a;
}
```

模型 InsertStudent.java 的功能：定义 SQL 插入语句，传递需要插入的数据，执行 SQL 语句。控制器调用该模型完成操作后，通过模型入口进入主界面，就可以看到一个新增加的学生信息了。

4. 修改子功能模块

从主界面 studentlist.jsp 的修改功能入口，进入子模块的执行程序，其过程见图 7-6。

修改功能的入口链接：<a href="UpdateStudentservlet.to?id-${studentitem.id}">修改</a>是调用一个带参数的 Servlet 控制器 UpdateServlet.java，这个参数是所需修改的学生 id。该控制器的功能：通过传递的 id 参数查询该学生，并把查询的数据存放到 request 对象中，跳转到 studentupdate.jsp 供用户修改。控制器 UpdateServlet 的主要代码如下：

```
String id = request.getParameter("id");
…
Integer studentId = Integer.valueOf(id);
…
                //调用查询方法，得到学生数据
        SelectStudent students = new SelectStudent();
        Student student = students.load(studentId);
                //将管理员数据保存到 request 对象中
        request.setAttribute("student", student);
                //转发到 student.jsp 中
request.getRequestDispatcher("/jsp/studentupdate.jsp").forward(request, response);
```

上述控制器通过调用模型 SelectStudent.java，将学号为 id 中数据的学生查询出来，供用户修改。该模型的关键代码及解释如下：

```
public Student load(Integer id) {       //根据 id 进行查询的方法定义
    Student student = null;     //查询结果返回一个 Student 类型的对象
    //根据 id 查询 SQL 的语句定义
    String sql = "select * from student    where student.id = ? ";
    try {
            Connection conn=s.getConnection();
            ps = conn.prepareStatement(sql);
            ps.setInt(1, id.intValue());
            rs = ps.executeQuery();
            if(rs.next()){
                    student = new Student();    //以下为查询结果，存放到值对象中
                    student.setId(rs.getInt("id"));
                    student.setName(rs.getString("name"));
                    student.setSex(rs.getString("sex"));
                    student.setAge(rs.getInt("age"));
                    student.setGrade(rs.getString("grade"));
                    student.setScore(rs.getFloat("score"));
            }
            s.closeAll(conn,ps,rs);
    } catch (Exception e) {
            e.printStackTrace();
    }
            return student;        //查询结果返回
}
```

上述模型代码主要完成：通过 id 查询一个学生信息并存放到 Student 类型的值对象中供后续修改，修改界面为 studentupdate.jsp。该修改界面从 request 对象中获取学生信息，并通过 form 表单显示在<input >输入框中，供用户修改。

修改界面 studentupdate.jsp 中的关键代码及解释如下：

```
<form action="DoUpdatStudenteservlet.do?id=${student.id}" method="post">
<p> 学号: ${student.id}      </p>
<p> 姓名:<input type="text" name="name" value="${student.name}" /><br></p>
<p> 性别:<input type="text" name="sex" value="${student.sex}" /><br></p>
```

```
<p>年龄:<input type="text" name="age" value="${student.age}" /><br></p>
<p>班级:<input type="text" name="grade" value="${student.grade}" /><br></p>
<p>成绩:<input type="text" name="score" value="${student.score}" /><br></p>
    <input type="submit" value="修改" />
    <input type="reset" value="重置" />
</form>
```

该界面通过显示的学生信息进行修改。

Form 中 action="DoUpdatStudenteservlet.do?id=${student.id}"调用修改控制器 Servlet，实现对数据库的修改操作。该控制器 DoUpdateServlet.java 的关键代码与解释如下：

```
request.setCharacterEncoding("gbk");
//获取 JSP 中的各数据
int id = Integer.parseInt(request.getParameter("id"));
String name = request.getParameter("name");
String sex = request.getParameter("sex");
int age = Integer.parseInt(request.getParameter("age"));
String grade = request.getParameter("grade");
float score = Float.parseFloat(request.getParameter("score"));
//调用修改模型，执行数据库的修改操作
UpdateStudent model=new UpdateStudent();
model.update(id, name, sex, age, grade, score);
//跳到主界面
response.sendRedirect("ListStudentServlet.do");
```

通过上述修改操作的控制器代码，完成获取修改界面的数据，调用修改模型执行数据库修改操作，并返回到主界面。

修改模型 UpdateStudent.java 的功能：定义 SQL 修改语句，传递需要修改的数据，并执行 SQL 语句。控制器调用该模型完成操作后，通过模块入口进入主界面。这时就可以看到学生的信息已修改成功。

模型 UpdateStudent.java 的主要代码如下：

```
public int update(int id,String name,String sex,int age,String grade,float score){         //定义修改方法，其中的
参数为修改后数据
            int a=0;
            try {
                Connection conn=s.getConnection();
                //定义修改 SQL 语句
                String sql="update student set name=?,sex=?,age=?,grade=?,score=? where id=?";
                ps=conn.prepareStatement(sql);
                //传递各参数，其中数字对应参数的次序
                ps.setInt(6, id);
                ps.setString(1, name);
                ps.setString(2, sex);
                ps.setInt(3,age);
                ps.setString(4,grade);
                ps.setFloat(5,score);
                a=ps.executeUpdate();         //执行修改
```

```
            s.closeAll(conn,ps,rs);
    } catch (SQLException e) {
            e.printStackTrace();
    }
    return a;                          //返回修改操作结果的状态标记
}
```

上述模型 UpdateStudent.java 是完成对数据库修改（Update）操作的代码，它由控制器 DoUpdateServlet.java 调用执行。完成修改后，控制器 DoUpdateServlet.java 将控制转到主界面，并可以在主界面中看到修改后的数据。

5. 删除子功能模块

从主界面 studentlist.jsp 中的删除功能入口，进入该子模块的程序执行，其程序执行过程见图 7-7。

主界面中删除功能的入口链接如下：

<a href="showStudent.do?id=${studentitem.id} ">删除</a>

调用一个带参数的 Servlet 控制器 ShowStudentServlet.java，该参数是需删除的学生 id。控制器的功能：通过传递的 id 参数查询该学生，并把查询到的数据存放到 request 对象中，跳转到 studentdelete.jsp 供用户确认是不是要删除的学生。控制器 ShowStudentServlet.java 的主要代码如下：

```
//获取参数 id 的数据
String id = request.getParameter("id");
        …
Integer studentId = Integer.valueOf(id);
//调用查询模型方法，得到学生数据
SelectStudent students = new SelectStudent();
Student student = students.load(studentId);
//将学生数据保存到 request 对象中
request.setAttribute("student", student);
//转发到 studentshow.jsp 中
request.getRequestDispatcher("/jsp/studentshow.jsp").forward(request, response);
```

上述控制器通过调用模型 SelectStudent.java，将学号为 id 的学生查询出来，供用户确认是否删除。该模型 SelectStudent.java 在"删除子功能模块"中已经介绍，其调用方法如下：

```
public Student load(Integer id) {…}
```

通过学生 id 号查询一个 Student 类型的值对象，其代码这里就不再赘述了。

控制器 ShowStudentServlet.java 通过调用该模型获取要删除的数据，然后返回一个 JSP 界面进行显示，供用户做删除参考。该界面为 studentshow.jsp。

删除确认界面 studentshow.jsp 的关键代码及解释如下：

```
<table align="center" width="360" border="1" cellspacing="0"
            cellpadding="5">
//下面显示要删除的数据，供用户参考以便确认是否真要删除
        <tr>
                <td align="center">   编号      </td>
```

```
                            <td>${student.id}        </td>
                    </tr>
                    <tr>
                            <td align="center">      姓名 </td>
                            <td>${student.name}    </td>
                    </tr>
                    <tr>
                            <td align="center">      性别 </td>
                            <td>${student.sex}</td>
                    </tr>
                    <tr>
                            <td align="center">      班级 </td>
                            <td> ${student.grade}</td>
                    </tr>
                    <tr>
                            <td align="center">      年龄</td>
                            <td>${student.age}</td>
                    </tr>
                    <tr>
                            <td align="center">      成绩 </td>
                            <td> ${student.score}  </td>
                    </tr>
            </table>
            <table align="center" width="360" border="0">
<tr>
<td align="center">
//删除功能，调用删除 Servlet
<form action="DeleteStudentservlet.do?id=${student.id}" method="post">
            <input type="submit" value="删除">
</form>
</td>
<td align="center">
//放弃删除，通过主界面入口 URL 回到主界面
    <form action="ListStudentServlet.do" method="post">
            <input type="submit" value="返回">
    </form>
</td>
</tr>
</table>
```

通过该界面显示学生信息，并可以进行删除、放弃返回的操作。

删除通过 form 中 action="DeleteStudentservlet.do?id=${student.id}"调用删除控制器 Servlet，实现真正对数据库的删除操作，否则通过主界面入口 URL 回到主界面。该控制器 DeleteServlet.java 的关键代码与解释如下：

```
    request.setCharacterEncoding("gbk");
    //获取需删除学生的 id
   int id=Integer.parseInt(request.getParameter("id"));
```

```
//调用模型进行数据库删除
DeleteStudent model=new DeleteStudent();
model.delete(id);
//删除后返回主界面
response.sendRedirect("ListStudentServlet.do");
```

通过上述删除操作的控制器代码，获取需删除的学生 id，执行数据库删除操作，并返回主界面。

删除模型 DeleteStudent.java 的功能：定义 SQL 修改语句，传递需要删除学生的 id，执行 SQL 语句。控制器调用该模型完成删除操作后，通过模块入口进入主界面。这时就可以看到学生的信息已删除成功。

删除模型 DeleteStudent.java 的主要代码如下：

```java
public int delete(int id){
    int a=0;
    try {
        Connection conn=s.getConnection();
        String sql="delete from student where student.id=?";
        ps=conn.prepareStatement(sql);
        ps.setInt(1, id);
        a=ps.executeUpdate();
        s.closeAll(conn,ps,rs);
    } catch (SQLException e) {
        e.printStackTrace();
    }
    return a;
}
```

上述模型 DeleteStudent.java 是完成对数据库删除（Delete）操作的代码，它由控制器 DeleteServlet.java 调用执行。完成删除后，控制器 DoUpdateServlet.java 将控制跳转到主界面，并可以从主界面看到删除后的学生列表中已没有该学生的信息。

7.3 优化模块可更具实用性

软件开发中，为实现用户的功能需求要编写大量的代码，非功能需求的实现也需要编写大量的代码，如软件界面的美化、处理性能的提高、适应用户操作要求的编码等，它们是在已完成的软件功能基础上进行的程序编码。通过非功能需求的编码实现，可进一步完善软件的功能模块。

本节将介绍在已实现的功能模块程序基础上，对存储汉字信息时出现的乱码、信息的分页显示等技术问题的解决，完善模块的功能使其更实用。

"学生信息管理"模块的设计并不完善，如子模块程序比较分散、汉字处理有时会出现乱码、数据过多时需要分页显示等。下面就介绍这些常用问题的解决方法。

案例分享

【例 7-2】 对例 7-1 实现的模块进行优化，包括程序结构优化、汉字乱码的处理、多数据的分页显示等。

7.3.1　模型层子模块的合并

在"学生管理"模块的实现中包括许多子模块，还需要有多个 JavaBean 处理程序。若将这些 JavaBean 程序合并为一个整体与这个"大"模块对应，可利于程序的开发。模型层是将学生信息落实到同一数据库表 student 的操作；创建数据库连接等数据处理代码相同，这些均可以放到一起共用，从而达到优化模型处理程序的目的。

优化时可以在不改变视图层的情况下，对模型层进行优化，即通过一个 Java 类存放对数据库表的增加、删除、修改、查询操作的方法，并且这些方法的逻辑处理代码不需要做任何改变。

优化"学生管理"模块中的代码，将其模型层的类均放在一个 Java 类程序文件中，该类取名为 StudentModel.java，用以存放对"学生信息管理"的处理方法。这样就使程序代码变得优化简洁，整个程序结构更为合理。

优化前后对应的程序如表 7-4 所示。

表 7-4　"学生管理"模块优化前后对应的程序

优化前模型层		优化后模型层	
类 文 件	方 法	类 文 件	方 法
SelectStudent.java	List search()	StudentModel.java	不变，同优化前
SearchStudent.java	Student load(Integer id)		不变，同优化前
InsertStudent.java	int insert(int id,String name,String sex,int age, String grade,float score)		不变，同优化前
UpdateStudent.java	int update(int id,String name,String sex,int age, String grade,float score)		不变，同优化前
DeleteStudent.java	int delete(int id)		不变，同优化前

虽然优化时视图层的 JSP 文件不需要做任何修改，但在控制器中还是要做一点程序修改的，即将如：

```
SelectStudent model=new SelectStudent()
```

等均改为：

```
StudentModel model=new StudentModel()
```

优化后的程序运行与操作步骤同优化前，即在浏览器地址栏输入如下地址：

```
http://localhost:8080/chapt72/ListStudentServlet.do
```

显示的界面及操作效果与图 7-8 完全相同，即在功能没有变化的情况下对代码进行了优化。

本节介绍了一个功能模块的 MVC 实现，其他功能模块的实现方法均相同。将这些功能模块实现后，就可以放到统一的运行环境中（或架构中）交互运行，这样一个软件就会逐步被开发出来。

7.3.2　汉字乱码的处理

在实现的"学生管理"模块中，JSP 页面汉字的显示、汉字信息在 MVC 设计模式各层的传递、数据库数据的存取与传递等，均进行了汉字信息的处理。否则，由于汉字编码规则的不同可能会出现乱码显示的情况。在前面案例中已经出现了部分汉字乱码处理的代码，如 JSP 页面中出现的语句<%@page contentType= "text/html;charset=GBK "%>就可以解决 JSP 页面中汉字信息的显示问题。

但是，如果汉字数据经过了 request、response 等对象的存取，或经过了数据库的存取，导致字符存取编码格式的不同，这些汉字信息就会出现乱码。

在"GB2312""GBK"等汉字编码规则中，　GB2312 是简体中文字符集的中国国家标准，全称为《信息交换用汉字编码字符集——基本集》，1980 年由中国国家标准总局发布，1981 年 5 月 1 日开始实施。其中 GB 是"国标"的简称，2312 是标准序号。

GB2312 编码适用于汉字处理、汉字通信等系统之间的信息交换，通行于中国大陆、新加坡等地。中国大陆几乎所有的中文系统和国际化的软件都支持 GB2312。

GBK 是汉字编码标准之一，是汉字内码扩展规范，与 GB2312 编码兼容。K 为扩展的汉语拼音中"扩"字的声母，GB2312 是 GBK 的子集。GBK 编码共收录汉字 21003 个、符号 883 个，并提供 1894 个造字码位，简、繁体字融于一库。GBK 编码方案由中华人民共和国全国信息技术标准化技术委员会于 1995 年 12 月 1 日编制，国家技术监督局标准化司、电子工业部科技与质量监督司于 1995 年 12 月 15 日联合以技监标函 1995 229 号文件的形式，将它确定为技术规范指导性文件。

UTF-8（8-bit Unicode Transformation Format）是一种针对 Unicode 的可变长度字符编码，又称万国码。UTF-8 用 1 到 4 字节编码 Unicode 字符。用在网页上以同一页面显示中文简体繁体及其他语言（如日文，韩文）。Unicode 码是著名的 ASCⅡ字符集（美国标准信息交换代码 American Standard Code for Information Interchange）的扩展码。由于需要将如汉语、日语和越南语的一些相似的字符结合起来，在不同的语言里，使不同的字符代表不同的字，这样只用 2 字节就可以编码地球上几乎所有地区的文字。因此，创建了 Unicode 编码。它通过增加一个高字节对 ISO Latin1 字符集进行扩展，当这些高字节为 0 时，低字节就是 ISO Latin1 字符。Unicode 支持欧洲、非洲、中东、亚洲（包括统一标准的东亚象形汉字和韩国象形文字）。

ASCⅡ表示的字符使用 Unicode 码的效率并不高，因为 Unicode 比 ASCⅡ占用的内存空间要大一倍，而对 ASCⅡ来说高字节的 0 对其毫无用处。为了解决这个问题，就出现了一些中间格式的字符集，称为通用转换格式，即 UTF。UTF-8 是 UTF 的编码格式之一。

GBK 与 UTF-8 均对中文进行了编码。至于 UTF-8 编码则是用以解决国际上字符的一种多字节编码，它对英文使用 8 位（1 字节），中文使用 24 位（3 字节）来编码。对于英文字符较多的论坛则用 UTF-8 节省空间。GBK 包含全部中文字符，而 UTF-8 则包含全世界所有国家需要用到的字符。GBK 是在国家标准 GB2312 基础上扩容后的标准，UTF-8 编码的文字可以在各国各种支持 UTF-8 字符集的浏览器上显示。例如，如果是 UTF-8 编码，则在英文 IE 上也能显示中文，而无须下载 IE 的中文语言支持包。UTF-8 是国际编码，其通用性比较好，相对于 UTF-8，GBK 的通用性较差，但 UTF-8 占用的空间要比 GBK 大。

如果将 GB2312 或 GBK 编码改为 UTF-8 编码同样可以解决汉字显示乱码的问题。

1. Java 和 JSP 本身编译时产生的乱码

Java（包括 JSP）源文件中很可能包含有中文，而 Java 和 JSP 的源文件保存方式均是基于字节流的，如果在 Java 和 JSP 编译成 class 文件的过程中，使用的编码方式与源文件的编码不一致就会出现乱码。

基于这种乱码，建议在 Java 文件中尽量不要写中文（注释部分不参与编译，写中文没关系），如果必须写的话，尽量手动带入参数 ecoding GBK 或 ecoding GB2312 进行编译；对于 JSP，可在文件头加上：

```
<%@page contentType= "text/html;charset=GBK "%> 或
<%@ page contentType= "text/html;charset=gb2312 "%>
```

使用以上方法就能解决这类乱码的问题。

读者可参考 7.2 节的案例代码，这里不再赘述。

2. JSP 与页面参数之间产生的乱码

JSP 获取页面参数时一般采用系统默认的编码方式，如果页面参数的编码类型和系统默认的编码类型不一致就会出现乱码。解决这类乱码问题的方法是在页面获取参数之前，强制指定 request 获取参数的编码方式，如：

```
request.setCharacterEncoding( "GBK ")    或
request.setCharacterEncoding( "gb2312 ")
```

如果在 JSP 将变量输出到页面时出现了乱码，通过设置以下代码可以得到解决：

```
response.setContentType("text/html;charset=GBK")    或
response.setContentType("text/html; charset=gb2312 ")
```

若不想在每个文件里都写这样两句代码，更简洁的办法是使用 Servlet 规范中的过滤器（Filter）指定编码，过滤器在 web.xml 中的典型配置和主要代码如下：

在 web.xml 中配置过滤器代码：

```
<filter>
    <filter-name> CharacterEncodingFilter </filter-name>
    <filter-class>filter.CharacterEncodingFilter </filter-class>
        <init-param>
            <param-name> encoding </param-name>
            <param-value> GBK </param-value>
        </init-param>
</filter>
<filter-mapping>
    <filter-name> CharacterEncodingFilter </filter-name>
    <url-pattern> /* </url-pattern>
</filter-mapping>
```

定义对应的过滤器类文件 CharacterEncodingFilter.java（对应 web.xml 中的<filter-class>filter.CharacterEncodingFilter </filter-class>），其代码如下：

```
public class CharacterEncodingFilter implements Filter
{
    protected   String   encoding = null;
```

```
        public void init(FilterConfig filterConfig)   throws ServletException
        {
            this.encoding = filterConfig.getInitParameter( "encoding ");
        }
        public void doFilter(ServletRequest request, ServletResponse response, FilterChain   chain) throws
IOException, ServletException
        {
        request.setCharacterEncoding(encoding);
            response.setContentType( "text/html;charset= "+encoding);
            chain.doFilter(request,   response);
        }
    }
```

过滤器（Filter）是 Servlet 技术中最实用的技术之一，Web 开发人员可通过 Filter 技术对 Web 服务器管理的所有 web 资源，如 JSP、Servlet、静态 HTML 文件等进行拦截，从而实现一些特殊的功能。例如，实现 URL 级别的权限访问控制、过滤敏感词汇、压缩响应信息等一些高级功能。

过滤器主要用于对用户请求进行预处理，也可以对 HttpServletResponse 进行后处理。使用过滤器完整的流程：Filter 先对用户请求进行预处理，然后将请求交给 Servlet 进行处理并生成响应，最后 Filter 再对服务器响应进行后处理。

过滤器 Filter 的工作原理如下。

➢ 在 HttpServletRequest 到达 Servlet 之前，拦截客户的 HttpServletRequest 请求。根据需要检查 HttpServletRequest 或修改 HttpServletRequest 头和数据。

➢ 在 HttpServletResponse 到达客户端之前，拦截 HttpServletResponse 请求。根据需要检查 HttpServletResponse 或修改 HttpServletResponse 头和数据。

3. Java 与数据库之间的乱码

前面已介绍 Web 应用程序的汉字显示问题，如 JSP 页面的汉字乱码，以及通过 request、response、Servlet 进行参数传递后的汉字乱码。由于进行了汉字信息交换，所以编码格式不同（至少要相容），则会出现汉字乱码的问题。

其实，数据库存储的数据也有自己的编码设定。如果汉字数据通过了数据库的存取，当从数据库中取出这些数据并进行传递与显示时，若这个过程的字符数据的编码格式不相容，也会出现乱码图 7-8（c）中的类似乱码。下面介绍如何解决这些汉字的乱码问题。

在"学生信息管理"模块中，新增学生信息到数据库，并显示新增加的数据信息，要求解决汉字乱码的显示问题。

在已有程序的基础上进行处理，处理步骤如下：

（1）设置输入页面 studentinsert.jsp 编码方式为 UTF-8，其语句如下：

```
<%@ page language="java" import="java.util.*" pageEncoding="UTF-8"%>
```

（2）设置显示信息页面 studentlist.jsp 编码方式为 UTF-8，其语句如下：

```
<%@ page language="java" contentType="text/html; charset=UTF-8"%>
```

（3）在 Servlet：InsertServlet.java 中添加设置汉字编码格式，其语句如下：

```
request.setCharacterEncoding("UTF-8");
```

（4）在 MySQL 数据库的 my.ini 配置文件中进行编码格式的设置，其语句如下：

```
character-set-server=utf8
```

（5）重新启动 MySQL 数据库，运行新增学生信息模块，再次输入汉字就没有汉字乱码的问题了，如图 7-9 所示。

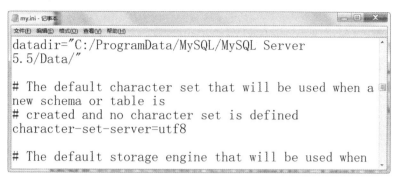

图 7-9　在配置文件 my.ini 中修改字符编码格式

将 "C:\ProgramData\MySQL Server 5.5\Data\" 文件夹（MySQL 数据库安装目录）下的 my.ini 配置文件 character-set-server=latin1 修改为 utf8。

MySQL 数据库安装时默认编码为 Latin1 格式。Latin1（或写为 Latin-1）是 ISO-8859-1 的别名，它是单字节编码，可向下兼容 ASCⅡ。Latin1 收录的字符除 ASCⅡ 外，还包括西欧语言、希腊语、泰语、阿拉伯语、希伯来语对应的文字符号。

因为 ISO-8859-1 编码范围使用了单字节内的所有空间，所以在支持 ISO-8859-1 的系统中传输和存储其他任何编码的字节流都不会被抛弃，即把其他任何编码的字节流当作 ISO-8859-1 编码看待都没有问题。正是因为这个重要的特性，MySQL 数据库的默认编码是 Latin1。

由于大部分数据库都支持 Unicode 编码方式，所以解决 Java 与数据库之间的乱码问题比较明智的方式就是直接使用 Unicode 编码与数据库交互。很多数据库驱动都自动支持 Unicode，如 Microsoft 的 SQLServer 驱动。其他大部分数据库驱动，如 MySQL 驱动可以在驱动的 url 参数中指定，如：

jdbc:mysql://localhost/WebCLDB?useUnicode=true&characterEncoding=UTF-8。

设置好以上步骤后，重新启动 MySQL 数据库再运行软件，就可以看到汉字显示乱码的问题已得到解决，如图 7-10 所示。

学号	姓名	年龄	班级	成绩	修改	删除
1	张国强	22	18软件2班	80.0	修改	删除
2	张国红	21	18软件1班	91.2	修改	删除

（a）新增数据前

图 7-10　新增学生信息乱码处理后的效果

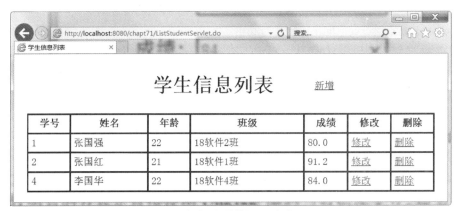

（b）填写新增数据

（c）提交后新增数据显示成功

图 7-10　新增学生信息乱码处理后的效果（续）

通过上述方法能解决大部分的乱码问题，若在其他地方还出现乱码，就需要通过手动修改代码了。解决 Java 乱码问题的关键在于，必须知道原来字节或转换后字节的编码方式，当字节与字符转换时，采用的编码必须与之保持一致。

7.3.3　多数据分页显示处理的实现

在一个 JSP 页面中显示的信息非常多，对这样的页面操作就会出现许多问题，如操作反应速度慢、大量占用计算机内存资源等。这时人们常常采用多数据分页显示的技术。

多数据分页显示就是在每个页面中每次显示一定数目的数据记录，然后通过"上一页""下一页"等操作显示其他所需要的数据。例如，数据记录比较多时就不能显示在一页中，就需要创建"首页""上一页""下一页""尾页"等数据导航功能，以便能方便地对各数据进行浏览。

下面对"学生管理"模块中的学生信息页面进行分页显示，其实现过程如下。

在原代码的基础上进行修改实现。创建一个 Java Web 项目 chapt72，并将 chapt71 项目代码导入。

（1）创建一个实体类 Page 记录当前页所处的状态。

（2）在模型层编写一个算法，将该页所处的状态换算成 SQL 的条件，并查询数据库。

（3）编写接受用户翻页操作的控制器，该控制器能调用上一步模型中的算法，并执行数据库操作，将获取查询的结果（list 结合）存放到 request 对象中。

（4）编写 JSP 页面，显示翻页操作超链接，以及执行翻页操作后的结果。

1. 创建 Page 类

在 entity 包中创建 Page 类，用于记录用户的当前页面信息，包括当前页号、一页显示的最大记录数、第首页、尾页、当前页的上一页、当前页的下一页、页面总数等。该类对应的对象会随用户的操作而更新，在进行数据库访问时可根据这些信息确定要获取的记录集合。

Page.java 类的代码如下：

```
package entity;
public class Page {                    //该类用于记录当前页状态的信息
    private int num;                   //当前页号
    private int size;                  //一页显示的最大记录数
    private int rowCount;              //记录总数目
    private int pageCount;            //页面总数
    private int startRow;             //当前页开始行号，第一行是 0 行
    private int first = 1;            //第一页的页号
    private int last;                 //最后页的页号
    private int next;                 //下一页的页号
    private int prev;                 //前一页的页号
    public Page(int size, String str_num, int rowCount) {
        //带参数的构造方法，size 为页面显示的记录数目，str_num 为起始记录号，rowCount 为记录
        总数据,根据上述 3 个参数，计算出 Page 的各属性值以便后续使用
        int num = 1;
        if (str_num != null) {
            num = Integer.parseInt(str_num);
        }
        this.num = num;
        this.size = size;
        this.rowCount = rowCount;
        this.pageCount = (int) Math.ceil((double) rowCount / size);    //页的总数目，ceil 是进一取整的
数学函数
        this.num = Math.min(this.num, pageCount);
        this.num = Math.max(1, this.num);
        this.startRow = (this.num - 1) * size;        //当前页的起始行号，如果记录的是第一行，则
startRow 为 0
        this.last = this.pageCount;         //最后一页的页号      第一页的页号 this.first=1;
        this.next = Math.min(this.pageCount, this.num + 1);    //当前下一页的页号
        this.prev = Math.max(1, this.num - 1);                 //当前前一页的页号
    }
    //为了节省篇幅，此处省略 setter/getter 方法
}
```

Page 类带参数的构造方法，可根据用户调用的信息随时更新页面的参数，因此数据库查询时就可以直接引用这些参数。

2. 编写计算记录总数的方法

在模型 model.StudentModel.java 中，创建方法 int countAllStudents()用于计算总的记录数，其代码如下：

```
public static int countAllStudents() {    //计算数据库的记录总数
        String sql = "select count(*) from student";
        int count = 0;
        try {
                Connection conn = s.getConnection();
                ps = conn.prepareStatement(sql);
                rs = ps.executeQuery();
                while (rs.next()) {
                        count = rs.getInt(1);
                }
                s.closeAll(conn, ps, rs);
        } catch (SQLException e) {
                e.printStackTrace();
        }
        return count;    //返回访问的记录总数
    }
```

在模型 model.StudentModel.java 中，创建方法 List <Student> ListStudents(int startRow, int size)，其功能是根据该页要显示的记录行号及记录个数访问数据库，并将结果存放到 list 集合中。

该方法可以从修改前面的 List search()方法中得到，其代码如下：

```
public List <Student> ListStudents(int startRow, int size) {
        //根据行号为 startRow 查询 size 个数并记录到 list 中
        List studentlist = null;
        String sql = "select * from student limit ?,?";        //相对于 List search()方法修改
        try {
                Connection conn = s.getConnection();
                ps = conn.prepareStatement(sql);
                ps.setInt(1, startRow);        //相对于 List search()方法增加
                ps.setInt(2, size);        //相对于 List search()方法增加
                rs = ps.executeQuery();
                studentlist = new ArrayList();
                while (rs.next()) {
                        Student student = new Student();
                        student.setId(rs.getInt("id"));
                        student.setName(rs.getString("name"));
                        student.setAge(rs.getInt("age"));
                        student.setSex(rs.getString("sex"));
                        student.setGrade(rs.getString("grade"));
```

```
                    student.setScore(rs.getFloat("score"));
                    studentlist.add(student);
                }
                s.closeAll(conn, ps, rs);
            } catch (Exception e) {
                e.printStackTrace();
            }
            return studentlist;
        }
```

上述代码，主要修改如下：

```
（1）String sql = "select * from student limit ?,?";
…
（2）ps.setInt(1, startRow);    //设置起始的记录号
（3）ps.setInt(2, size);         //设置要访问的记录个数
```

第（1）句是在 SQL 语句中增加了"limit?,?"，以访问 MySQL 数据库中某些限定记录号的数据；第（2）句与第（3）句分别设置了 SQL 语句中的两个参数值，即要访问的第一个数据的记录号和要访问的记录个数。

在使用查询语句进行翻页时，经常要返回前几条或中间的某几行数据，MySQL 数据库提供 limit 来用于分页，各数据库的处理方法不同，如 SQL Server 数据库使用 top、Oracle 数据库使用 Rownum 来进行分页。

第（2）句和第（3）句的参数 startRow 与 size 最终会从 page 对象中获取。

3. 在控制器中增加翻页功能的控制语句

修改原控制器 ListStudentServlet.java 的 doGet()方法进行查询与分页的控制，其代码如下：

```
public class ListStudentServlet    extends HttpServlet{
        protected void doGet(HttpServletRequest request, HttpServletResponse response) throws ServletException,
IOException {
                int rowCount = StudentModel.countAllStudents();    //计算总的行数
                //将 Page 类放入作用域，以便在 JSP 页面中显示
                //根据 num 计算页 Page 状态对象 p1，并存储以便使用与更新
                Page p1 = new Page(2, request.getParameter("num"), rowCount);
                //num 是"? "传递的参数
                //3 个参数：2 是 size，即页面显示的记录数目；num 是起始记录号；rowCount 是记录总数据
                request.setAttribute("page", p1);
                //将当前页信息放入作用域，以便在页面中使用
                StudentModel model = new StudentModel();
                List list = model.ListStudents(p1.getStartRow(),p1.getSize());
                //根据页信息到 list 集合中查询数据
                request.setAttribute("studentlist", list);        //存放到 request 供 JSP 页面显示
        request.getRequestDispatcher("/studentjsp/studentlist.jsp").forward(request, response);
        }
        … //Servlet 的其他部分不需要修改
}
```

对 chapt71 项目中的 ListStudentServlet.java 进行修改。首先，访问模型方法获取要访问数据库的总行数；然后创建 page 对象记录当前页面信息，该对象有 3 个参数，即每页显示记录最大个数为 size、起始记录号为 num、记录总个数为 rowCount，在此设定每页显示最多 2 个记录（读者可以根据需要自行修改），num 是调用该 Servlet 时传递的参数，rowCount 通过上一步已经计算好了。

由于这 3 个参数的传入，page 对象会自动计算出第首页、尾页、当前页的上一页、当前页的下一页、页面总数等信息。

最后将 page 对象存放到 request 对象中供 JSP 页面后续访问使用。

4. 在 studentlist.jsp 页面中增加翻页处理超链接等功能

在 chapt71 项目中 studentlist.jsp 用于显示学生列表信息（见图 7-10），在此除要有同样的功能外，还要有翻页功能，这些翻页功能是由控制器实现的。在此，需要将翻页控制器的 URL 地址作为超链接，具体翻页信息存放到 num 变量及 page 对象中。

修改的 studentlist.jsp 代码如下：

```
<%@ page language="java" contentType="text/html; charset=UTF-8"%>
<%@ taglib uri="http://java.sun.com/jsp/jstl/core" prefix="c"%>
<!DOCTYPE html PUBLIC "-//W3C//DTD HTML 4.01 Transitional//EN" "http://www.w3.org/TR/html4/loose.dtd">
<html>
    <head>
        <title>学生信息列表</title>
    </head>
    <body>
        <center>
            <table align="center" width="360" border="0">
                <tr>
                    <td align="center">
                        <h1>
                            学生信息列表
                        </h1>
                    </td>
                    <td align="center">
                    </td>
                </tr>
            </table>
            <table>
                ...
                <c:forEach var="studentitem" items="${studentlist}">
                <迭代显示 list 中的学生信息代码略>
                    ...
                </c:forEach>
            </table>
            //以下显示翻页的超链接与总页数
            <%
                String pageTurningUrl = "ListStudentServlet.do?num=";
```

```
        %>
        <c:choose>
            <c:when test="${page.num != 1}">
            <a href="<%=pageTurningUrl%>${page.first}">首页</a>
            <a href="<%=pageTurningUrl%>${page.prev}">上一页</a>
            </c:when>
            <c:otherwise>
                <b>首页</b>
                <b>上一页</b>
            </c:otherwise>
        </c:choose>
        <c:choose>
            <c:when test="${page.num != page.pageCount}">
            <a href="<%=pageTurningUrl%>${page.next}">下一页</a>
            <a href="<%=pageTurningUrl%>${page.last}">尾页</a>
            </c:when>
            <c:otherwise>
                <b>下一页</b>
                <b>尾页</b>
            </c:otherwise>
        </c:choose>
            共${page.pageCount}页
        <br />
    </center>
  </body>
</html>
```

上述代码中，翻页的 URL 地址为 ListStudentServlet.do?num=n，具体要翻到哪一页由"n"确定，该数据存放到 num 变量中。实际操作时，由 page 对象决定，如${page.first}、${page.prev}、${page.next}、${page.last}分别指明所翻页的首页、上一页、下一页、尾页，只要根据这些数据就可以创建完整的翻页超链接。总页数由${page.pageCount}获得。

由于翻页功能对首页不能再翻"上一页"与"首页"，同理，对尾页不能翻"下一页"与"尾页"，这就需要进行判断与处理。此处通过<c:choose>和<c:when>标签进行处理，即判断出不是首页（<c:when test="${page.num != 1}">），则显示向前翻页超链接，否则仅显示翻页标题；判断出不是尾页（<c:when test="${page.num != page.pageCount}">），则显示向后翻页的超链接，否则仅显示翻页标题。

注意：studentlist.jsp 文件中出现的标签<c:choose>是 JSTL 标准标签的一种，类似于结构化程序设计的多条件选择语句，需要与<c:when test=" ">标签结合起来使用。<c:when test=" ">标签的作用是判断某条件，如果成立则执行该条件体的代码，否则继续判断，直至结束<c:otherwise>中的语句。

通过上述代码修改，即可完成学生信息的分页显示。启动服务器，在浏览器中输入 http://localhost:8080/chapt72/ListStudentServlet.do，则显示如图 7-11 所示的分页结果。

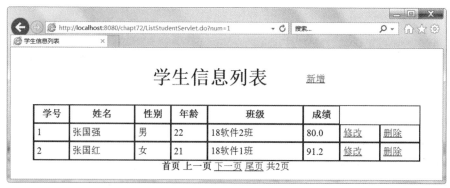

（a）翻页前的界面（每页设定显示 2 行）

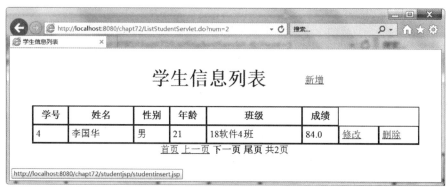

（b）单击"下一页"链接后的结果

图 7-11　翻页功能的实现

有些分页显示提供了跳转到某页或显示一系列的页号，供用户直接选择的翻页功能，其原理与实现过程类似上述 4 个超链接的操作，这里就不再赘述，请读者自行尝试完成。

7.4　通过统一操作界面进行模块的集成

软件是由各个既相互独立，又互相联系的模块组成的。模块的独立性是指各模块有自己的功能，其代码分开编写，模块的联系体现在它们之间的交互与调用。

如何组织、安排好这些模块有序地运行，并且利于软件开发的顺利进展，则需要对软件的结构与构成进行总体设计与规划。这就是本节提出的在软件架构下集成各功能模块。系统架构从总体角度设计软件的整体结构、各部件的功能及它们之间的交互，以及那些通用部件。

本章前面已介绍了一个功能模块的 MVC 实现，但是一个软件是由许多模块组成的，这些模块在运行时可能会产生交互，如果没有一个好的操作界面与组织模式，那么这个软件会很不好用。

另外，当软件的各个模块开发好后，也需要将它们组装在一起形成一个整体，即完整的软件实现。这个工作就是软件的集成或称软件的组装。软件集成是软件开发的一个重要任务。

软件集成是与软件模块分解相反的操作。在进行软件设计时，先将一个完整软件分解为多个模块，然后分别实现，最后将这些开发好的模块通过集成形成一个软件的整体。

7.4.1 软件项目的功能模块分解

在设计软件时，软件设计师需要将软件分解成不同的模块，这些模块将构成软件的整体功能，然后在编码时对这些模块进行逐一实现，最后通过集成将它们组成一个完整软件，这就是软件的模块化原则，模块化体现了将大事化小，然后各个击破的做事原则。

例如，在高校学生管理系统中包括学生管理、教师管理、课程管理和成绩管理。在该软件开发时就需要将其分解为不同的模块，这些模块就构成了高校学生管理系统，如图7-12所示。

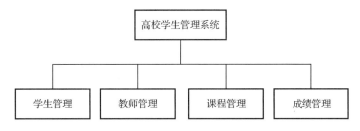

图7-12 高校学生管理系统模块组成

图7-12中示意了一个软件的模块分解，分解后的模块还可以再分解下去，图7-1就是对"学生管理"模块的进一步分解。

如此对要开发的软件进行模块分解，然后一个个逐步地实现（其实这些模块的实现技术基本相同）。关于高校学生管理系统4大模块（学生管理、教师管理、课程管理、成绩管理）的实现方法均相同，具体内容可见7.2节，这里不再赘述。

7.4.2 软件的模块集成

将软件各功能模块分解，并分别开发完成后，还需要将它们集成在一起。由于这些模块是相对独立的程序，在实现过程中可以单独进行编码与单元测试。当这些模块编码完成并通过单元测试后，就可以放在一起运行了，这个过程就是软件的集成。

由于在软件模块的开发过程中，只是局部功能的实现，仅在单元测试阶段模拟了互相调用的测试，所以需要进行集成后的测试。最终软件是要通过集成完整软件的组装，以完成软件的开发任务。

软件模块在集成前，先要将一些公共的软件部件部署好，即各个模块的一些共性的部分需要先实现并能在系统中支持各模块的运行，如各模块均要对数据库进行操作，那么获取数据库连接的处理，就可抽象处理作为一个公共部件，先开发出来并部署好。如果每个模块都有自己的数据库连接获取的处理代码，这样既增加了软件的冗余度，也不利于今后代码的阅读与维护。

所以，在软件集成前，需要定义与部署软件各模块运行的技术支持，包括运行互相调用的运行环境与底层的技术支持部件。这些部件提供了各个模块的公共系统部件，各个业务功能模块在设计时已满足了这些公共部件的接口要求后，集成时只要复制业务处理模块的代码（公共部分的代码不需要复制），就完成了集成工作。

总结上述提到的技术工作，包括如下两点：

➤ 模块运行的公共系统环境部件；
➤ 公共的底层技术支撑部件。

这些工作是在软件架构时进行考虑与设计的，所以又称软件总体架构设计。在软件架构设计时，架构设计师要考虑系统运行环境如何布局、采用何种技术、与模块的接口标准，以及底层采用何种技术、底层技术的配置与实现等。

有了这些公共部件后，软件各模块再按其要求进行编码实现，那么集成工作就是一件简单的事情。

7.4.3 统一运行界面的设计

学生管理、教师管理、课程管理和成绩管理这 4 个模块均可以独立运行。如果能不改变这些模块的代码，使它们在一个统一的界面下运行，则集成工作会非常简单（运行效果见图 7-14）。

下面介绍统一运行的主界面的设计与实现，即设计一个统一的高校学生管理系统的主界面，将所有与学生管理相关的功能模块进行集中展现，该主界面的设计格式如图 7-13 所示。

图 7-13　高校学生管理系统统一界面设计格式

主界面包括 Logo 区、标头区、菜单导航区、内容区和页脚区 5 个部分，其中，菜单导航区是各个模块的入口地址，即是调用各个功能模块的菜单，当通过该菜单调用某个模块时，该模块就在内容区中运行（而不是像图 7-8 那样独立运行）。

案例分享

【例 7-3】 编写一个统一运行界面，并将学生管理等模块在此统一运行界面中集成为一个软件整体。

7.4.4 统一运行界面的实现

设计高校学生管理系统各模块的统一运行主界面，使高校学生管理系统的 4 个模块（学生管理、教师管理、课程管理、成绩管理）在其中以统一的形式运行。

1. 实现思路与运行效果

首先分别实现各个模块的程序代码，每个模块均有一个 URL 入口，如学生管理模块为一个 Servlet，其 URL 为 ListStudentServlet.do。在主菜单导航区中对应"学生管理"的入口为一个超链接：

```
<a href="ListStudentServlet.do" target="right">学生管理</a>
```

同理，其他模块的入口地址也是一个超链接。选择图 7-14 左侧的菜单时，各个功能模块的操作就可以在内容区进行展现与操作。

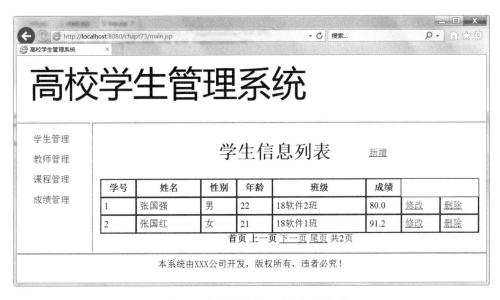

图 7-14　高校学生管理系统运行界面

在图 7-14 所示界面中，默认运行"学生管理"模块，即主界面运行时就会调用该模块的 URL，用户也可以通过选择主界面左侧的"学生管理"选项进入该操作界面。

学生管理包括学生信息列表，以及在其上的新增、修改、删除功能，在图 7-8 中已经演示过这些功能的操作。在统一界面中的操作如图 7-15 所示，这些操作均有一个相同的界面与运行环境。

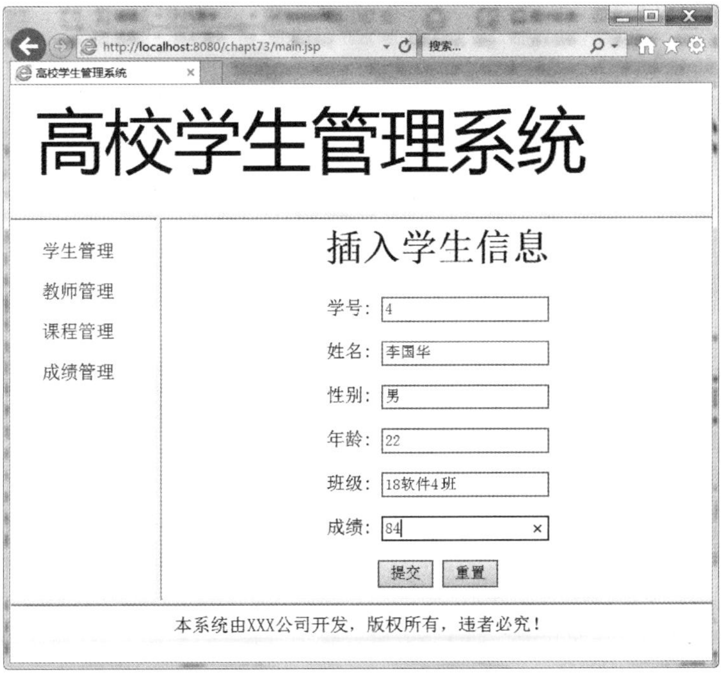

（a）在统一操作界面中插入数据

图 7-15　统一界面中学生信息管理功能操作运行效果

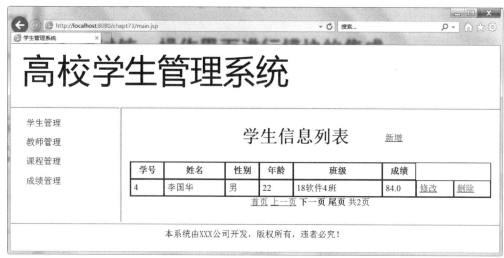

（b）插入数据成功后，单击"下一页"链接后显示插入数据成功

图 7-15　统一界面中学生信息管理功能操作运行效果（续）

2. 统一运行主界面的实现

将主界面分为 4 个部分，即主程序及内容区、标头区、菜单导航区和页脚区。这些区域的实现是由 4 个 JSP 文件通过框架（<frame>）组装而成的，如表 7-5 所示。

表 7-5　主界面程序文件的组成说明

主界面区域	程 序 文 件	说　　明
主程序及内容区	main.jsp	通过框架组装了其他 3 个文件，从而构成整个主界面
标头区	top.jsp	顶部标头区的显示内容
菜单导航区	left.jsp	左侧菜单导航区显示的内容
页脚区	footer.jso	底部页脚区显示的内容

下面分别介绍 4 个 JSP 程序文件的代码。主程序 main.jsp 的代码如下：

```
<%@ page language="java" import="java.util.*" pageEncoding="UTF-8"%>
<!DOCTYPE HTML PUBLIC "-//W3C//DTD HTML 4.01 Transitional//EN">
<html>
<head>
<title>高校学生管理系统</title>
</head>
<frameset rows="110,*,50" frameborder="yes">
    <frame src="top.jsp" noresize="noresize" />
    <frameset cols="200,*" frameborder="yes">
        <frame src="left.jsp" />
        <frame src="ListStudentServlet.do" name="right" />
    </frameset>
    <frame src="footer.jsp" noresize="noresize" />
</frameset>
<noframes>
    <p>此浏览器不支持框架显示，请使用谷歌浏览器打开</p>
</noframes>
</html>
```

主界面运行时，在内容区默认运行"学生管理"模块，而其他模块则需要通过单击菜单运行。这些模块在 JSP 的框架<frame>中运行，但是有些浏览器不支持框架技术，类似情况可以设计统一的显示格式进行运行。

主界面左侧菜单导航区 left.jsp 的代码如下：

```
<%@ page language="java" import="java.util.*" pageEncoding="UTF-8"%>
<!DOCTYPE HTML PUBLIC "-//W3C//DTD HTML 4.01 Transitional//EN">
<html>
    <head>
        <title>Left</title>
        <link href="css/style.css" rel="stylesheet" type="text/css">
    </head>
    <body style="padding: 10 0 0 20">
        <p>
    <a href="ListStudentServlet.do" target="right">学生管理</a>
        </p>
        <p>
    <a href="teacherjsp/teacherinfo.jsp" target="right">教师管理</a>
        </p>
        <p>
    <a href="subjectjsp/subjectinfo.jsp" target="right">课程管理</a>
        </p>
        <p>
    <a href="scorejsp/scoreinfo.jsp" target="right">成绩管理</a>
        </p>
    </body>
</html>
```

菜单导航区通过菜单将各个模块分别调到内容区运行。因此，只需要将各个模块的代码复制到一起，将其运行的 URL 超链接放在菜单导航区相应的菜单中，就可以在主界面中运行了，其中：

```
<a href="ListStudentServlet.do" target="right">学生管理</a>
```

是学生管理模块的入口（前面已经介绍过）。其他超链接是相应模块的入口 URL。

顶部标头区显示标头信息，其程序 top.jsp 的代码如下：

```
<%@ page language="java" import="java.util.*" pageEncoding="UTF-8"%>
<!DOCTYPE HTML PUBLIC "-//W3C//DTD HTML 4.01 Transitional//EN">
<html>
<head>
<title>top.jsp</title>
<link href="css/style.css" rel="stylesheet" type="text/css">
</head>
<body>
    <span class="top_title">学生管理系统</span>
</body>
</html>
```

底部页脚区显示页脚信息，其程序 footer.jsp 的代码如下：

```
<%@ page language="java" import="java.util.*" pageEncoding="UTF-8"%>
<!DOCTYPE HTML PUBLIC "-//W3C//DTD HTML 4.01 Transitional//EN">
```

```
<html>
    <head>
        <title> footer.jsp </title>
        <link href="css/style.css" rel="stylesheet" type="text/css">
    </head>
    <body>
        <center>
            本系统由 XXX 公司开发，版权所有，违者必究！
        </center>
    </body>
</html>
```

7.4.5 在主界面中其他模块的集成

前面已经介绍过各模块统一运行主界面的设计与实现，也介绍了一个"学生管理"模块的实现及在主界面中的运行。那么，其他的模块在主界面中集成与运行是否也相同呢？

答案是肯定的，即其他各模块只要分别开发完成，将其程序文件复制到项目工程中，在 left.jsp 中修改对应菜单的超链接，就完成了其集成工作，该模块就可以在主界面中运行了。

为了说明问题，每个模块分别用一个 JSP 文件代替（它们不是一个完整功能模块的实现）。

➢ 教师信息管理模块：teacherjsp/teacherinfo.jsp。

➢ 课程信息管理模块：subjectjsp/subjectinfo.jsp。

➢ 成绩管理模块：scorejsp/scoreinfo.jsp。

它们的入口地址为这 3 个文件的超链接（见上述 left.jsp 中的代码）。将相应的代码复制到项目工程中就完成了集成。

重新部署项目工程文件，启动服务器，运行主界面程序 main.jsp，就会出现完整的软件运行界面（见图 7-14）。

分别选择左侧的导航菜单，即教师管理、课程管理、成绩管理均可在主界面中运行，如图 7-16 所示。

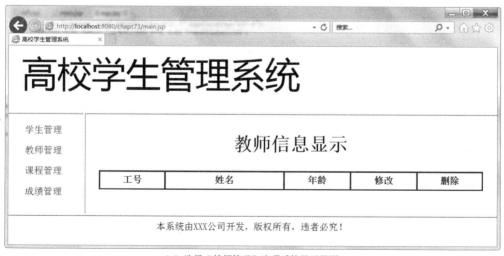

（a）选择"教师管理"选项后的显示界面

图 7-16 模块集成后的操作演示

（b）选择"课程管理"选项后的显示界面

（c）选择"成绩管理"选项后的显示界面

图 7-16 模块集成后的操作演示（续）

上述图中分别展示了其他 3 个模块，即教师管理、课程管理、成绩管理的运行。这 3 个模块的实现技术与"学生管理"模块完全相同，其余模块的实现过程均省略。

7.4.6 软件集成后程序的组织

高校学生管理系统软件组成包括学生管理模块、教师管理模块、课程管理模块和成绩管理模块，以及公共架构部件。每个模块又有 MVC 的各个层次，所以整个软件按模块及按层次进行布局均是一种结构性设计。

完整"高校学生管理系统"软件的程序组成如表 7-6 所示。

表 7-6　完整"高校学生管理系统"软件的程序组成

模 块 名	组 成 部 件	包/文件夹	程 序 文 件
公共架构部件	主界面	根文件夹：/	main.jsp,top.jsp,left.jsp,footer.jsp
	数据处理层	dbutil	Dbconn.java
	实体类	entity	Student.java，其他实体类略
学生管理	表示层 V	文件夹：studentjsp	studentinsert.jsp,studentlist.jsp, studentshow.jsp,studentupdate.jsp
	模型层 M	model	StudentModel.java
	控制层 C	control	DeleteServlet.java,DoupdateServlet.java, InsertServlet.java,ListStudentServlet.java, ShowStudentServlet.java,UpdateServlet.java
教师管理	表示层 V	文件夹：teacherjsp	入口 teacherinfo.jsp，其他略
	模型层 M	model	略
	控制层 C	control	略
课程管理	表示层 V	文件夹：subjectjsp	入口 subjectinfo.jsp，其他略
	模型层 M	model	略
	控制层 C	control	略
成绩管理	表示层 V	文件夹：scorejsp	入口 scoreinfo.jsp，其他略
	模型层 M	model	略
	控制层 C	control	略

　　表中列出了完整"高校学生管理系统"软件的程序组成，但由于前面所述的原因，表中注明"略"的是没有实现的代码（其实现技术同学生管理模块）。高校学生管理系统项目程序结构如图 7-17 所示。

```
▲ 🗂 chapt73
    ▷ 📰 Deployment Descriptor: chapt73
    ▷ 📥 JAX-WS Web Services
    ▲ 🗂 Java Resources
        ▲ 📁 src
            ▷ 📦 control
            ▷ 📦 dbutil
            ▷ 📦 entity
            ▷ 📦 model
        ▷ 📚 Libraries
    ▷ 📚 JavaScript Resources
    ▷ 📂 build
    ▲ 📂 WebContent
        ▷ 📂 css
        ▷ 📂 META-INF
        ▷ 📂 scorejsp
        ▷ 📂 studentjsp
        ▷ 📂 subjectjsp
        ▷ 📂 teacherjsp
        ▷ 📂 WEB-INF
          📄 footer.jsp
          📄 left.jsp
          📄 main.jsp
          📄 top.jsp
```

图 7-17　高校学生管理系统项目程序结构

其中，src 中存放包及 Java 类文件，WebContent 中存放文件夹或 JSP 程序文件，整个项目程序组织的说明见表 7-6。

回顾前面对一个模块的 MVC 开发，那时需要开发的程序包括实体类、数据处理层、表示层、模型层、控制层 5 个部分。但有了公共架构部件后，后续的模块是否还需要这样开发呢？

由于很多部件已经在公共部件中存在了，如数据处理层；另外，实体类是整个软件的公共数据模型，在软件开发前应已设计好，所以数据库表、实体类也已经开发好了。在这样的情况下，再进行其他软件模块的开发，只要知道如何用数据处理层、对哪几个实体类或数据库表进行操作，剩下的事就是在这种条件下实现自己的 MVC 层这 3 个部分就可以了。

7.4.7　软件的架构与软件集成

软件的开发除了实现各个模块的功能，还需要一个整体架构用于各模块的操作运行。软件开发中，全局性的功能部件和各业务处理局部模块是软件开发的两大部分。如果全局性的架构稳健，则对各业务功能模块的顺利开发有很大的好处。

一个软件的架构可以脱离用户的业务进行独立开发，而将满足用户需求的工作派给各业务处理模块去完成，软件架构应在技术上满足各模块的运行与操作要求。这样，在软件开发时就可以将不稳定的因素限制在较小的范围内，从而尽可能地降低风险。

在软件集成前需要设计一个好的软件架构，这就是以软件架构为中心的软件开发方法，一个稳定的、灵活的、可扩展的软件架构是软件顺利开发的前提。

软件架构属于高层设计，而模块的设计是底层设计。最终将它们对接起来，这就是软件集成。软件架构是遵循将问题"分而治之"的原则，即各个模块的设计与实现，所以软件架构是团队开发的基础。软件集成是将软件模块在软件架构下构建成一个完整软件的过程，软件集成后还需要进行集成测试。

因为软件架构是团队开发的基础，应为后期的分别开发提供足够的指导和限制。

一个好的软件架构是能做好自己的事情，并对下层有指导与约束作用，但又不能代替下层做事情。

软件的各个模块集成在一起后，就需要对它们进行集成测试。虽然在各个模块进行过单元测试，但在单元测试阶段，没有可供交互的模块，只有设计一些简约模块替代模拟进行交互操作。由于模拟操作的局限性，很多模块之间的问题可能在单元测试阶段并没有暴露出来。

集成测试又称组装测试或综合测试，是在单元测试的基础上，将所有模块按照设计要求组装成为整体系统而进行的测试。在集成测试过程中，主要考虑和测试以下内容：在把各个模块连接起来时，穿越模块接口的数据是否会丢失；一个模块的功能是否会对另一个模块的功能产生不利的影响；各个子功能组合起来，能否达到预期要求的父功能；全局数据结构是否有问题等。最后，通过软件集成测试，使软件的功能更加完善。

小　结

通过一个完整的"学生管理"模块的开发案例，介绍一个软件模块开发时，功能需求、模块分解（包括增加、删除、修改、查询的子模块）、数据库设计，以及 MVC 设计模式的代码实现，并用相应的文字、图形、代码等形式描述这些开发的内容。通过该案例，读者可以了解基于 MVC 设计模式的 JSP 技术进行软件开发的整个过程与技术文档表示。

在进行软件开发时，先将软件的功能分解为不同的模块，直至可以进行单独 MVC 设计模式的开发。各模块功能编码完成后还要对其进行优化，互相调用，共同完成用户的操作。当各个模块开发好后，就需要将它们集成在一起运行。在软件集成前需要进行软件架构，即需要定义与部署软件各模块运行的技术支持，包括运行互相调用的运行环境与底层的技术支持部件等。

介绍了以架构为中心的开发方法、软件架构的概念及内容，并通过案例介绍一个软件各模块统一运行环境的实现。该统一运行环境包括统一运行界面及其组成，以及模块在其中是如何集成的。只有集成之后的软件，才可以操作用户完整的功能要求及运行测试。

习 题

一、选择题

1. 一个软件往往要实现若干个用户业务的处理模块，这些模块相对独立且实现技术相同，它们是（　　）。

（A）基于 MVC 设计模式的开发

（B）基于工厂模式的开发

（C）基于适配器模式的开发

（D）基于代理模式的开发

2. 软件开发分解为模块开发，也包括将这些模块（　　）为一个整体的开发活动。

（A）分解　　　　　　（B）集成　　　　　　（C）抽象　　　　　　（D）概括

3. 提高一个模块性能，以及使其更实用的编码活动为（　　）。

（A）功能编码　　　　（B）非功能编码　　　（C）功能实现　　　　（D）功能优化

4. 软件各个业务功能模块的公共运行环境，一般称为（　　）。

（A）系统架构　　　　（B）框架　　　　　　（C）中间件　　　　　（D）子系统

5.（　　）常被人用于开发控制器。

（A）JSP　　　　　　（B）JavaBean　　　　（C）Servlet　　　　　（D）JDBC

二、判断题

1. 基于 MVC 设计模式的软件开发有许多优点，并没有不足。（　　）

2. 一个软件是分解成一个个模块的，包括用户业务处理模块和一些通用公共服务模块。（　　）

3. 软件架构是高层设计，各个模块的设计相对来说属于底层设计，而这些设计在技术上又是相互衔接的。（　　）

4. 软件的统一运行主界面能将整个软件的各模块组织在一起运行，使它们成为一个整体。（　　）

5. 为了验证软件各模块集成后是否能正常运行，就要在集成的环境下对软件进行测试，这时的测试称为集成测试。（　　）

三、简答题

1. 根据已学习的知识，说明软件的一个功能模块的 MVC 各层是如何实现的？

2．什么是软件的集成，你认为软件集成的过程应该怎么做？

3．什么是以架构为中心的开发方法？为什么说软件架构是团队开发的基础？

4．在软件开发前期对软件进行架构时，主要的工作内容是什么？以架构为中心的软件开发又该如何进行集成？

综合实训

实训 1　在仓库管理软件中，不但有对货物清单的记录，还包括货物的进货、出货、盘点等操作。请参考相应仓库管理文献，对仓库管理软件进行功能模块的设计与分解。

实训 2　对实训 1 的仓库管理功能模块分别进行 MVC 各层的实现。

实训 3　软件的开发过程中往往有后台的操作员及权限管理，请设计软件后台管理子系统的各模块，并进行 MVC 各层的实现。

实训 4　设计一个统一主界面，将实训 1～实训 3 开发的仓库管理软件各模块集成为一个整体，使它们能在一个相同的环境中运行。

第8章

＜＜＜＜＜＜

综合应用项目开发与文档编写

软件开发是一个复杂的过程，前面章节只介绍了用 Java Web 技术实现简单的业务处理，如果业务复杂度增加，则代码编写量会急剧增加。业务复杂度的增加直接体现在数据库表结构与软件结构。

关于复杂的数据库逻辑结构的模块实现，首先体现在多数据库表的结构，这种结构往往关联表的结构；同时，这种多表结构的模块对应的软件结构则是多实体类的模块。本章将以案例的形式介绍如何进行关联多表结构功能模块的开发，以及一个完整的软件开发和说明。

8.1 综合软件项目开发概述

使用 Java Web 开发基于 MVC 设计模式的软件技术，主要侧重一个功能模块的 MVC 创建、功能模块的集成及功能的完善技术。如果要完成一个软件的开发，重要的是要满足用户的使用需求。

在一个业务应用领域，用户的需求非常复杂，如对学生信息管理模块的开发，涉及学生的数据非常有限（只是一个学生表 student，以及姓名、性别、年龄、班级等字段，并且字段的设计也不尽合理），其目的只是说明如何基于 MVC 设计模式用 JSP 技术开发 Web 应用。

如果仅仅是这些字段的开发，则远远不能适应用户使用的要求，如要求根据班级进行学生管理、每个学生每门课程的学习情况等。这样，就涉及复杂的学生信息数据结构问题。

如果软件的数据结构非常复杂，对其操作的软件结构相应地也会复杂。对于复杂结构的软件开发是程序员必然要面对的问题。在软件开发过程中，程序员要面临复杂的用户需求、数据库结构的设计，以及复杂的软件设计，并且这些内容会随着时间的推移、用户要求的变化而不停地变化。基于 MVC 设计模式的软件开发，可将复杂的问题进行分解，把大问题分解为松散耦合的小问题，从而容易进行解决；另外，由于 MVC 设计模式的开发已经提供了较为稳定的结构，有利于对软件项目的管理。所以，基于 MVC 设计模式的软件开发有利于复杂的大型软件项目。

由于软件开发的复杂性，决定了软件开发与管理的复杂性，软件开发与管理中重要的内容与依据是软件开发文档的编写。本章后半部分将以完整的"高校学生管理系统"为开发案例，提供其开发文档，并以此作为一般软件项目开发报告的书写范例。

8.2 软件结构的复杂性及实现

大型软件的复杂性体现在数据结构和软件结构的复杂性上。软件数据结构的复杂性直接导致其软件结构的复杂性。

如高校学生管理系统，除学生基本信息外，还有班级信息、课程信息及学习成绩信息等，这些信息体现了复杂的逻辑结构。

根据数据库设计原理和设计范式，这些复杂信息都需要进行多表存储与处理。下面通过案例介绍多数据库表的处理技术。

案例分享

【例 8-1】 实现一个高校学生管理软件，该软件具有复杂的数据逻辑结构（多数据库表），除学生基本信息外，还对班级、课程及学习成绩等信息进行管理。

8.2.1 复杂的数据结构和软件结构

例如，高校学生管理系统中包括专业信息、班级信息、学生基本信息、课程信息、成绩信息等，即一个学院包括多个专业、每个专业有多个班级、每个班级有多个学生。学生在学习时有多门课程，学生的每门课程有平时成绩、期末成绩和总成绩。

下面介绍如何实现对这些复杂信息的管理软件程序。

1. 关系数据建模与数据库设计

根据上述问题的要求，软件要实现高校学生相关信息的计算机管理，包括专业信息、班级信息、学生基本信息、课程信息、成绩信息等。根据关系数据库设计原理对本问题的用户需求进行数据分析与建模（需要通过日常管理经验及语义分析），其关系数据模型（E-R 图）的设计如图 8-1 所示。图中显示该数据模型中有 4 个实体（Entity）和 3 个联系（Relationship）。

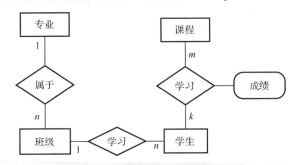

图 8-1 复杂的高校学生管理系统关系数据模型（E-R 图）

其中 4 个实体分别为专业、班级、课程、学生，而这些实体之间的 3 个联系及其类型如下：
（1）专业与班级之间：一对多联系"属于"。
（2）班级与学生之间：一对多联系"属于"。
（3）学生与课程之间：多对多联系"学习"。

图中 4 个实体的属性如下：

（1）专业：专业代码、专业名称。

（2）班级：班级编号、班级名称、专业、班主任。

（3）课程：课程编号、课程名称。

（4）学生：学生编号、姓名、性别、出生日期、相片、班级。

联系"学习"的属性：成绩（平时成绩、期末成绩、总成绩）。

关系数据模型中两个实体之间的关系包括：一对一关系、一对多关系和多对多关系 3 种类型。根据关系模型进行关系数据库设计时，其原则如下：

（1）对于两个实体之间的一对一联系，设计一个数据库表，其主键为其中一个实体的码，其字段是这两个实体属性的并集组成。

（2）对于两个实体之间的一对多联系，一个实体对应一个数据库表。将一方的实体属性作为数据库表的字段，其实体的码作为该数据库表的主键；将多方实体的各属性作为多方数据库表的字段，其实体的码作为多方数据库表的主键，一方的主码作为多方的外键。

（3）对于两个实体之间的多对多联系，每个实体对应一个数据库表，其字段为各实体的属性、主键为实体的码；联系也对应一个数据库表，其字段为联系的字段，两个实体表的主键均为联系表的外键。

根据上述原则进行数据库逻辑结构的设计，见图 8-1 中 4 个实体对应 4 个数据库表。

（1）专业表（major）：专业代码（maj_id）、专业名称（maj_name）。

（2）班级表（classes）：班级编号（cla_id）、班级名称（cla_name）、所属专业号（maj_id）、班主任（tech）。

（3）课程表（subject）：课程编号（sub_id）、课程名称（sub_name）。

（4）学生表（student）：序号（stu_id）、学生编号（stu_no）、密码（stu_pwd）、姓名（stu_name）、性别（stu_sex）、出生日期（stu_birth）、相片（stu_pic）、所属班级号（cla_id）。

学习为课程与学生之间的多对多联系，也构成了一个数据库表的"学习成绩"，即成绩表（score），其结构为编号（sco_id）、学生编号（stu_id）、课程编号（sub_id）、平时成绩（sco_daily）、期末成绩（sco_exam）、总成绩（sco_count）。

学生管理系统的数据库表之间的关系如图 8-2 所示。

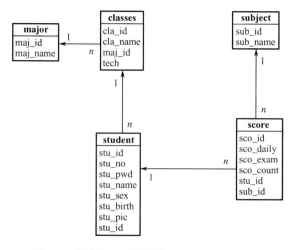

图 8-2　学生管理系统的数据库表之间的关系

2. 实体类的设计及实体类之间关联的体现

在基于 MVC 设计模式的 JSP 进行软件开发时，数据库设计结构中的各表均对应一个实体类，且各字段和数据类型对应实体类的属性及数据类型。所以，需根据上述 5 个数据库表设计软件的实体类，如图 8-3 所示。

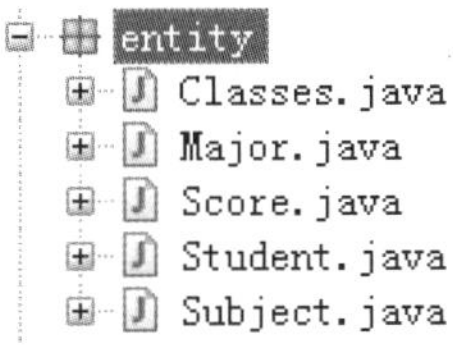

图 8-3　对应软件中的 5 个实体类

实体类的属性与对应数据库表的属性相同，但数据库表之间的外键关系则通过实体类之间的关联来体现。例如，"班级"与"学生"之间的"属于"是一对多关系，班级为一方、学生为多方。学生表中有一个班级编号为外键，则在学生实体类中，对应增加一个"班级"类型的属性，体现学生与班级之间的关联关系，如图 8-4（d）中"private Classes classes"就是定义一个 Classes 类型的对象属性 classes，而 Classes 类型是一个（班级）实体类。同理，其他的外键体现的关联关系都对应了一个"实体类"类型的属性，如图 8-4（c）和图 8-4（e）所示。成绩表中有两个对象类型的属性定义如下：

```
private Student student;
private Subject subject;
```

分别对应某个学生某门课的成绩。

```
public class Major
{
    private int id;
    private String name;
```

（a）专业实体类结构

```
public class Subject
{
    private int id;
    private String name;
```

（b）课程实体类结构

```
public class Classes
{
    private int id;
    private String name;
    private Major major;
```

（c）班级实体类结构

```
public class Student
{
    private int id;
    private String no;
    private String pwd;
    private String name;
    private String sex;
    private Date birth;
    private String pic;
    private Classes classes;
```

（d）学生实体类结构

```
public class Score
{
    private int id;
    private Float daily;
    private Float exam;
    private Float count;
    private Student student;
    private Subject subject;
```

（e）成绩实体类结构

图 8-4　对应的 5 个实体类结构

上述 5 个实体类的结构定义中省略了各属性的 setter/getter 方法及其他语句。这 5 个实体类之间的关联关系通过其属性中对应类的属性体现，体现了数据库复杂的多表结构及其之间的关系。

在图 8-4（c）中的下列语句反映了"班级"与"专业"的多对一关系。

private Major major;   //定义班级类中专业类型（Major）的属性 major

在图 8-4（d）中的下列语句反映了"学生"与"班级"的多对一关系。

private Classes classes;   //定义学生类中班级类型（Classes）的属性 classes

在图 8-4（e）中的下列语句反映了"学生"与"课程"的多对多关系。

private Student student;   //定义成绩类中学生类型（Student）的属性 student
private Subject subject;   //定义成绩类中课程类型（Subject）的属性 subject

通过各实体类之间上述对象类型的属性定义，建立了实体类之间的关联关系，最终对这些对象数据的操作，会体现到这些对象之间关联关系的操作中。

3．复杂的软件模块结构

软件系统复杂的数据结构往往决定其复杂的软件结构，如数据库设计有 5 个表（见图 8-2），软件的模块也要对应 5 个模块，即对专业、课程、班级、学生、成绩的管理。每个模块还要分别对应 MVC 各层的程序，所以软件结构复杂度也会随着数据库结构的复杂程度而增加。

由于上述复杂的数据结构决定了复杂的实体类之间的关联，在程序处理过程中同样会体现出复杂性。

8.2.2　软件实现技术介绍

1．数据库的设计与实现

多表操作的实现离不开数据库的具体设计，该案例的数据库设计的 SQL 脚本（多表关联）如下：

```
CREATE TABLE 'major' (        //专业表的创建
  'maj_id' int(11) NOT NULL auto_increment,
  'maj_name' varchar(10) NOT NULL,
   PRIMARY KEY    ('maj_id')
) ENGINE=InnoDB AUTO_INCREMENT=3 DEFAULT CHARSET=utf8;
CREATE TABLE 'subject' (       //课程表的创建
  'sub_id' int(11) NOT NULL auto_increment,
  'sub_name' varchar(10) NOT NULL,
   PRIMARY KEY    ('sub_id')
) ENGINE=InnoDB AUTO_INCREMENT=3 DEFAULT CHARSET=utf8;
CREATE TABLE 'classes' (       //班级表的创建
  'cla_id' int(11) NOT NULL auto_increment,
  'cla_name' varchar(10) default '',
  'maj_id' int(11) NOT NULL,       //外键
  'tech' varchar(11) default NULL,
   PRIMARY KEY    ('cla_id')
) ENGINE=InnoDB AUTO_INCREMENT=3 DEFAULT CHARSET=utf8;
```

```
CREATE TABLE 'student' (      //学生表的创建
  'stu_id' int(11) NOT NULL auto_increment,
  'stu_no' varchar(10) NOT NULL,
  'stu_pwd' varchar(20) NOT NULL default '123456',
  'stu_name' varchar(10) NOT NULL,
  'stu_sex' enum('男','女') NOT NULL default '男',
  'stu_birth' date default NULL,
  'stu_pic' varchar(50) default NULL,
  'cla_id' int(11) NOT NULL,      //外键
  PRIMARY KEY   ('stu_id')
) ENGINE=InnoDB AUTO_INCREMENT=5 DEFAULT CHARSET=utf8;
CREATE TABLE 'score' (      //成绩表的创建
  'sco_id' int(11) NOT NULL auto_increment,
  'sco_daily' float(8,0) default NULL,
  'sco_exam' float(8,0) default NULL,
  'sco_count' float(8,0) default NULL,
  'stu_id' int(11) NOT NULL,      //外键
  'sub_id' int(11) NOT NULL,      //外键
  PRIMARY KEY   ('sco_id')
) ENGINE=InnoDB AUTO_INCREMENT=9 DEFAULT CHARSET=utf8;
```

数据库的实现只要执行上述 SQL 脚本就可以。但是，从上述创建数据库表的脚本中可以看出，各数据库表的外键均为数值型字段。但图 8-5 和图 8-6 中显示的"班级"均为汉字，在图 8-7 中显示的科目也是汉字，而对应数据库字段的存储是数值。显示的汉字是通过数据库表的外键、实体类之间的关联属性实现的，即通过关联关系使得数据能通过这些关联关系从不同表中得到存储的外键及对应的汉字显示。

图 8-5 是新增学生信息的操作界面，它涉及班级表（classes）与学生表（student）。该界面的配套程序运行地址为 http://localhost:8080/ClassStudents/StudentServlet?type=checkClasses。

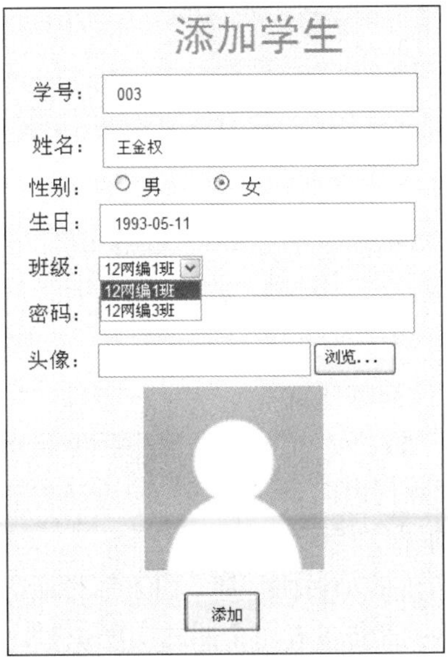

图 8-5 新增学生信息的操作界面

图 8-6 是浏览与查询学生信息的界面，它涉及班级（classes）与学生（student）两个表的操作。该界面的配套程序运行地址为 http://localhost:8080/ClassStudents/admin/student/search.jsp。

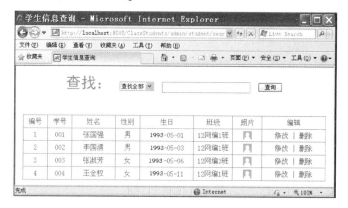

图 8-6　浏览与查询学生信息界面

图 8-7 是查询与维护学生课程成绩的界面，它涉及学生（student）、课程（subject）、分数（score）3 个表的操作。该界面的配套程序运行地址为 http://localhost:8080/ClassStudents/admin/score/search.jsp。

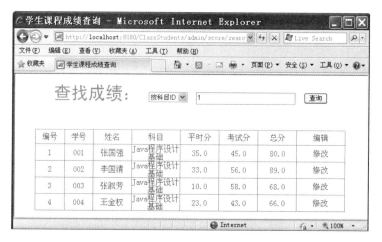

图 8-7　查询与维护学生课程成绩界面

图 8-5～图 8-7 所示的 3 个界面均是多表操作，包括专业（major）、班级（classes）、学生（student）、课程（subject）、成绩（score）5 个表。下面就对它们涉及的多表关联操作代码进行解释。

2. 关联的实体类操作关键代码的解释

在图 8-5 中对学生信息进行插入操作时，在班级下拉框选择班级，通过关联存入的是班级编码；在图 8-6 中同样，数据库查询出的是班级编号而通过类的关联显示的是班级名称。程序中是通过对实体类及其关联类的操作实现的。

本案例实现的代码见本书所附的项目源程序。由于篇幅所限，只对关联的实体类的操作代码进行说明，且只限于介绍图 8-5 和图 8-6 两个图的实现说明。

部署好配套项目 ClassStudents 的代码之后，启动服务器并在 IE 中输入以下地址：

http://localhost:8080/ClassStudents/StudentServlet?type=checkClasses

则显示界面如图 8-5 所示，当用户输入完成后列表显示的界面如图 8-6 所示，该界面中显示了刚添加的学生信息。

这两个图显示了班级（Classes）与学生（Student）的一对多关系的操作（包括数据库表及实体类）。

实现的关键代码及其执行的流程如下。

（1）显示新添加学生的输入界面。在显示该界面之前，要提供一个班级选择的下拉框，该下拉框的数据是查询班级表所得。

（2）调用查询班级集合的控制器及模型代码（见代码片段 1 与代码片段 2）。

代码片段 1：在模型中的查询班级信息到班级集合，以便提供下拉框显示。

```
public List<Classes> queryClasses(String type, String value)
    {//当查询类型（type）为"cla_id"时可根据班级编码进行查询，班级编码为 value 的值
        ArrayList<Classes> list = new ArrayList<Classes>();
        …//设置 SQL 语句的查询条件及获取数据库的连接（略）
        rs = pst.executeQuery();
        while (rs.next())
        {
            Classes classes = new Classes();
            classes.setId(rs.getInt(1));
            classes.setName(rs.getString(2));
            Major major = new MajorImpl().queryMajor("maj_id",
                rs.getString(3)).get(0);      //班级实体类中关联的专业类
            classes.setMajor(major);
            list.add(classes);
            return list;     //返回查询的班级集合
        }
    }
```

代码片段 2：控制器中为进行新增操作做准备，执行代码片段 1 并将结构存放在 Session 中以便 JSP 页面使用。

```
ArrayList<Classes> list = (ArrayList<Classes>)
new ClassesImpl().queryClasses("all", "");
    request.getSession().setAttribute("list", list);
response.sendRedirect("admin/student/regist.jsp");
```

代码片段 3：在 regist.jsp 页面中创建下拉框。

```
<form action="/ClassStudents/StudentServlet?type=regist"
...
<div align="left">
    班级：   <select name="cla_id">
    <c:forEach items="${sessionScope.list}" var="cla">
        <option value="${cla.id}">${cla.name}</option>
    </c:forEach>
    </select>
</div>
```

上述代码通过迭代访问存放在 Session 的 list 对象中，并按班级编码、班级名称以供下拉框选择，将选择的值放到"cla_id"中。该界面的 form 表单提交给一个 Servlet 控制器，并将执行数据的数据库插入操作（见代码片段4）。

代码片段4：新增控制器中的代码，实现新增操作及列表显示页面的跳转。

```
new PictureImpl().uploadPic(getServletConfig(), request, response);
response.sendRedirect("/ClassStudents/StudentServlet?type=search&search_type=all");
response.sendRedirect("admin/student/search.jsp");
```

上述代码的第一句是实现相片的上传及输入数据的数据库新增操作。但真正实现操作，还需调用代码片段5、代码片段6中的代码。

代码片段5：通过上传获取各种输入信息，并调用新增学生信息模型（代码片段6）。

```
Student student = new Student();
student.setNo(sm.getRequest().getParameter("no"));
student.setPwd(sm.getRequest().getParameter("pwd"));
student.setName(sm.getRequest().getParameter("name"));
student.setBirth(sdf.parse(sm.getRequest().getParameter("birth")));    //出生日期属性及格式的处理
student.setSex(sm.getRequest().getParameter("sex").equals("male") ? "男" : "女");       //性别属性的处理
student.getClasses().setId(Integer.parseInt(sm.getRequest().getParameter("cla_id")));    //班级对象属性的处理
com.jspsmart.upload.File file = sm.getFiles().getFile(0);    //相片
    String pic = "";
    if (!file.isMissing())
    {    pic = "upload/" + student.getNo() + "." + file.getFileExt();
         file.saveAs(pic);
    }
    student.setPic("");
new StudentImpl().addStudent(student);    //调用代码片段6中的处理
```

上述代码还列出了日期类型及格式设置的操作。

代码片段6：根据学生对象，实现数据库的新增操作。

```
public boolean addStudent(Student student)
    {
    boolean flag = false;
    try
    {
        conn = DBConn.getConn();
        pst = conn.prepareStatement("INSERT INTO student (stu_no,stu_pwd,stu_name,stu_sex,stu_birth,
stu_pic,cla_id) VALUES (?,?,?,?,?,?,?)");
        pst.setString(1, student.getNo());
        pst.setString(2, student.getPwd());
        pst.setString(3, student.getName());
        pst.setString(4, student.getSex());
        pst.setString(5, student.getBirth());
        pst.setString(6, student.getPic());
        pst.setInt(7, student.getClasses().getId());    //数据库中存储的是班级编号
        flag = pst.execute();    //执行插入操作
```

代码片段 4 调用代码片段 5 和代码片段 6 后，可跳转到列表以显示数据库中所有学生的信息，该跳转是另一个 Servlet 控制器完成的，在这个控制器中需要查询所有学生的信息，特别是学生的班级信息，需要对对象属性进行操作。

查询所有学生的信息并保存到 Session 中的 list 集合中。该控制器执行的查询学生模型代码片段见代码片段 7。

代码片段 7：查询所有学生的信息，并保存到 Session 中的 list 集合中。

```
public List<Student> queryStudent(String type, String value)
    {  //根据某种查询类型（type）及查询的条件值（value）查询满足的学生集合
        ArrayList<Student> list = new ArrayList<Student>();
        …//设置 SQL 查询条件并获取数据库的连接（略）
        rs = pst.executeQuery();
            while (rs.next())
            {
                Student student = new Student();
                student.setId(rs.getInt(1));
                student.setNo(rs.getString(2));
                student.setPwd(rs.getString(3));
                student.setName(rs.getString(4));
                student.setSex(rs.getString(5));
                student.setBirth(sdf.parse(rs.getString(6)));
                String pic = rs.getString(7);
                if (pic == null || pic.equals(""))
                        pic = "../../images/person.png";
                student.setPic(pic);
                Classes classes = new ClassesImpl().queryClasses("cla_id",
rs.getString(8)).get(0);   //查询获取的第一个元素为 Classes 类型的对象，
//8 为第 8 个字段，即班级编号字段；0 为集合的第一个元素
                student.setClasses(classes);     //作为 student 对象的属性值
                list.add(student);
return list;    //返回查询的学生集合
            }
```

上述代码中调用了代码片段 1，使学生的班级属性为一个班级对象。将代码片段 4 中的控制器重定向到 search.jsp 页面。

即通过 response.sendRedirect("admin/student/search.jsp");语句跳转到 search.jsp 页面，并显示列表中所有学生的信息。显示所有学生信息的代码见代码片段 8。

代码片段 8：列表显示所有学生的信息，注意班级信息是班级名称，而不是数据库保存的班级代码。

```
<c:forEach items="${sessionScope.students}" var="student"
varStatus="num">
        <tr class="change" align="center">
            <td>${num.count}</td>
            <td>${student.no}</td>
            <td>${student.name}</td>
            <td>${student.sex}</td>
```

```
            <td>${student.birth}</td>
            <td>${student.classes.name}</td>     //显示班级名称
            <td><img src="${student.pic}" width="20px"
                height="20px" /></td>
        </tr>
    </c:forEach>
```

上面介绍的代码片段 1～代码片段 8，说明了学生与班级实体类关联的数据库操作及实现过程。对于图 8-7 中的课程分数与课程名称的显示原理相同，这里不再赘述。浏览与查询课程信息的地址为 http://localhost:8080/ClassStudents/admin/score/search.jsp。

8.2.3 面向对象的软件开发过程

软件的复杂度会根据业务需求的复杂度而急剧增加，软件的开发是一项复杂的工程，人们已总结出大量的技术与管理的方法，以提高软件开发的成功率。面向对象的软件开发就是一个在大型软件开发过程中行之有效的方法。

在进行面向对象软件开发时，人们总结出一套"统一软件开发过程"的方法，它们是基于面向对象开发的最佳做法。

1. 软件开发的最佳方法（统一软件开发过程）

（1）迭代式软件开发。迭代式软件开发能够有效地控制项目风险，增加对项目的控制能力，减少需求变更对项目的影响。

（2）有效的管理需求。有效的管理需求能够在软件开发开始阶段就把好需求质量关，实现需求的可追溯性和需求变更的有效管理。

（3）基于构件的软件架构。采用可视化建模技术以构件为基础，面向服务的系统框架，从而降低系统的复杂性，提高开发的秩序性，增强系统的灵活性和可扩展性。

（4）可视化（UML）建模。可视化建模能够有效解决团队沟通、管理系统复杂度的问题，提高软件的重用性。

（5）持续的质量验证。持续的质量验证能确保软件的质量，做到尽早测试，尽早反馈，从而使产品满足客户的需求。

（6）管理变更。管理变更为整个软件开发团队提供基本协作平台，使团队各成员能够及时了解项目状况，保持项目各版本的一致性。

2. 面向对象软件开发的程序化

上述面向对象软件开发的最佳做法虽然是软件迭代开发的几个关键方面，但开发应有一个基本秩序过程，即程序化开发过程。这个过程是先进行业务描述，获取用例模型和功能列表；然后进行软件构架，并根据功能列表逐步完成各功能模块的设计、编码与测试，进入下一次迭代。下一次迭代需要完成下一个用户用例或功能列表中的功能，或者测试反馈的结果。直至完成项目，满足用户的要求。

开发一个软件项目过程包括以下内容。

（1）业务需求描述。通过文字描述以限定软件要实现的业务及其范围。

（2）建立用例模型。描述软件的操作者及对应的操作使用情况，通过完整用例模型了解软件应该满足的用户及其使用要求。

（3）任务分解。将大问题分解成小问题，建立功能列表。要满足用户的功能需求，即用户对软件的工作处理要求；工作处理包括输入、处理逻辑、输出。通过任务分解与细化直至了解每个单元的细节需求，最后形成要实现的功能列表。

（4）系统架构，将工作秩序化。前面3个步骤属于需求分析范畴，而此步骤属于软件设计范畴。系统架构从总体角度设计软件的整体结构、各部件的功能及它们之间的交互，以及采用实现技术与基于这些设计软件框架建立的。另外，系统架构还包括通用部件的设计与实现。

（5）每个模块的设计及MVC设计模式的实现。基于上述系统架构对各个业务处理模块进行设计，并通过MVC设计模块进行实现。业务处理模块需要系统架构通用部件的技术支撑，并与各模块进行交互。各个业务处理模块的技术实现基本类似，均需要通过MVC设计模式实现。

（6）测试检验。对已经实现了的软件进行检验，检验标准就是用户的需求、用例等，通过测试技术将这些需求、用例等设计成测试用例进行检验。

（7）通过需求、用例、测试驱动下一次迭代的开发。在软件测试过程中，不可能一次解决所有问题，通过用户的使用与设计的完善，还需要进一步对软件进行需求分析、软件设计、编码实现与测试，即进入又一次的软件开发迭代过程。发起或驱动这次迭代的可能是一个需求、一个用例和一个测试，这些都会使软件开发重复一次迭代。

（8）一直满足用户需求，否则进行继续迭代。通过不停地迭代进行完善，直到用户满意。

8.3　综合软件项目开发的说明

软件项目开发是一个复杂的过程，很难一次性开发完成。在整个应用软件开发过程中，包括需求分析、软件设计、数据库设计、程序设计与编码实现、软件测试等工作。这些工作需要通过不断迭代才能逐步完善开发目标，只有进行有效的控制与管理，才能保证项目的有序进行。

软件开发文档是对整个软件开发过程的记录和说明，如同程序代码，软件文档也是软件中不可缺少的重要组成部分。软件开发文档对软件使用过程中的维护、版本升级等都有着非常重要的意义。软件是否有完整与规范的开发文档已经被人们看作是一个衡量软件过程质量的重要标准。

软件文档包括开发文档、产品文档、管理文档三类。软件文档的重要性：①软件项目管理的依据；②软件开发过程中各任务之间联系的凭证；③软件质量的保证；④用户手册、使用手册的参考；⑤软件维护的重要支持；⑥重要的历史档案。所以说，在软件项目开发与管理过程中，软件文档的编写是一项重要内容。通过软件文档可以知道软件开发的内容、任务，以及工作进展、任务跟踪与管理控制，好的软件文档是软件开发与管理能够顺利进展的有力保障。

下面通过一个较完整的综合项目的完成过程，介绍软件开发过程及软件文档说明。

本节将对高校学生管理系统的开发进行说明。一个较完整的"高校学生管理系统"开发项目涉及高校的专业信息、班级信息、学生信息、课程信息、教师信息、教学计划与授课信息等内容。

下面通过软件开发过程介绍软件项目开发的相关内容，包括问题定义、需求分析、软件设计（包括软件结构设计、程序处理过程设计及数据库设计）、编码实现与操作说明等。

（1）问题定义是指从高层次了解"用户要用计算机和软件做什么"，确定软件的功能及边界，安排好下一步的工作。该工作一般由系统分析师根据调研现实情况，通过精确的文字陈述表达出来。

（2）需求分析的任务是精确地描述软件系统必须"做什么"，确定系统具有哪些功能。该任务由需求分析师通过分析得到软件的需求，然后通过需求分析文档精确地表达出来。该文档是下一步软件设计的基础。

（3）软件设计的任务是由软件设计师将软件要做的功能，即上一步的软件需求以设计文档的形式表现出来。软件设计要回答"怎么做"的问题，它包括宏观层面的软件模块结构设计、各程序内部处理过程的设计，以及被处理对象的数据库的设计。

（4）编码实现是由程序员将上一步的软件设计蓝图，通过某个程序编码语言分别完成软件的各程序代码，然后将它们集成起来形成一个可使用的完整软件。软件实现的结果是可以运行的源程序，只有运行才能体现出来。所以，软件文档中还包括程序运行的界面、操作功能及说明等。

案例分享

【例8-2】 综合"高校学生管理系统"项目的开发与说明文档示例。

8.3.1　项目介绍

项目介绍是对项目的背景、问题定义及采取的技术等进行介绍。下面对本书配套项目Student 进行项目介绍。

本项目是采用 JSP 技术开发一个简单的高校学生管理 Web 版软件。高校学生管理系统围绕学生进行信息化管理，包括学生的基本信息、学习情况及成绩信息。项目内容描述如下：

学生进入学校学习后，需要建立个人档案信息，并分专业、班级进行学习。学校各专业均有自己的教学体系及相应的学习课程，需要安排教师进行日常的教学活动。学生修完规定的学习任务与相应的学分后方可毕业。本项目就是对上述业务进行网络信息化的管理。

另外，为了使软件能正常有序地运行，还需要管理员在软件后台对各操作员进行权限管理与控制。

本项目是基于 MVC 设计模式的 JSP 技术进行 Web 应用程序的开发，其中：

（1）JSP 技术为表示层，包括 EL 表达式、JSP 动作、JSTL 标准标签技术；

（2）Servlet 为控制层技术；

（3）JavaBean 为开发模型层；

（4）采用 MVC 设计模式对各个模块进行开发；

（5）数据库采用 MySQL 数据库；

（6）采用 Tomcat 作为 Web 服务器。

8.3.2　用例模型

上一节已经对软件项目进行了介绍，还需要通过进一步的需求分析了解软件的用户需求。用例模型是从软件的用户角色、用户操作的角度对用户需求进行描述的。

通过对该项目用户类型的分析，以及对各类用户操作的分析，建立了用例模型，它是从用例的角度说明系统业务需求的。

本系统有 4 种操作人员（也称 4 类角色）：学生、教师、教务员和管理员。

（1）学生可以查看自己要学习的课程，以及查询自己的学习成绩。

（2）教师可以查看自己授课的课程安排，以及对应的班级、学生情况，并对学生的学习成绩进行分数登记。

（3）教务员需要录入学生、教师、课程等档案信息，还可以修改专业的相应信息，对班级及学生对应班级的信息进行管理；教务员还需要对本专业各班级的教学情况进行排课。

（4）管理员主要是后台管理，包括操作员管理，即对操作员进行注册、权限分配的操作，以及静态数据的维护等。

具体的业务情况如图 8-8 所示。

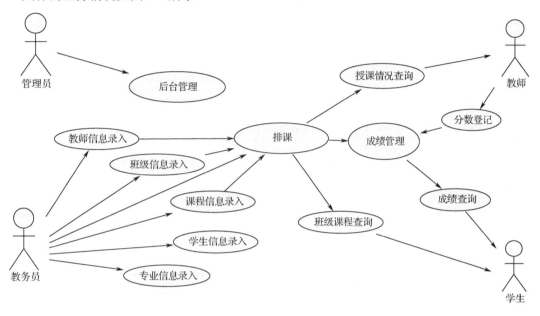

图 8-8　高校学生管理系统用例模型

8.3.3　功能需求

用例模型是从用户与用户使用的角度来说明软件需求的，这些是完整的使用流程说明，对软件每个处理细节的描述就是功能需求的说明。功能需求说明软件的各局部功能的处理细节，可通过输入、处理逻辑、输出等方面进行描述。

本学生管理系统需要满足用户的操作功能如下。

（1）日常静态数据的管理，主要是日常操作时的环境数据，大部分只有教务员才有权限进行操作。

① 专业管理：输入和修改维护本专业的信息。

② 班级管理：增加新的班级信息，并维护班级信息。

③ 课程管理：对本专业的所有课程信息进行管理，包括新增课程信息及维护课程信息。

④ 教师管理：对本专业的所有教师信息进行管理，包括新增教师信息、教师变动信息的维护。教师可以看到与修改自己的某些基本信息。

⑤ 学生管理：对本专业的所有学生信息进行管理，包括新增学生信息及对学生信息的维护。学生可以看到与修改自己的某些基本信息。教务员还可以对学生进行专业、班级的分配。

（2）日常业务信息的管理。

① 班级排课：教务员对每个班进行排课，排课时就是确定上课的班级、课程、教师等信息。

② 成绩管理：教师对所授课程的学生进行分数登记，学生可以查看自己的学习成绩，并且教务员可以对学生成绩的操作权限进行控制。

③ 查询报表：可以按条件对相关信息进行查询，并形成报表与打印。也可以以 Excel 表的形式进行导出。

（3）后台管理：后台管理是指对业务操作进行管理与控制，包括对操作员、角色、权限、模块信息的管理。

8.3.4　数据分析与数据库设计

1. 数据分析

数据分析是通过对软件的功能模型（各个功能的输入与输出的数据）进行分析，建立数据模型（完整的 E-R 图）与数据字典，再根据数据库设计方法对关系数据库进行逻辑结构设计。本案例的数据分析及数据库设计过程省略。

下面直接给出该项目的数据库设计过程。

2. 数据库设计

本"高校学生管理系统"的数据库结构设计有 10 个表，包括学生表（student）、教师表（teacher）、班级表（classes）、专业表（major）、课程表（subject）、成绩表（score）、班级课程表（cla2sub）、功能表（privilege）、角色（role）、操作员表（operator）。

其中，后面 3 个表是与后台管理相关的表。本案例的数据库结构的设计如表 8-1～表 8-10所示，高校学生管理系统数据模型（E-R 图）如图 8-9 所示。

表 8-1　学生表（student）结构的设计

字　　段	类　　型	约　　束	描　　述
stu_id	in(11)	主键	学生 id
ope_id	in(11)	外键	操作员 id
stu_no	varchar(22)		学生学号
stu_name	varchar(22)		学生名字
stu_sex	enum('男', '女')		学生性别
stu_birth	data		学生生日
stu_pic	varchar(22)		学生相片
cla_id	int(11)	外键	班级 id

表 8-2　教师表（teacher）结构的设计

字　　段	类　　型	约　　束	描　　述
tec_id	int(11)	主键	教师 id
ope_id	int(11)	外键	操作员 id
tec_sex	enum('男', '女')		教师性别
tec_birth	data		教师生日

续表

字　段	类　型	约　束	描　述
tec_major	varchar(22)		专业
tec_phone	varchar(22)		联系电话
tec_name	varchar(22)		教师名字

表 8-3　班级表（classes）结构的设计

字　段	类　型	约　束	描　述
cla_id	int(11)	主键	班级 id
cla_name	varchar(22)		班级名称
cla_tec	varchar(22)		班主任姓名
maj_id	int(11)	外键	主修专业 id

表 8-4　专业表（major）结构的设计

字　段	类　型	约　束	描　述
maj_id	int(11)	主键	专业 id
maj_name	varchar(22)		专业名称
maj_prin	varchar(22)		专业负责人
maj_link	varchar(22)		专业联系人
maj_phone	varchar(22)		专业联系人电话

表 8-5　课程表（subject）结构的设计

字　段	类　型	约　束	描　述
sub_id	int(11)	主键	科目 id
sub_name	varchar(22)		科目名称
sub_type	varchar(22)		课程类型
sub_times	int(11)		课时

表 8-6　成绩表（score）结构的设计

字　段	类　型	约　束	描　述
sco_id	int(11)	主键	成绩 id
sco_daily	float		平时成绩
sco_exam	float		考试成绩
wco_count	float		总成绩
stu_id	int(11)	外键	学生 id
sub_id	int(11)	外键	科目 id
cla2sub_id	int(11)	外键	课程表 id
cla_id	int(11)	外键	班级 id

表 8-7　班级课程表（cla2sub）结构的设计

字　　段	类　　型	约　　束	描　　述
cla2sub_id	int(11)	主键	课程表 id
cla_id	int(11)	外键	班级 id
sub_id	int(11)	外键	科目 id
tec_id	int(11)	外键	主讲教师 id

表 8-8　功能表（privilege）结构的设计

字　　段	类　　型	约　　束	描　　述
pri_id	int(11)	主键	功能 id
pri_name	varchar(22)		模块名称
pri_url	varchar(55)		模块连接
menu_name	varchar(55)		菜单名称
rol_id	int(11)	外键	角色 id

表 8-9　角色（role）结构的设计

字　　段	类　　型	约　　束	描　　述
rol_id	int(11)	主键	角色 id
rol_name	varchar(22)		角色名称

表 8-10　操作员表（operator）结构的设计

字　　段	类　　型	约　　束	描　　述
ope_id	int(11)	主键	操作员 id
ope_name	varchar(22)		登录名
ope_pwd	varchar(22)		登录密码
rol_id	int(11)	外键	角色 id

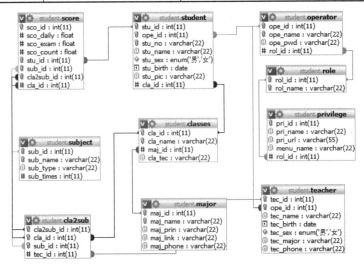

图 8-9　高校学生管理系统数据模型（E-R 图）

8.3.5 软件设计

上面的需求分析是从用户的角度介绍软件"做什么"，软件设计则是从程序员实现的角度介绍软件"怎么做"。用例图（用例模型）和 E-R 图（数据模型）属于分析模型，用于描述软件应该做什么。

软件设计包括软件结构设计、软件模块设计和软件架构设计等。

1. 软件结构设计

软件结构设计是对软件总体组成结构的设计与描述，它说明软件由哪些部分组成，以及这些部分之间的关系如何等。图 8-10 就是本案例的软件结构设计，说明了软件模块之间的组成关系，也可以进一步用表 8-11 的形式对软件设计进行说明。

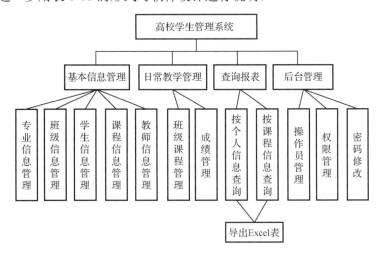

图 8-10 软件结构设计

表 8-11 软件模块设计列表

序 号	模 块 类 型	模 块 名 称	模 块 内 容
1	基本信息管理	专业信息管理	添加、查询、修改、删除专业信息
2	同上	班级信息管理	添加、查询、修改、删除班级信息
3	同上	学生信息管理	添加、查询、修改、删除学生信息
4	同上	教师信息管理	添加、查询、修改、删除教师信息
5	同上	课程信息管理	添加、查询、修改、删除课程信息
6	日常教学管理	班级课程管理	添加、查询、修改、删除班级课程信息
7	同上	成绩管理	查询、修改成绩信息
8	查询报表	统计报表	可以进行条件查询、统计，并可将查询结果进行打印、导出 Excel 表
9	后台管理	后台系统维护管理	操作员管理、权限管理、密码修改

2. 软件架构设计

软件架构设计是一种高层设计与决策，它是解决全局性的、涉及不同"局部问题"之间交互的问题。这些工作包括与整体相关的内容设计，如表示层、模型层、控制层和数据层。

图 8-11 是本案例软件架构设计的部分内容，它描述了如何组织软件的各个部件，以及它们之间的关系。

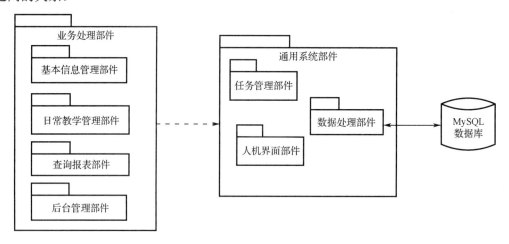

图 8-11　软件架构设计

软件架构设计还包括各层实现技术的选择与搭建、接口与实现的选择、各部件之间交互机制的设计、数据库处理层技术的选择与搭建等，以及通用的组件设计，即软件总体方面的技术与设计都可以认为是软件架构设计的范畴。

稳定的软件架构是未来软件顺利进行的基础。下面介绍如何对用户要求的业务功能模块进行设计与实现。

8.3.6　各功能模块设计

相对于架构的全局性设计，对于功能模块的设计属于"局部"设计，该案例的各功能模块见图 8-10 或见表 8-11。下面介绍各模块的 MVC 设计模式。

1. 专业信息管理模块的 MVC 设计模式

专业信息管理模块 MVC 各层的程序及方法设计如表 8-12 所示，其中包括实体类及对应的数据库表。

表 8-12　专业信息管理模块 MVC 各层的程序及方法设计

子　模　块	控　制　层 C	视　图　层 V	模　型　层 M	备　注
添加专业信息	AddMajorServlet.java	add_major.jsp	MajorImpl.java 的方法： add(Major):void delete(Major):void getcountPage(String,String):int query(String,String):List<Major> query(String,String,int):List<Major> update(Major):void	实体类： Major.java 数据表： major.sql
修改专业信息	UpdateMajorServlet.java	update_major.jsp search_major.jsp		
删除专业信息	DeleteMajorServlet.java			
查询专业信息	SearchMajorServlet. java	search_major.jsp		

2. 班级信息管理模块的 MVC 设计模式

班级信息管理模块 MVC 各层的程序及方法设计如表 8-13 所示，其中包括实体类及对应的数据库表。

表 8-13　班级信息管理模块 MVC 各层的程序及方法设计

子 模 块	控 制 层 C	视 图 层 V	模 型 层 M	备 注
添加班级预处理	PlanClassesServlet.java	add_classes.jsp	ClassesImpl.java 的方法： add(Classes):void delete(Classes):void getcountPage(String,String):int query(String,String):List<Classes> query(String,String,int):List<Classes> update(Classes):void	实体类： Classes.java 数据表： classes.sql
添加班级信息	AddClassesServlet.java	add_ classes.jsp search_ classes .jsp		
修改班级信息	UpdateClassesServlet.java	update_ classes.jsp search_ classes.jsp		
删除班级信息	DeleteClassesServlet.java			
查询班级信息	SearchClassesServlet. java	search_ classes.jsp		
编辑班级信息	EditClassesServlet. java			

3. 教师信息管理模块的 MVC 设计模式

教师信息管理模块 MVC 各层的程序及方法设计如表 8-14 所示，其中包括实体类及对应的数据库表。

表 8-14　教师信息管理模块 MVC 各层的程序及方法设计

子 模 块	控 制 层 C	视 图 层 V	模 型 层 M	备 注
添加教师信息模块	AddTeacherServlet.java	add_teacher.jsp search_teacher.jsp	TeacherImpl.java 的方法： add(Teacher):void delete(Teacher):void getcountPage(String,String):int query(String,String):List<Teacher> query(String,String,int):List<Teacher> update(Teacher):void	实体类： Teacher.java 数据表： teacher
修改教师信息模块	UpdateTeacherServlet.java	update_teacher.jsp search_teacher.jsp		
删除教师信息模块	DeleteTeacherServlet.java			
查询教师信息模块	SearchTeacherServlet. java	search_teacher.jsp		
编辑教师信息模块	EditTeacherServlet. java			
教师个人信息模块	InfoTeacherServlet. java	info_teacher.jsp		

4. 学生信息管理模块的 MVC 设计模式

学生信息管理模块 MVC 各层的程序及方法设计如表 8-15 所示，其中包括实体类及对应的数据库表。

表 8-15　学生信息管理模块 MVC 各层的程序及方法设计

子 模 块	控 制 层 C	视 图 层 V	模 型 层 M	备 注
添加前预处理	PlanAddStudentServlet.java	add_student.jsp	TeacherImpl.java 的方法： add(Student):void delete(Student):void getcountPage(String,String):int query(String,String):List<Student > query(String,String,int):List<Student> update(Student):void	实体类： Student.java 数据表： student
添加学生信息	AddStudentServlet.java	search_student.jsp		
删除学生信息	DeleteStudentServlet.java	search_student.jsp		
编辑学生信息	EditStudentServlet.java	update_student.jsp		
修改学生信息	UpdateStudentServlet.java	search_student.jsp		
查询学生信息	SearchStudentServlet.java	search_student.jsp		
查询个人信息	InfoStudentServlet.java	info_student.jsp		
查询同班同学信息	SearchClassmatesServlet.java	search_classmates.jsp		
查询教师学生信息	SearchTeacherClassServlet.java	search_student.jsp		

5. 课程信息管理模块的 MVC 设计模式

课程信息管理模块的 MVC 各层的程序及方法设计如表 8-16 所示，其中包括实体类及对应的数据库表。

表 8-16　课程信息管理模块 MVC 各层的程序及方法设计

子　模　块	控制层 C	视图层 V	模型层 M	备　注
添加课程信息	AddSubjectServlet.java	add_subject.jsp	SubjectImpl.java 的方法： add(Subject):void delete(Subject):void getcountPage(String,String):int query(String,String):List<Subject> query(String,String,int):List<Subject> update(Subject):void	实体类： Subject.java 数据表： subject.sql
编辑课程信息	EditSubjectServlet.java	update_ subject.jsp search_subject.jsp		
修改课程信息	UpdateSubjectServlet.java			
删除课程信息	DeleteSubjectServlet.java	search_subject.jsp		
查询课程信息	SearchSubjectServlet. java			

6. 班级课程管理模块的 MVC 设计模式

班级课程管理模块 MVC 各层的程序及方法设计如表 8-17 所示，其中包括实体类及对应的数据库表。

表 8-17　班级课程管理模块 MVC 各层的程序及方法设计

子　模　块	控制层 C	视图层 V	模型层 M	备　注
班级课程预处理	PlanAddCla2subServlet.java	add_classes_subject.jsp	Cla2SubImpl.java 的方法： add(Cla2Sub):void delete(Cla2Sub):void getcountPage(String,String):int query(String,String):List<Cla2Sub> query(String,String,int):List<Cla2Sub> update(Cla2Sub):void findCla2sub(int,int,int):Cla2Sub	实体类： Cla2Sub.java 数据表： cla2sub.sql
查询可选课程信息	SearchCla2sub_exServlet.java			
添加班级课程信息	AddCla2subServlet.java			
删除班级课程信息	DeleteCla2subServlet.java	search_classes_subject.jsp		
查询班级课程信息	SearchCla2subServlet. java			

7. 成绩管理模块的 MVC 设计模式

成绩管理模块 MVC 各层的程序及方法设计如表 8-18 所示，其中包括实体类及对应的数据库表。

表 8-18　成绩管理模块 MVC 各层的程序及方法设计

子　模　块	控制层 C	视图层 V	模型层 M	备　注
查询学生成绩信息	SearchScoreServlet.java	search_score.jsp	ScoreImpl.java 的方法： add(Score):void delete(Score):void getcountPage(String,String):int query(String,String):List<Score> query(String,String,int):List<Score> update(Score):void	实体类： Score.java 数据表： score.sql
编辑学生成绩信息	EditScoreServlet.java	update_score.jsp		
修改学生成绩信息	UpdateScoreServlet.java	update_score.jsp search_score.jsp		

本节介绍了案例模块 MVC 各层程序的组织与设计。由于程序级别的设计所涉及的代码非常多，其设计与介绍省略。关于各个程序内部处理过程的设计请参考本书所附的代码。

8.3.7 软件实现及操作说明

在 Tomcat 服务器上部署该系统后，启动 Tomcat 服务器。

本案例的系统登录地址为 http://localhost:8080/Student/login.jsp（在本地服务器部署）。在浏览器中输入该地址，出现如图 8-12 所示的用户登录界面。

图 8-12 用户登录界面

系统可以由管理员、教师、学生 3 个角色进行操作，其中教务员的职能包含在管理员职能中。这些角色的分配与管理由后台的角色权限管理完成。

登录后，单击主界面右上角的"注销"按钮可以退出系统，返回登录界面。

后台管理员可对学生信息、教师信息、班级信息、专业信息等进行管理。

教师可以查询自己的档案、给学生登记分数、查找学生信息，可以把学生成绩导出为 Excel 表格等。

学生可以查看自己的档案、成绩、课程及同班同学的信息，并且可以把课程表导出为 Excel 表格，以方便使用。

不同类型的操作员登录后，其操作界面都会根据操作员类型与权限有所不同，如学生、教师、管理员登录后操作界面均不相同（系统管理员登录后的界面如图 8-13 所示）。

下面分别对专业信息、课程信息、班级信息、教师信息、学生信息、课程安排信息、成绩信息等管理进行操作说明。

1. 专业信息管理

管理员可以对专业信息进行管理，包括添加专业、查询专业信息、修改专业信息等，如图 8-14 所示。

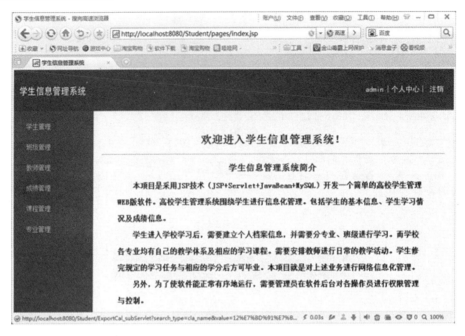

图 8-13　登录成功后的操作界面

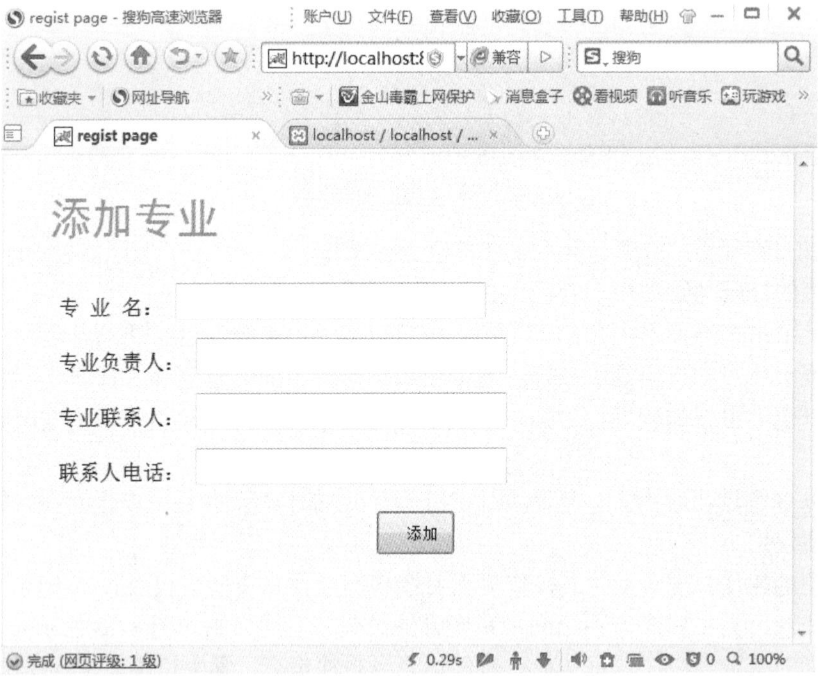

图 8-14　添加专业信息界面

　　在添加专业信息界面输入专业信息后，单击"添加"按钮，专业的基本信息即可存到专业表中。

　　图 8-15 显示了专业信息的添加结果，并可以进行查询、修改、删除操作。操作时在下拉列表中选择查询条件，再输入查询信息后，单击"查询"按钮，界面就会根据所输入的查询条

件显示出符合条件的专业信息。当选择下拉表中的"查找全部"选项时，不用输入查询条件就会显示所有的专业信息。选择"编辑"选项就会跳转到编辑专业界面，选择"删除"选项就会删除这条专业信息记录。

图 8-15　专业信息查询及维护管理界面

2. 课程信息管理

对课程信息的管理包括添加课程信息、查询课程信息、修改课程信息等。添加课程信息界面如图 8-16 所示。

图 8-16　添加课程信息界面

输入课程信息后，单击"添加"按钮，课程的基本信息即可存到课程表中，操作完成后进入图 8-17 所示的显示界面。

图 8-17　查找课程信息及维护界面

在课程信息操作界面中，可以进行查询、修改、删除的操作。操作时在下拉列表中选择查询条件，再输入查询信息后，单击"查询"按钮，界面就会根据所输入的查询条件显示出符合条件的课程信息。当选择下拉表中的"查找全部"选项时，不用输入查询条件就会显示所有的课程信息。选择"编辑"选项就会跳转到编辑课程界面，选择"删除"选项就会删除这条课程信息记录。

3. 班级信息管理

管理员可以对班级信息进行管理，包括添加班级信息、查询班级信息、修改班级信息等操作。添加班级信息界面如图 8-18 所示。

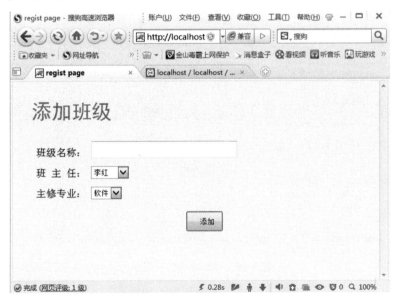

图 8-18　添加班级信息界面

输入班级信息后，单击"添加"按钮，班级的基本信息即可存到班级表中，如图 8-19 所示。

图 8-19　查找班级信息及管理界面

在界面中显示了班级信息的操作结果，并可进行查询、修改、删除操作。操作时在下拉列表中选择查询条件，再输入查询信息后，单击"查询"按钮，界面就会根据所输入的查询条件显示出符合条件的班级信息。当选择下拉表中的"查找全部"选项时，不用输入查询条件就会显示所有的班级信息。选择"编辑"选项就会跳转到编辑班级界面，选择"删除"选项就会删除这条班级信息记录。

4．教师信息管理

教师信息管理模块可以对教师信息进行管理，包括添加教师信息、查询教师信息、修改教师信息等，添加教师信息界面如图 8-20 所示。

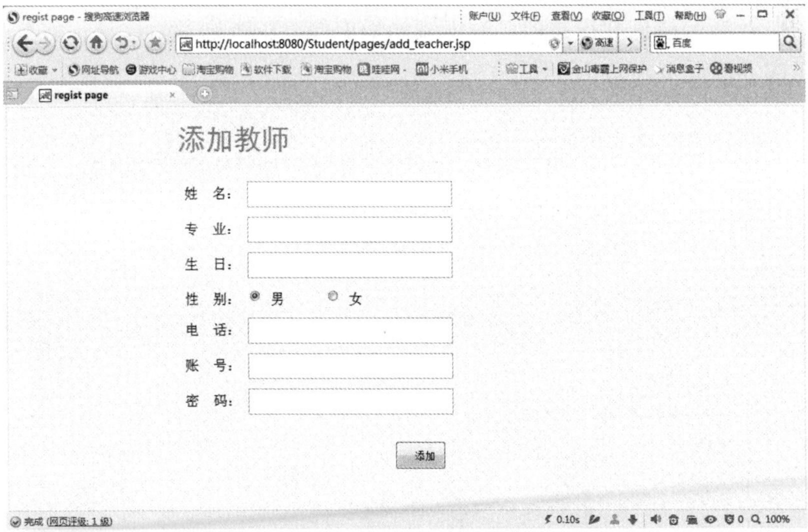

图 8-20　添加教师信息界面

输入教师信息后，单击"添加"按钮，教师的基本信息即可存到教师表（teacher）中，账号和初始密码保存到操作员表中，如图 8-21 所示。

编号	教师ID	姓名	生日	性别	专业	联系电话	编辑
1	1	李红	1988-05-13	女	J2SE	1234567	编辑 / 删除
2	2	陈鑫	1990-07-21	女	C语言	1234567	编辑 / 删除
3	3	王伟	2013-10-07	男	DIV+CSS	1234567	编辑 / 删除
4	4	钟宁涛	2013-10-24	女	PhotoShop	1234567	编辑 / 删除
5	5	陶月敏	1990-08-06	男	矢量图	1234567	编辑 / 删除
6	6	刘海	2013-11-19	女	J2SE	1234567	编辑 / 删除
7	7	钱五	1987-11-11	男	PhotoShop	1234567	编辑 / 删除

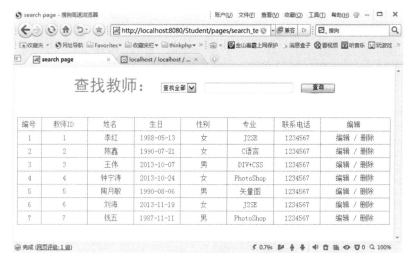

图 8-21　教师信息显示及维护管理界面

选择下拉列表中的查询条件，再输入教师信息后，单击“查询”按钮，界面就会根据所输入的查询条件显示出符合条件的教师信息。当选择下拉表中的“查找全部”选项时，不用输入查询条件就会显示所有的教师信息。选择“编辑”选项时就会跳转到编辑教师界面，选择“删除”选项时就会删除这条教师信息记录。

修改教师信息后，单击“修改”按钮，更新教师表中对应的记录、账号和密码就会同步更新到操作员表中对应的记录。

另外，教师也可以对自己的部分信息进行修改，如以教师身份登录后，可进入教师信息修改界面，即当教师登录后，可以对自己的信息进行管理，单击“修改我的信息”按钮，就会跳转到修改信息界面对教师个人信息进行修改。

5. 学生信息管理

管理员可以对学生信息进行管理，包括添加学生信息、查询学生信息、修改学生信息等。添加学生信息的界面如图 8-22 所示。

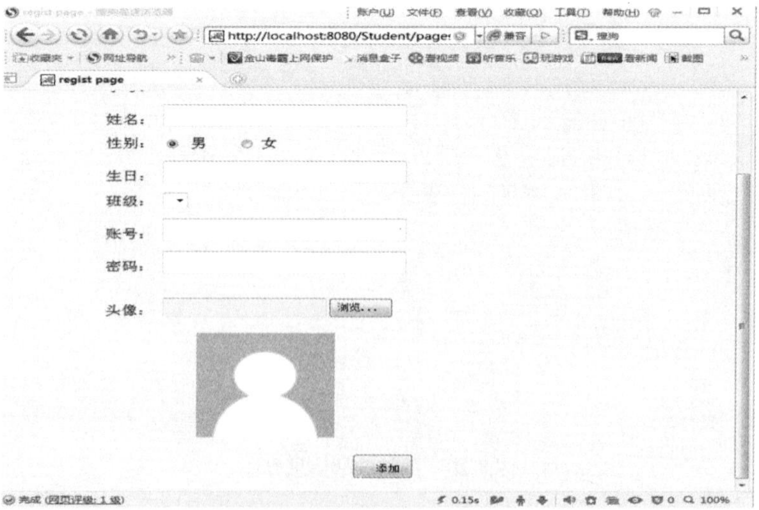

图 8-22　添加学生信息界面

输入学生信息后，单击"添加"按钮，学生的基本信息即可存到学生表（student）中，如图 8-23 所示。

图 8-23 学生信息显示及维护管理界面

在界面中显示了所有学生的信息，通过该界面可以对学生信息进行查询、修改、删除的操作。操作时，在下拉列表中选择查询条件，再输入学生信息后，单击"查询"按钮，界面就会根据所输入的查询条件显示出符合条件的学生信息。当选择下拉表中的"查找全部"选项时，不用输入查询条件就可以显示所有的学生信息。选择"编辑"选项就会跳转到编辑学生界面，选择"删除"选项就会删除这条学生信息记录。

选择"编辑"选项就会出现学生信息修改界面，修改学生信息后，单击"修改"按钮，学生的基本信息就会更新到学生表中对应的记录。

学生也可以对自己的部分信息进行查询，并可查询同班同学的信息。当学生登录后，可以对自己的信息进行管理，单击"修改我的信息"按钮就会跳转到修改信息界面对学生的个人信息进行修改。

当学生登录后，可以查询到同班同学的信息，并显示在界面上，如图 8-24 所示。

图 8-24 查询同班同学信息的显示界面

6. 课程安排信息管理

管理员（教务员）可以对班级需要上课的课程进行管理，即形成上课的课表。添加课程信息界面如图 8-25 所示。

图 8-25　添加课程信息界面

输入班级课程信息后，单击"添加"按钮，班级课程的基本信息即可存到班级课程表中，如图 8-26 所示。

图 8-26　班级课程信息界面

在界面中显示了各个班级的课程安排，并可以进行操作，也可以对班级课程进行查询操作。查询时，选择下拉列表中的查询条件，再输入查询信息后，单击"查询"按钮，就会根据所输入的查询条件显示出符合条件的班级课程信息。当选择下拉表中的"查找全部"选项时，不用输入查询条件就可以显示所有的课程安排信息，并可进行课程安排的"删除"操作。

根据班级可以进行班级课程安排的查询，其操作如图8-27所示。

图8-27　查询班级课程

导出班级课程表，若按班级查询课程，则只能查询班级课程表，如图8-28所示。

图8-28　导出课程表

单击"导出课程"按钮会显示下载课程表的界面，导出的 Excel 班级课程表如图 8-29 所示。

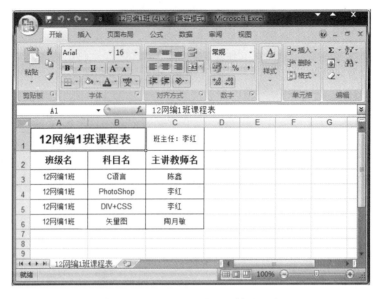

图 8-29　以 Excel 形式导出的课程表

选择"打开"选项导出 Excel 表后的班级课程表，显示该班级所有的课程安排信息。

7. 成绩信息管理

教师登录后可以查询学生的成绩，通过全部、学生学号、学生姓名、科目名字、班级名字查询自己教的学生和自己作为班主任所带学生的成绩。同时可以进行学生成绩登记，如图 8-30 所示。

图 8-30　学生成绩查询

全部查询出来的结果包括自己教的科目，以及自己作为班主任所带的学生，同时可以修改学生成绩。另外，班主任也可以导出学生成绩表，如图 8-31 所示。

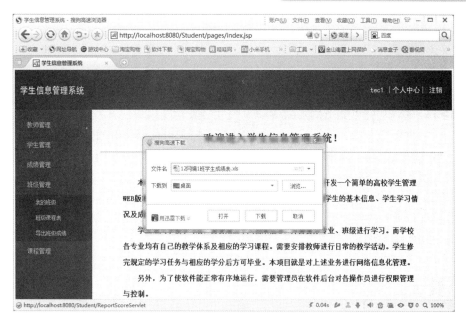

图 8-31 班主任导出的学生成绩表

选择"班级管理"中"导出班级成绩"选项，可以导出学生成绩表。只有登录的教师是班主任才会显示此选项，导出的 Excel 成绩表如图 8-32 所示。

图 8-32 以 Excel 形式导出的学生成绩表

导出 Excel 的班级成绩表，显示了此班级所有学生的成绩。

8. 后台管理系统

后台管理系统包括管理员对角色、模块权限等信息的管理，并可以创建用户、分配角色与权限。将学生用户、教师用户的创建设置初始密码，学生与教师都可以修改自己的密码。由于篇幅有限，具体的后台管理的使用介绍在此省略。

小　结

　　介绍数据库结构的软件模块开发相关概念，如关系数据模型、实体类及其之间的关联、关系数据库设计原则等，并以案例的形式讲解了关联多表功能模块的开发与实现。

　　如果一个软件比较复杂，除技术外，项目管理与控制也是软件开发成败的关键。本章还介绍了最佳的软件开发过程、面向对象软件的开发过程、软件文档的作用与编写等。这些内容均有利于软件开发的过程管理。

　　最后，介绍了一个完整软件项目开发案例及其说明。重点讲解软件开发过程中的问题定义、需求分析、软件设计、软件实现及操作说明。本书附有该案例的完整代码，文档说明可以作为一般软件开发报告编写的范例。

综合实训

　　实训 1　根据前面章节的相关实训题完善仓库管理软件系统，并编写其开发文档。

　　实训 2　编写并完善仓库管理系统的后台管理子系统，与实训 1 的业务管理系统结合起来，并编写开发报告。

Java Web 应用开发环境的
安装、配置与使用介绍

本书讲授的 Java Web 应用软件开发，其中各案例的开发与运行需要的环境如下：

（1）Eclipse oxygen3 集成开发环境；

（2）JDK 1.8；

（3）Tomcat 9.0；

（4）MySQL 5.5。

以上开发环境不但能支持 Java Web 的运行，还能满足 SSH 与 SSM 框架等高级开发环境的需要。

下面介绍这些开发工具的安装与测试。

1．Eclipse 的安装与环境配置

Eclipse 是绿色软件，它在 Eclipse 开发环境中需要配置 JDK、Tomcat，同时还要用到 MySQL 数据库等软件才能满足 Java Web 应用项目的开发。在 Eclipse 配置前应先安装好 JDK 与 Tomcat。下面就介绍 JDK 1.8、Tomcat 9.0 与 MySQL 5.5 的安装过程。

这里使用的 Eclipse 版本是 Eclipse oxygen3，其安装程序中有两个压缩包，即

eclipse-jee-oxygen-3a-win32.zip（针对 32 位系统）或者

eclipse-jee-oxygen-3a-win32-x86_64.zip（针对 64 位系统）

安装时，只需要根据你的计算机系统选择相应的压缩文件包解压到某个文件夹就可以了。运行，双击解压后 Eclipse 文件夹中的 eclipse.exe 程序就可启动。Eclipse oxygen3 的启动界面如图 A-1 所示。

前面已学习过 Eclipse 的配置与使用方法，这里不再介绍。由于使用 Eclipse 进行 Java Web 应用程序的开发需要 JDK、Tomcat 及数据库的支持，下面就介绍 JDK 1.8、Tomcat 9.0 及 MySQL 5.5 的安装过程。

2．JDK 1.8 的安装

JDK 是一种开发环境，用于使用 Java 编程语言生成应用程序、applet 和组件，并提供运行环境。

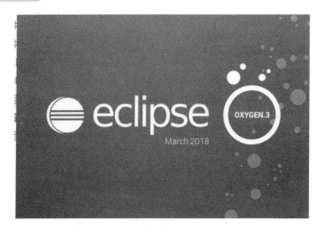

图 A-1 Eclipse oxygen3 的启动界面

JDK 安装包下载成功后，一般要求选择 JDK 1.2 或以上版本。这里选择的是 JDK 1.8 版本，如图 A-2 所示，它可以为学习框架技术提供支持。

jdk-8u152-ea-bi
n-b01-windows
-x64-10_feb_20
17

图 A-2 JDK 1.8 安装程序

双击安装程序图标，出现如图 A-3 所示的安装界面。

图 A-3 JDK 1.8 安装界面

单击"下一步"按钮，出现如图 A-4 所示的界面。

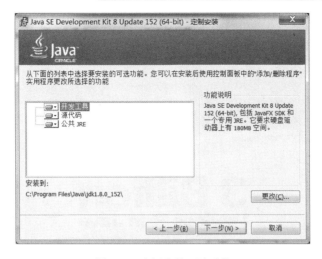

图 A-4　选择安装可选功能

选择默认设置，单击"下一步"按钮，出现如图 A-5 所示的安装界面。

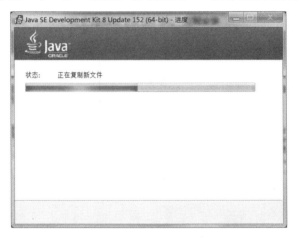

图 A-5　安装界面

安装结束后，出现如图 A-6 所示的界面。

图 A-6　设置安装路径

选定 JDK 1.8 的安装文件夹，默认安装路径是"C:\Program Files\Java\jre1.8.0-152"，也可以单击"更改"按钮选择你所希望的安装路径。这里选择默认安装文件夹，单击"下一步"按钮进行安装，如图 A-7 所示。

图 A-7　安装 JDK 1.8 界面

显示 JDK 1.8 正在安装，安装完成后出现如图 A-8 所示的界面。

图 A-8　JDK 1.8 安装成功的界面

JDK 1.8 安装成功后，在相应的文件夹中出现了两个子文件夹，如图 A-9 所示。

图 A-9　安装成功后出现的两个子文件夹

在 JDK 1.8 的安装目录中有两个子目录：jdk1.8.0_152 和 jre1.8.0_152。

在 jdk1.8.0_152 目录中有如下内容。

（1）/bin 子目录中存放的是开发工具，即工具和实用程序，可用于开发、执行、调试和保存以 Java 编程语言编写的程序。

（2）/jre 子目录是运行时环境，由 JDK 1.8 使用的 JRE（Java Runtime Environment）实现。JRE 包括 Java 虚拟机（JVM）、类库及其他支持执行以 Java 编程语言编写的程序文件。

（3）/lib 子目录是附加库，由开发工具所需的其他类库和支持文件组成。

（4）/demo 子目录存放的是演示 applet 和应用程序，以及 Java 平台的编程示例（带源代码）。这些示例包括使用 Swing 和其他 Java 基类，以及 Java 平台调试器体系结构的示例。

（5）/sample 子目录存放的是样例代码，是某些 Java API 的编程样例（带源代码）。

（6）/include 子目录中存放的是 C 头文件，是支持使用 Java 本机界面、JVM 工具界面，以及 Java 平台的其他功能进行本机代码编程的头文件。

（7）源代码（在 src.zip 中）组成了 Java 核心 API 的所有类的 Java 编程语言源文件（java.*、javax.* 和某些 org.* 包的源文件，但不包括 com.sun.* 包的源文件）。此源代码仅供参考，以便帮助开发者学习和使用 Java 编程语言。这些文件不包含特定于平台的实现代码，且不能用于重新生成类库。

3. Tomcat 9.0 的安装

Tomcat 是一种免费的开源代码的 Servlet 容器，Servlet 和 JSP 的最新规范都可以在 Tomcat 的新版本中得到实现。Servlet 作为容器能够处理复杂的客户端请求，把请求传送给 Servlet 并把结果返回给客户端。

Tomcat 9.0 具有许多新的特征，这里采用 Tomcat 9.0.8 安装版，其安装程序如图 A-10 所示。

apache-tomcat-
9.0.8

图 A-10　Tomcat 9.0 安装程序

双击图标，出现如图 A-11 所示的安装欢迎界面。

图 A-11　Tomcat 9.0.8 安装欢迎界面

单击"Next"按钮出现如图 A-12 所示的界面。

图 A-12　选择安装的组件

选择默认组件，单击"Next"按钮出现如图 A-13 所示的界面。

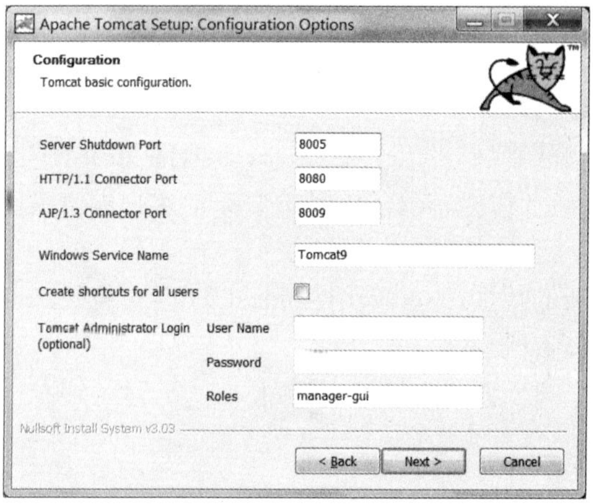

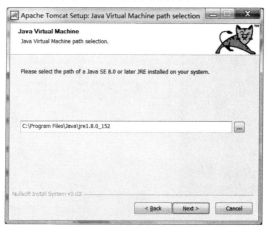

图 A-13　Tomcat 配置界面

将 Tomcat 9.0 的配置参数输入界面中，可以输入端口参数、用户名、密码等。这里使用默认配置，单击"Next"按钮，出现如图 A-14 所示的界面。

图 A-14　选择 JRE 路径

　　Tomcat 需要 JRE（Java 运行环境）的支持，安装时可以使用默认的 JRE 安装路径，也可以修改 JRE 路径。这里选择默认方式，单击"Next"按钮，进入 Tomcat 安装路径选择界面，如图 A-15 所示。

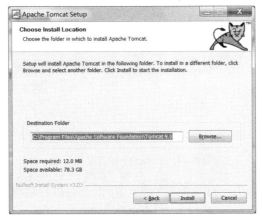

图 A-15　选择 Tomcat 的安装路径

　　选择 Tomcat 9.0 的安装路径。这里选择默认位置，单击"Next"按钮进入安装过程，如图 A-16 所示。

图 A-16　Tomcat 正在安装

图中显示 Tomcat 正在安装。安装完成的界面如图 A-17 所示。

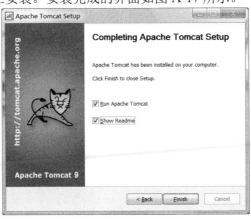

图 A-17　Tomcat 安装完成

Tomcat 安装完成后，可在 Tomcat 的安装目录下出现 Tomcat 的安装目录，如图 A-18 所示。

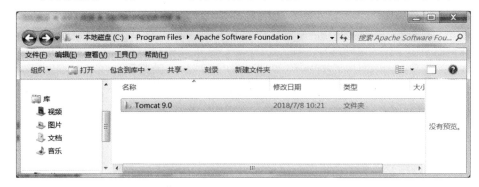

图 A-18　Tomcat 9.0 的安装目录

图中显示了安装完成后 Tomcat 9.0 的文件夹。下面就可以启动与使用 Tomcat 9.0 服务器了。

在 Tomcat 9.0 的安装目录下有一个子文件夹\bin，它里面有一个 Tomcat 启动程序 Tomcat9w.exe，双击该程序的图标，出现如图 A-19 所示的 Tomcat 9.0 启动界面。

Tomcat 9.0 的启动界面中有"Start"按钮和"Stop"按钮，它们分别用于"启动"和"停止" Tomcat 服务。启动 Tomcat 服务后，就可以在浏览器中浏览网页服务了。

单击"Start"按钮启动 Tomcat，如图 A-20 所示。

图 A-19　Tomcat 9.0 启动界面

图 A-20　启动 Tomcat

打开浏览器，在地址栏中输入地址 http://localhost:8080，如果出现如图 A-21 所示的界面，则表明 Tomcat 已经安装成功且运行正常。

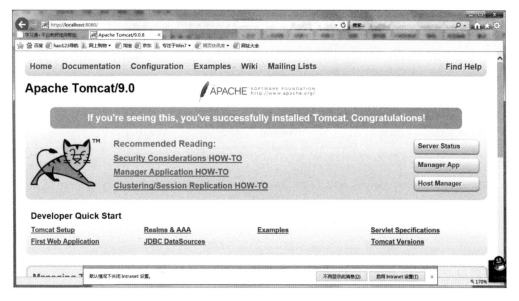

图 A-21 测试 Tomcat 成功运行的界面

4. MySQL 5.5 数据库的安装

MySQL 数据库是免费的，它能满足大部分的应用要求。为了简便起见，这里采用 MySQL 安装程序包 mysql-5.5.15-win32.msi 进行安装，如图 A-22 所示。

mysql-5.5.15-wi
n32.msi

图 A-22 MySQL 5.5 安装程序图标

双击安装包图标，出现如图 A-23 所示的界面。

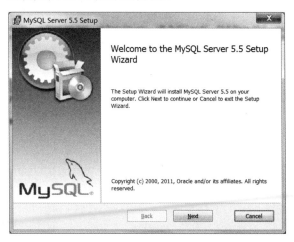

图 A-23 MySQL 数据库的安装界面

单击"Next"按钮，出现如图 A-24 所示的界面。

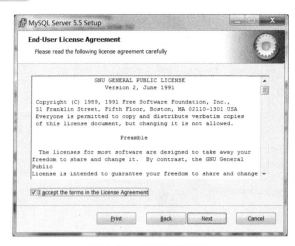

图 A-24　许可协议界面

在界面中，勾选"I accept the terms in the License Agreement."复选框，单击"Next"按钮，出现如图 A-25 所示的界面。

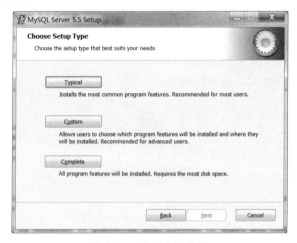

图 A-25　选择安装类型

选择默认类型"Typical（经典类型）"后，单击"Next"按钮，出现如图 A-26 所示的界面。

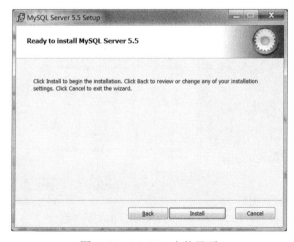

图 A-26　MySQL 安装界面

单击"Install"按钮，出现如图 A-27 所示的界面。

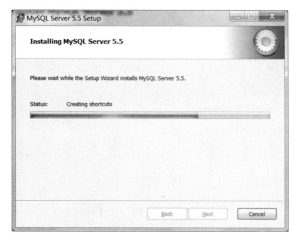

图 A-27　正在安装界面

安装结束后，出现如图 A-28 所示的界面。

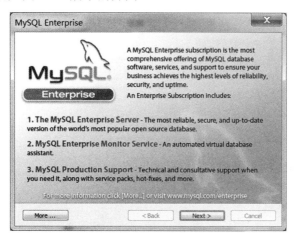

图 A-28　MySQL 信息界面（1）

单击"Next"按钮，出现如图 A-29 所示的界面。

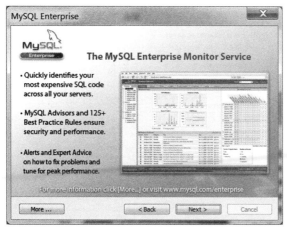

图 A-29　MySQL 信息界面（2）

单击"Next"按钮，出现如图 A-30 所示的界面。

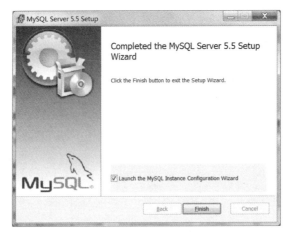

图 A-30　安装完成界面

在安装完成界面中，单击"Finish"按钮，进入 MySQL 数据库的信息配置向导界面，如图 A-31 所示。

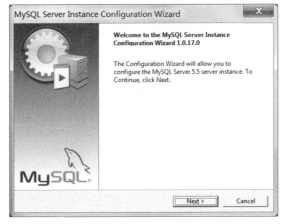

图 A-31　配置向导界面

单击"Next"按钮，出现如图 A-32 所示的界面。

图 A-32　选择配置类型

选用默认选项，单击"Next"按钮，出现如图 A-33 所示的界面。

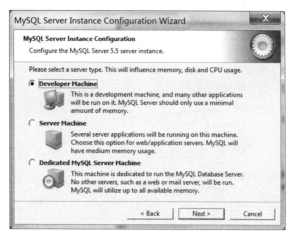

图 A-33   配置向导服务器类型

选用默认选项，单击"Next"按钮，出现如图 A-34 所示的界面。

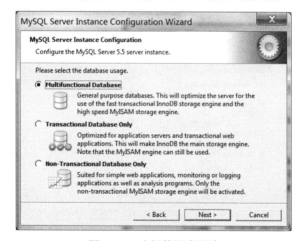

图 A-34   选择数据库用途

选用默认选项，单击"Next"按钮，出现如图 A-35 所示的界面。

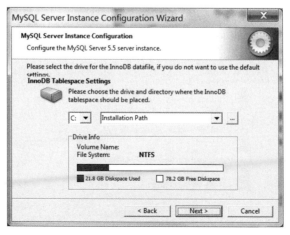

图 A-35   数据库配置

选用默认选项，单击"Next"按钮，出现如图 A-36 所示的界面。

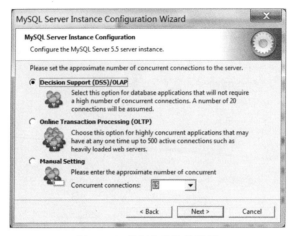

图 A-36　数据库连接数设置

选用默认选项，单击"Next"按钮，出现如图 A-37 所示的界面。

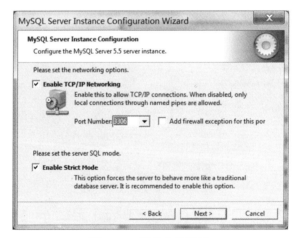

图 A-37　网络参数设置

选用默认选项，单击"Next"按钮，出现如图 A-38 所示的界面。

图 A-38　数据库字符集编码设置

在图中进行数据库字符集（Character Set）编码设置，其默认值为"latin1"。Latin1 是 ISO-8859-1 的别名，它是单字节编码，向下兼容 ASCII。Latin1 不能显示汉字，为了使数据库能处理汉字，需要将它设置成"utf8"格式，然后单击"Next"按钮，出现如图 A-39 所示的界面。

图 A-39   设置数据库参数

在图中设置 Windows 的数据库参数，如是否开机时数据库自动启动。这里选用默认设置，直接单击"Next"按钮，出现如图 A-40 所示的界面。

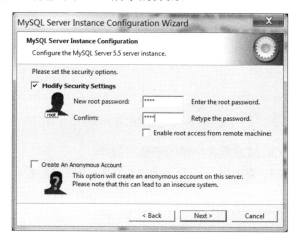

图 A-40   配置数据库 root 密码

在图中设置数据库 root 根用户的密码，这里输入"1234"并在确认框中再次输入"1234"，当再次登录或访问该 MySQL 数据库时，可用用户名与密码为"root/1234"连接数据库并进行操作。单击"Next"按钮，出现如图 A-41 所示的界面。

出现配置完成，准备执行配置的界面。在该界面中单击"Execute"按钮，可执行配置。执行完成的界面如图 A-42 所示。

至此已完成了 MySQL 5.5 数据库的安装和配置，以后就可以使用该数据库了。

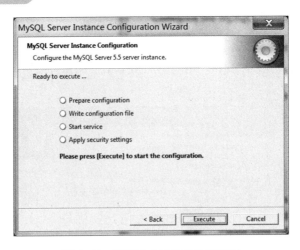

图 A-41　配置完成后准备执行界面

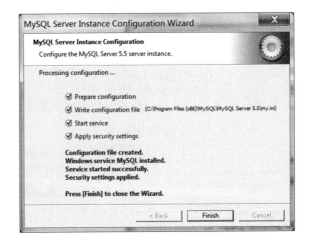

图 A-42　完成配置界面

5. Navicat for MySQL 数据库客户端的安装与操作

为了方便使用 MySQL 数据库，一般采用 MySQL 的客户端程序进行操作。下面就介绍 MySQL 数据库客户端程序 Navicat for MySQL 的安装与操作过程。

MySQL 数据库客户端程序 Navicat for MySQL 的安装比较方便，其安装图标如图 A-43 所示。

Navicat_for_My
SQL_11.0.10_Xi
aZaiBa

图 A-43　Navicat for MySQL 安装程序图标

双击 Navicat for MySQL 安装图标，出现如图 A-44 所示的安装向导界面。在该界面中选择安装路径等参数。这里选择默认参数，单击"安装"按钮进行安装。

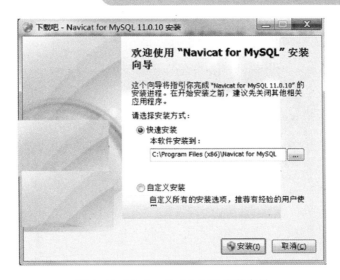

图 A-44　Navicat for MySQL 安装向导

安装完成后会在桌面上出现 Navicat for MySQL 的运行图标，如图 A-45 所示。

图 A-45　Navicat for MySQL 运行图标

双击 Navicat for MySQL 运行图标，运行 Navicat for MySQL 后的主界面如图 A-46 所示。

图 A-46　Navicat for MySQL 运行后的主界面

单击"连接"工具按钮，出现如图 A-47 所示的连接配置界面。在此需要输入连接名、用户名、密码等信息。

图 A-47　连接配置界面

在图中输入连接名、用户名与密码，其他参数均选择默认值。单击"确定"按钮，即可完成连接的创建与配置，如图 A-48 所示。

图 A-48　创建连接完成与应用

双击连接名 myconnect，如果出现图中的显示结果，则表明连接创建成功且可以进行应用。只有连接创建与配置成功，才能进行创建数据库与表等操作。

下面介绍创建数据库与表的操作。用鼠标右键单击连接名 myconnect，出现如图 A-49 所示的菜单。

图 A-49　创建数据库

在菜单中，选择"新建数据库"选项，出现如图 A-50 所示的界面。

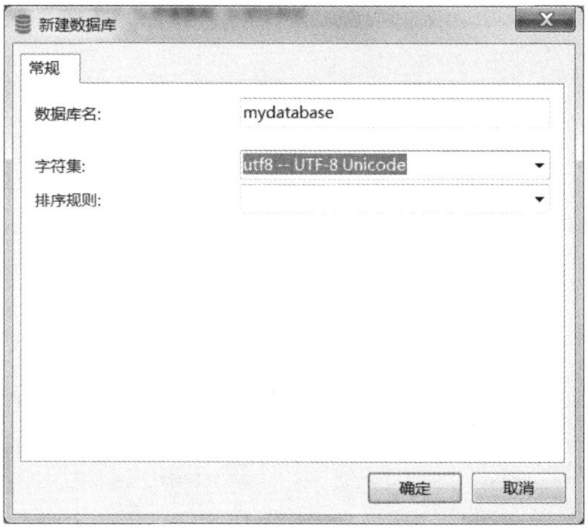

图 A-50　输入要创建的数据库名

输入数据库名（如 mydatabase），选择字符集（为了能处理汉字，这里选择 utf8-UTF-8Unicode）。单击"确定"按钮完成了数据库的创建，如图 A-51 所示。

双击该数据库名，可展开该数据库的内容，如表、视图等。下面介绍用一个 SQL 脚本创建数据库表的过程。

建 SQL 脚本如下：

```
DROP DATABASE IF EXISTS 'mydatabase';
CREATE DATABASE 'mydatabase' /*!40100 DEFAULT CHARACTER SET gbk */;
USE 'mydatabase';
CREATE TABLE 'user' (
  'Id' int(11) NOT NULL auto_increment,
  'name' varchar(255) default NULL,
  'password' varchar(255) default NULL,
  PRIMARY KEY    ('Id')
```

```
) ENGINE=InnoDB AUTO_INCREMENT=4 DEFAULT CHARSET=gbk;
INSERT INTO 'user' VALUES (1,'李国华','admin');
INSERT INTO 'user' VALUES (2,'王老五','wlw');
INSERT INTO 'user' VALUES (3,'张淑芳','zsf');
UNLOCK TABLES;
```

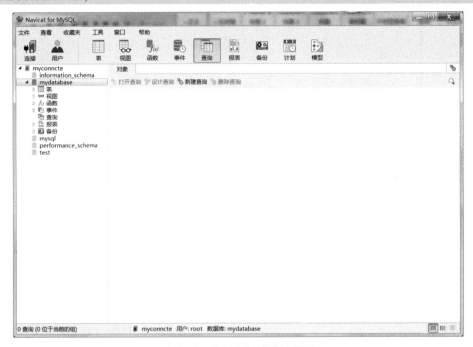

图 A-51　数据库创建成功界面

单击"查询"工具按钮，将上面的 SQL 脚本复制到"查询编辑器"中，如图 A-52 所示。

图 A-52　创建查询

　　单击"运行"工具按钮，可运行 SQL 脚本语句并创建数据库表 user，并输入 3 个数据，然后单击"表"工具按钮，可看到创建的 user 表，如图 A-53 所示。

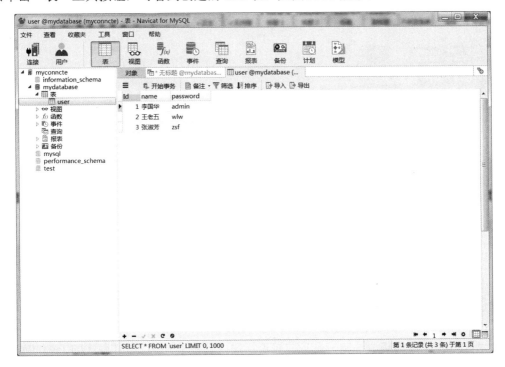

图 A-53　数据库表创建成功界面

选择 user 表名，在工作区中显示了 3 个记录，则说明创建数据库表成功。

附录 B

Java Web 高级开发技术简介

Java Web 高级开发技术是 Java EE 架构下的框架技术。Java EE 基于 Java 平台适合大型 Java Web 软件开发。它继承了 Java 面向对象等优点，并且提供了多种组件以快速进行大型软件的开发。SSH 框架与 SSM 框架是 Java Web 高级开发技术，它们是由开源框架 Struts、Hibernate、Spring、MyBatis 组成的集成框架，是目前较流行的一种基于 MVC 设计模式的 Java Web 应用高级开发技术。上述框架可以单独使用，但人们常将它们放在一起集成使用。

下面对 SSH 框架和 SSM 框架进行介绍。

1. SSH 框架

1）SSH 框架概述

框架（Framework）就是指已经开发好的一组组件，程序员可以利用它们来快速实施软件项目、定制应用的骨架。相对于一个个语句开发软件，利用框架程序员可以更快速地开发自己的系统。从技术角度看，框架是整个或部分系统的可重用设计，表现为一组抽象构件及构件实例间交互的方法。

Struts、Hibernate、Spring 这三大框架是在 Java EE（Java 企业版）基础上创建的，而 Java EE 是在 Java SE（Java 标准版，也是 Java 的核心）基础上构建的，提到了 Struts、Hibernate、Spring 这三大框架就必须提到 Java EE 及它们之间的关系。

Java EE 是 Sun 公司推出的企业级应用程序版本（这个版本以前被称为 J2EE）。它能开发和部署可移植、健壮、可伸缩且安全的 Java Web 应用程序。Struts、Hibernate、Spring 这三大框架与 Java EE 及用户应用程序的关系如图 B-1 所示。

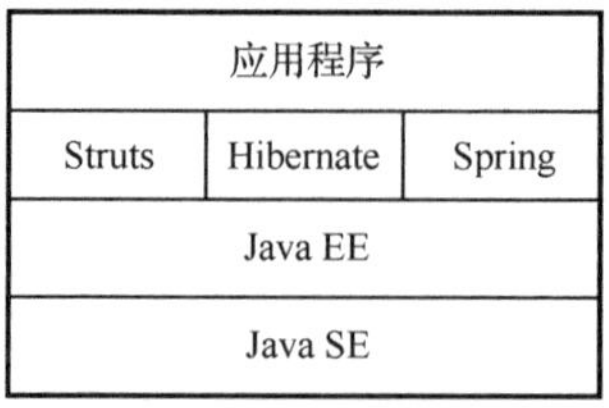

应用程序		
Struts	Hibernate	Spring
Java EE		
Java SE		

图 B-1　三大框架与 Java EE 及用户应用程序的关系

Java EE 是 SSH 的基础，而 Java SE 又是 Java EE 的基础。在构建大型的软件开发时用 Java EE 框架更能给程序员带来方便。

2）SSH 框架的各自职责

回顾本书介绍的用 JSP 等基础技术开发 MVC 设计模式的 Web 应用程序，内容如下：

（1）实体类：封装数据的 JavaBean，并通过其实例化数据对象。

（2）数据库处理层：JDBC 获取数据库连接。

（3）视图层（表示层）：JSP 及对数据对象的访问，将数据对象存储在 request、session 等内置对象中，在 JSP 中通过 Java 小脚本、EL 表达式、JSP 标准动作等进行访问；JSTL 标签对处理及数据的表示等。

（4）控制层：用 Servlet 作为控制器进行程序处理的控制部件。

（5）模型层：封装业务处理的 JavaBean，以被其他程序调用。

但是，仅用上述技术进行大型软件的开发，软件编码的工作量非常大。例如，对于复杂数据库操作会编写出庞大的 SQL 语句，不但难编写而且易出错，更不利于调试；一个处理对应一个 Servlet 控制器，这样 Servlet 数量庞大，管理起来困难；数据对象的创建及处理需要编写大量的代码，使访问数据对象很不方便；数据的表示及 JSP 中相关标签不丰富；集成各个模块，维护与管理这些模块不方便，不能在程序运行时进行维护等。

SSH 框架就是针对这些问题进行开发的，各框架的作用如下。

（1）Struts 框架作为系统的整体基础，负责 MVC 设计模式的分离，在 Struts 框架的模型部分，控制业务跳转，负责在表示层展现数据对象中的数据。设计模式各层可提供在控制器（Action）、数据对象、操作及视图层中的展现。

（2）Hibernate 框架对持久层提供支持。它封装了 JDBC，以对象的形式提供对数据库的操作，实现数据对象的持久化。它是数据库处理层的技术框架。

（3）Spring 框架管理 Struts 框架和 Hibernate 框架实现的内容，使各软件模块处于松散耦合状态运行。Spring 框架提供域模块的管理，构成了域模块层的管理。同样 JavaBean 封装了底层的业务逻辑，包括数据库访问等。

采用上述开发模型，不仅实现了视图、控制器与模型的彻底分离，还实现了业务逻辑层与持久层的分离。这样无论前端如何变化，模型层只需要很少的改动，并且数据库的变化也不会对前端有影响，从而提高了系统的可复用性。由于不同层之间的耦合度小，有利于团队成员并行工作，大大提高了软件的开发效率。

3）SSH 各框架简介

SSH 框架同样是面对 MVC 设计模式的软件开发，根据 SSH 各框架的特点，它们分别从职责上将系统分为表示层、业务逻辑层、数据持久层和域模块层，以帮助开发人员在短期内搭建结构清晰、可复用性好、维护方便的 Web 应用系统。

（1）Struts 框架。

Struts 框架是 Apache 软件组织提供的一项开放源码项目，它也为 Java Web 应用提供了模型-视图-控制器（MVC）框架，尤其适用于开发大型可扩展的 Web 应用。"Struts" 这个名称来源于在建筑和旧式飞机中使用的支持金属架。Struts 框架为 Web 应用提供了一个通用的框架，使开发人员可以把精力集中在如何解决实际业务问题上。

Struts 框架是 MVC 设计模式的一种实现，它继承了 MVC 设计模式的各项特性，并根据 J2EE 的特点进行了相应的变化与扩展。此外，Struts 框架提供了许多供扩展和定制的地方，应用程序可以方便地扩展框架，以更好地适应用户的实际需求。

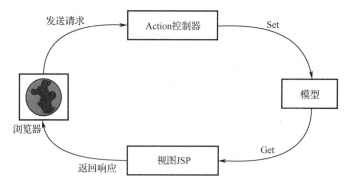

图 B-2　Struts 框架是 MVC 设计模式的一种实现

　　Struts 框架提供了丰富的标签库，通过标签库可以减少脚本的使用，自定义的标签库可以实现与模型的有效交互，并增加现实功能。Struts 框架中 Action 控制器负责处理用户请求，其本身不具备处理能力，而是通过调用模型来完成处理的。

　　Struts 1 框架是第一个开放源码的框架，用来开发 Java Web 应用，它是使用最早、应用最广的 MVC 设计模式架构。Struts 2 框架是 Struts 框架的下一代产品，是在 Struts 1 框架和 WebWork 的技术基础上进行了合并的全新的 Struts 2 框架，其全新的 Struts 2 框架体系结构与 Struts 1 框架的体系结构差别巨大。Struts 2 框架以 WebWork 为核心，采用拦截器的机制来处理用户的请求，这样的设计也使得业务逻辑控制器能够与 Servlet API 完全脱离开。

　　Struts 2 框架以 Action 作为控制器，将数据存放在数据对象或 Action 属性中；丰富的 Struts 框架标签提供数据的各种显示；OGNL（Object Graphic Navigation Language，对象图导航语言）提供方便的数据对象的访问。

　　（2）　Hibernate 框架。

　　Hibernate 框架是一个开源的对象关系映射（ORM）框架，采用对象操作的形式对数据进行数据库操作（持久化操作）；它对 JDBC 进行了非常轻量级的对象封装，使 Java 程序员可以随心所欲地使用对象编程思维来操纵数据库。Hibernate 框架可以应用在任何使用 JDBC 的场合，既可以在 Java 的客户端程序使用，也可以在 Servlet、JSP、Struts 的 Web 应用中使用。

　　Hibernate 框架对数据的持久化操作。数据存放在数据对象中，一个数据对象只有一个对象名（有若干属性），且有新增、修改、删除、查询的操作。如果用 JDBC 方式进行操作，则需要对这些属性（对应数据库表的字段）编写大量的 SQL 语句，这些 SQL 语句可能有多个表、多个参数、多个条件、多重嵌套等。如果简化成对数据对象的操作，而复杂的针对表与字段的 SQL 语言就可简化成对对象的操作（HQL 语言），则可大大简化对数据库的操作。Hibernate 框架就是基于该思想而产生的，当然数据对象与数据库表、属性与字段的对应关系及转换，由 Hibernate 框架完成（基于其 ORM 模型），用户只需要做简单的配置与编码便可以完成基于 Hibernate 框架的数据处理层及对数据的持久化操作。

　　（3）Spring 框架。

　　Spring 框架是一个开源框架，是为了解决企业应用开发的复杂性而创建的。最初人们常用 EJB 来开发 J2EE 程序，但 EJB 开始的学习和应用非常困难。EJB 需要严格地继承各种不同类型的接口，类似的或重复的代码大量存在，配置也是复杂和单调的。总之，学习 EJB 的高昂代价和极低的开发效率，造成了 EJB 的使用困难。而 Spring 框架出现的初衷就是为了解决类似的这些问题。

Spring 框架的目标是为 J2EE 应用提供全方位的整合框架，在 Spring 框架下实现多个子框架的组合，这些子框架之间可以彼此独立，也可以使用其他的框架方案加以代替，Spring 框架希望为企业应用提供一站式的解决方案。它是一个轻量级控制反转（IoC）和面向切面（AOP）的容器框架，而其核心是轻量级的 IoC 容器。轻量的含义是指大小、开销两方面都较小（相应地，EJB 被认为是重量级的容器）。完整的 Spring 框架可以在一个大小只有 1MB 多的 jar 文件里发布，并且 Spring 框架所需的处理开销也是微不足道的。此外，Spring 框架是非侵入式的和典型的，Spring 框架应用中的对象不依赖于 Spring 框架的特定类。

Spring 框架是由 Rod Johnson 创建的。它使用基本的 JavaBean 来完成以前可能只由 EJB 完成的事情。然而，Spring 框架的用途不仅限于服务器端的开发，从简单性、可测试性和松耦合的角度而言，任何 Java 应用都可以从 Spring 框架中受益。Spring 框架之所以与 Struts、Hibernate 等单层框架不同，是因为 Spring 框架致力于提供一个以统一的、高效的方式构造整个应用，并且可以将单层框架以最佳的组合糅合在一起建立一个连贯的体系。可以说 Spring 框架是一个提供了更完善开发环境的框架，可以为 POJO 对象提供企业级的服务。

控制反转（IoC）是一种促进松耦合的技术。当应用 IoC 时，一个对象依赖的其他对象会通过被动的方式传递进来，而不是这个对象自己创建或查找依赖对象。你可以认为 IoC 与 JNDI 相反，即不是对象从容器中查找依赖，而是容器在对象初始化时不等对象请求就主动将依赖传递给它。

面向切面（AOP）是指允许通过分离应用的业务逻辑与系统级服务进行内聚性的开发。应用对象只实现它们应该做的（完成业务逻辑），它们并不负责其他的系统级关注点，如日志或事务支持。

Spring 框架可以将简单的组件配置、组合成为复杂的应用。在 Spring 框架中，应用对象被声明式地组合，典型的是在一个 XML 文件里。Spring 框架也提供了很多基础功能（事务管理、持久化框架集成等），而将应用逻辑的开发留给了程序员。

所有 Spring 框架的这些特征可使程序编写得简洁、易管理，并且更易于测试。它们也为 Spring 框架中的各种模块提供了基础支持。

4）利用 SSH 框架开发软件的过程

类似于 JSP、Servlet、JavaBean 是 MVC 设计模式的一种实现，SSH 框架技术也是 MVC 设计模式的一种实现，它是一种适合大型软件开发的模式。

在应用 SSH 框架进行软件开发时，先要根据面向对象的分析方法提出一些模型，然后再考虑这些模型的实现。在实现时系统中的部件分为业务领域部分和系统通用部分，系统通用部分应尽量先做出来。

首先，编写基本的数据处理层 DAO（Data Access Objects）接口，并给出 Hibernate 框架的 DAO 实现，即采用 Hibernate 框架实现的 DAO 类，用于各模块与数据库之间的转换和访问，并配置 Spring 框架管理模块的机制与环境。

其次，对业务领域模块的编写与实现。在进行业务领域模块编写时，通过 Struts 框架搭建该域模块的 MVC 设计模式结构。在表示层中通过 JSP 页面实现交互界面，负责显示和存取 Action 属性或数据对象中的数据；配置文件（struts.xml）将 Action 接收的数据通过直接访问 Action 属性或模型（数据对象）给相应的 Action 控制器处理。Action 控制器负责调用 JavaBean

实现的模型（Model）进行业务逻辑处理，这些模型组件构成了业务模型层。

在业务层中，其实现数据的持久化依赖于 Hibernate 框架的对象化映射和数据库交互，处理 DAO 组件请求的数据，并返回处理结果。Spring 框架相应管理服务组件的 IoC 容器负责向 Action 提供业务模型组件和该组件的协作对象数据处理组件（DAO）完成业务逻辑，并提供事务处理、缓冲池等容器组件以提升系统性能和保证数据的完整性。

2. SSM 框架

1）SSM 框架概述

SSM 框架由 Spring、Spring MVC 和 MyBatis 三个开源框架整合而成。常作为较简单数据源的 Web 项目框架。

2）SSM 各框架简介

（1）Spring 框架。

Spring 框架是一个开源的轻量级的应用开发框架，其目的是简化企业级应用程序开发，降低耦合性。Spring 框架就像是整个项目中装配 bean 的大工厂，在配置文件中可以指定使用特定的参数去调用实体类的构造方法来实例化对象，也可以称之为项目中的黏合剂。

Spring 框架的核心思想是 IoC（控制反转），即不再需要程序员去显式地"new"一个对象，而是让 Spring 框架来完成这一切。

（2）Spring MVC 框架。

Spring MVC 框架属于 SpringFrameWork 的后续产品，已经融合在 Spring Web Flow 中，是一个强大灵活的 Web 框架。Spring MVC 框架提供了一个 DispatcherServlet 作为前端控制器来分配请求，通过策略接口 Spring 框架是高度可配置的。Spring MVC 框架还包含多种视图技术，如 Java Server Pages（JSP）、Velocity、Tiles、iText 和 POI 等。

Spring MVC 框架在项目中拦截用户请求，将用户请求通过 HandlerMapping 去匹配 Controller，Controller 就是具体对应请求所执行的操作。Spring MVC 框架相当于 SSH 框架中 Struts 2 框架。Spring MVC 是 Spring 框架中的部分内容。

Spring MVC 框架作为控制器，其使用过程是页面发送请求给控制器，控制器调用业务层处理逻辑，逻辑层向持久层发送请求，持久层与数据库交互后将结果返回给业务层，业务层将处理逻辑发送给控制器，控制器再调用视图展现数据。

Spring MVC 框架是当前最优秀的 MVC 框架之一，自从 Spring MVC 2.5 版本发布后，由于支持注解配置，因此其易用性有了大幅度的提高。Spring MVC 3.0 更加完善，可实现对 Struts 2 框架的超越。现在有越来越多的开发团队选择了 Spring MVC 框架。

Struts 2 框架也是非常优秀的 MVC 框架，其优点非常多，如良好的结构、拦截器的思想、丰富的功能。但这里想说的是它的缺点，Struts 2 框架由于采用了值栈、OGNL 表达式、Struts 2 标签库等，会导致应用性能下降，因此应避免使用这些功能。

Spring 3 MVC 框架的优点如下：

① 使用简单，学习成本低。学习难度小于 Struts 2 框架。

② 很容易就可以写出性能优秀的程序，且具有良好的灵活性。而 Struts 2 框架需要处处小心才可以写出性能优秀的程序。

（3）MyBatis 框架。

MyBatis 框架是对 JDBC 的封装，它让数据库底层操作变得透明。MyBatis 框架的操作都是围绕一个 sqlSessionFactory 实例展开的。MyBatis 通过配置文件关联到各实体类的 Mapper

文件，Mapper 文件中配置了每个类对数据库所需进行的 SQL 语句映射。在每次与数据库交互时都可以通过 sqlSessionFactory 拿到一个 sqlSession，再执行 SQL 命令。

MyBatis 框架是一款优秀的持久层框架，它支持定制化 SQL、存储过程及高级映射。MyBatis 避免了几乎所有的 JDBC 代码和手动设置参数及获取结果集。MyBatis 框架可以使用简单的 XML 或注解来配置和映射原生信息，将接口和 Java 的 POJOs 映射成数据库中的记录。

MyBatis 框架具有如下特点。

简单易学：没有任何第三方依赖，安装只需要两个 jar 文件，再配置几个 SQL 语句的映射文件即可，易于学习和使用，通过文档和源代码可以比较完整地掌握其设计思路和实现。

灵活：MyBatis 框架不会对应用程序或数据库的现有设计强加任何影响。SQL 语句写在 XML 里，便于统一管理和优化。通过 SQL 语句可以满足操作数据库的所有需求。

解除 SQL 语句与程序代码的耦合：通过提供 DAO 层，将业务逻辑和数据访问逻辑分离，使系统的设计更易维护和进行单元测试。SQL 语句和代码的分离，提高了其可维护性。

提供多种标签变化程序开发：提供映射标签，可支持对象与数据库的 ORM 字段的关系映射；提供对象关系映射标签，支持对象关系组建维护；提供 XML 标签，支持编写动态 SQL 语句。

3. SSH 框架与 SSM 框架的区别

SSH 框架通常是由 Struts 2 框架做控制器，Spring 框架管理各层的组件，Hibernate 框架负责持久化层。SSM 则是由 Spring MVC 框架做控制器，Spring 框架管理各层的组件，MyBatis 框架负责持久化层。

SSH 框架与 SSM 框架均由 Spring 依赖注入 DI 来管理各层的组件，使用面向切面编程 AOP 管理事物、日志、权限等。它们的不同点是分别用 Struts 2 框架和 Spring MVC 框架控制器控制视图和模型的交互。Struts 2 框架是 Action 类级别，Spring MVC 框架是方法级别。

另外，它们的持久层分别是 Hibernate 框架与 MyBatis 框架。Hibernate 框架与 MyBatis 框架都可以通过 SessionFactoryBuider 由 XML 配置文件生成 SessionFactory，然后由 SessionFactory 生成 Session，最后由 Session 来开启执行事务和 SQL 语句。Hibernate 框架和 MyBatis 框架都支持 JDBC 和 JTA 事务处理，两者各有优势，MyBatis 可以进行更为细致的 SQL 语句的优化，以减少查询字段。MyBatis 框架容易掌握，而 Hibernate 框架门槛较高。Hibernate 框架的 DAO 层开发比 MyBatis 框架简单，MyBatis 框架需要维护 SQL 语句和结果映射。

Hibernate 框架对于对象的维护和缓存要比 MyBatis 框架好，对增、删、改、查操作对象的维护要更方便。Hibernate 框架的数据库移植性很好而 MyBatis 框架的数据库移植性不好，不同的数据库需要编写不同的 SQL 语句。

Hibernate 框架封装性好，可屏蔽数据库差异，自动生成 SQL 语句，应对数据库变化的能力较弱，SQL 语句优化困难。MyBatis 框架仅实现了 SQL 语句和对象的映射，需要针对具体的数据库编写 SQL 语句，应对数据库变化的能力较强，SQL 语句优化较为方便。

SSM 框架和 SSH 框架的不同主要表现在 MVC 设计模式的实现方式，以及 ORM 持久化方面的不同（Hibernate 框架与 MyBatis 框架）。SSM 框架越来越轻量级配置，将注解开发发挥到极致，且 ORM 实现更加灵活，SQL 语句的优化更简洁；而 SSH 框架较注重配置开发，其中的 Hibernate 框架对 JDBC 的完整封装更面向对象，对增、删、改、查操作的数据维护更加自动化，但在 SQL 语句优化方面较弱，且入门的门槛稍高。

参 考 文 献

[1] 沈泽刚，秦玉平. Java Web 编程技术[M]. 北京：清华大学出版社，2010.

[2] 聂哲，范新灿，张霞. JSP 动态 Web 技术实例教程[M]. 北京：高等教育出版社，2009.

[3] 张恒汝，虞晓东. 精通 Eclipse 整合 Web 开发[M]. 北京：人民邮电出版社，2008.

[4] 吴亚峰，纪超. Java SE6.0 编程指南[M]. 北京：人民邮电出版社，2007.

[5] 刘志成，宁云智. JSP 程序设计实例教程（第 2 版）[M]. 北京：高等教育出版社，2013.

[6] Robert C. Martin. 敏捷开发方法：原则、模式与实践[M]. 邓辉 译. 北京：清华大学出版社，2003.

[7] 杨律青. 软件项目管理[M]. 北京：电子工业出版社，2012.

[8] Craig Larman. UML 和模式应用[M]. 李洋，郑龚 译. 北京：机械工业出版社，2001.

[9] 温昱. 软件架构设计[M]. 北京：电子工业出版社，2007.

[10] 王珊，萨师煊. 数据库系统概论（第四版）[M]. 北京：高等教育出版社，2006.

[11] 贾可荣，何智勇. 软件工程：基于项目的面向对象研究方法[M]. 北京：机械工业出版社，2009.

[12] Carma McClure. 软件复用技术：在系统开发过程中考虑复用[M]. 廖泰安，宋志远，沈升源 译. 北京：机械工业出版社，2003.

[13] 张海藩. 软件工程导论（第五版）[M]. 北京：清华大学出版社，2008.

[14] 李绪成，滕英岩，闫海珍. Java EE 实用教程[M]. 北京：电子工业出版社，2008.

[15] 开源社区联盟网. Eclipse 集成开发环境[J]. 2013-07-12.

[16] 耿祥义，张跃平. JSP 大学实用教程（第 2 版）[M]. 北京：电子工业出版社，2012.

[17] 牛德雄，陈华政，等. 基于 MVC 的 JSP 软件开发案例教程[M]. 北京：清华大学出版社，2014.

[18] 蒋卫祥，朱利华，闻枫. Java EE 企业级项目开发（Struts2+Hibernate+Spring）[M]. 北京：高等教育出版社，2018.

[19] 刘彦君，金飞虎. Java EE 开发技术与案例教程[M]. 北京：人民邮电出版社，2014.